中国骨干旅游高职院校教材编写出版项目
中国旅游院校五星联盟教材编写出版项目

烹饪工艺与营养专业模块 | 模块主编　邵万宽

西点工艺与实训

Baking Art and Craft

主　编　陆理民

副主编　王爱忠

参　编　吴兴树　高志斌

中国旅游出版社

出 版 说 明

　　把中国旅游业建设成国民经济的战略性支柱产业和人民群众更加满意的现代服务业，实现由世界旅游大国向世界旅游强国的跨越，是中国旅游界的光荣使命和艰巨任务。要达成这一宏伟目标，关键靠人才。人才的培养，关键看教育。教育质量的高低，关键在师资与教材。

　　经过20多年的发展，我国高等旅游职业教育已逐步形成了比较成熟的基础课程教学体系、专业模块课程体系以及学生行业实习制度，形成了紧密跟踪旅游行业动态发展和培养满足饭店、旅行社、旅游景区、旅游交通、会展、购物、娱乐等行业需求的人才的开放式办学理念，逐渐摸索出了一套有中国特色的应用型旅游人才培养模式。在肯定成绩的同时，旅游教育界也清醒地看到，目前的旅游高等职业教育教材建设和出版还存在着严重的不足，体现在教材反映出的专业教学理念滞后，学科体系不健全，内容更新慢，理论与旅游业实际发展部分脱节等，阻碍了旅游高等职业教育的健康发展。因此，必须对教材体系和教学内容进行改革，以适应飞速发展的中国旅游业对人才的需求。

　　上海旅游高等专科学校、浙江旅游职业学院、桂林旅游高等专科学校、南京旅游职业学院、山东旅游职业学院、郑州旅游职业学院等中国最早从事旅游职业教育的骨干旅游高职院校，在学科课程设置、专业教材开发、实训实习教学、旅游产学研一体化研究、旅游专业人才标准化体系建设等方面走在全国前列，成为全国旅游教育的排头兵、旅游教学科研改革的试验田、旅游职业教育创新发展的先行者。他们不仅是全国旅游职业教育的旗帜，也是国家旅游局非常关注的旅游教育人才培养示范单位，培养出众多高素质的应用型、复合型、技能型的旅游专业人才，为旅游业发展做出了贡献。中国旅游出版社作为旅游教材与教辅、旅游学术与理论研究、旅游资讯等行业图书的专业出版机构，充分认识到高质量的应用型、复合型、技能型人才对现阶段我国旅游行业发展的重要意义，认识到推广中国骨干旅游高等职业院校的基础课程、专业课程、实习制度对行业人才培养的重要性，由此发起并组织了中国骨干旅游高职院校教材编写出版项目，将六校的基础课程和专业课程的教材成系统精选出版。该项目得到了"五星联盟"院校的积极响应，得到了国家旅游局人事司、教育部高职高专旅游专业教学指导委员会、中国旅游协会旅游教育分会的大力支持。经过各方两年多的精心准备与辛勤编写，在国家"十二五"开局之年，这套教材终于推出面世了。

中国骨干旅游高职院校教材编写出版项目暨中国旅游院校五星联盟教材编写出版项目所含教材分为六个专业模块：**"旅游管理专业模块"**（《旅游概论》《旅游经济学基础》《中国旅游地理》《中国旅游客源国与目的地国概况》《旅游市场营销实务》《旅游服务业应用心理学》《旅游电子商务》《旅游职业英语》《旅游职业道德》《旅游策划实务》《休闲学概论》《旅游商品概论》《旅游服务礼仪与实训》《中国历史文化》《旅游企业人力资源管理》《旅游公共关系》）；**"酒店服务与管理专业模块"**（《酒店概论》《酒店前厅部服务与管理》《酒店客房部服务与管理》《酒店餐饮部服务与管理》《酒店人力资源管理实务》《酒店财务管理》《酒店英语》《酒店市场营销》《调酒与酒吧管理》）；**"旅行社服务与管理专业模块"**（《旅行社经营管理》《旅游政策与法规》《导游业务》《导游文化基础知识》《旅行社门市业务》《旅行社业务操作技能实训》《出境旅游领队实务》）；**"景区服务与管理专业模块"**（《景区规划原理与实务》《景区服务与管理》《旅游资源的调查与评价》）；**"会展服务与管理专业模块"**（《会展运营管理》《会展策划与管理》《会展设计与布置》《节事活动赞助》）；**"烹饪工艺与营养专业模块"**（《中国饮食文化》《厨政管理》《烹饪营养与食品安全》《中式面点工艺与实训》《西餐工艺与实训》《烹饪英语》《营养配餐与设计》《西点工艺与实训》）。本套教材实行模块主编审稿制，每一个专业模块均聘请了一至三位该学科领域的资深专家作为特邀主编，负责对本模块内每一位主编提交的编写大纲及书稿进行审阅，以确保本套教材的科学性、体系性和专业性。六校的资深专家及相关课程的骨干教师参与了本套教材的编写工作。他们融合多年的教学经验和行业实践的体会，吸收了最新的教学与科研成果，选择了最适合旅游职业教育教学的方式进行编写，从而使本套教材具有了鲜明的特点。

1. 定位于旅游高等职业教育教材的"精品"风格，着眼于应用型、复合型、技能型人才的培养，强调互动式教学，强调旅游职业氛围以及与行业动态发展的零距离接触。

2. 强调三个维度能力的综合，即专业能力（掌握知识、掌握技能）、方法能力（学会学习、学会工作）、社会能力（学会共处、学会做人）。

3. 注重应用性，强调行动理念。职业院校学生的直观形象思维强于抽象逻辑思维，更擅长感性认识和行动把握。因此，本套教材根据各门课程的特点，突出对行业中的实际问题和热点问题的分析研讨，并以案例、资料表述和图表的形式予以展现，同时将学生应该掌握的知识点（理论）融入具体的案例阐释中，使学生能较好地将理论和职业要求、实际操作融合在一起。

4. 与相关的行业资格考试、职业考核相对应。目前，国家对于饭店、导游从业人员的资格考试制度已日渐完善，而会展、旅游规划等的从业资格考核也在很多旅游发达地区逐渐展开。有鉴于此，本教材在编写过程中尽可能参照最新的各项考试大纲，把考点融入到教材当中，让学生通过实践操作而不是理论的死记硬背来掌握知识，帮助他们顺利通过相关的考试。

中国骨干旅游高职院校教材编写出版项目暨中国旅游院校五星联盟教材编写出版项目是一个持续的出版工程，是以中国骨干旅游高职院校和中国旅游出版社为平台的可持续发展事业。我们对参与这一出版工程的所有特邀专家、学者及每一位主编、参编者和旅游企业界人士为本套教材编写贡献出的教育教学和行业从业的才华、智慧、经验以及辛勤劳动表示崇高的敬意和衷心的感谢。我们期望这套精品教材能在中国旅游高等职业教育教学中发挥它应有的作用，做出它应有的贡献，这也是众多参与此项编写出版工作的同人的共同希望。同时，我们更期盼旅游高等职业教育界和旅游行业的专家、学者、教师、企业界人士和学生在使用本套教材时，能对其中的不足之处提出宝贵意见和建议，我们将认真对待并吸纳合理意见和建议，不断对这套教材进行修改和完善，使之能够始终保持行业领先水平。这将是我们不懈的追求。

中国旅游出版社
2013 年 11 月

前　言

2014 年，《国务院关于加快发展现代职业教育的决定》明确提出"坚持校企合作、工学结合，强化教学、学习、实训相融合的教育教学活动。推行项目教学、案例教学、工作过程导向教学等教学模式。加大实习实训在教学中的比重，创新顶岗实习形式，强化以育人为目标的实习实训考核评价。积极推进学历证书和职业资格证书'双证书'制度。"上述决定精神正是近年来国家加强实践教学的集中体现，为我们进行专业课程的开发和教材建设指明了方向。

我们在总结多年从事教学经验的基础上，广泛征求了有关专家委员会及行业权威人士的意见，对相关院校、行业和广大读者进行了充分的调研，确立了本教材的编写原则和模式：针对行业需要，以能力为本位，以就业为导向，以学生为中心，着重培养学生的综合职业能力和创新精神。

本教材框架完全颠覆常规。原有西点专业教材普遍按西点的分类为架构，而本教材则贴近行业，按照行业中包饼房岗位设置进行构建。我们在对包饼行业岗位设置、人才需求的市场调研和对欧美同类教材进行分析的基础上，对接了西点师（烘焙师）职业资格标准，并邀请了行业专家共同参与。按照行业中包饼房具体岗位工作活动，分析并提炼岗位典型工作任务，从典型工作任务确定岗位学习的行动能力，最终确立教材体系和内容。

实际经营中的包饼房通常分为包房和饼房两大生产岗位部门，基于"课岗融通"的理念，我们率先将其确定为两大重要教学模块，即"模块二　当班包房"和"模块三　当班饼房"。另外，我们把共性的内容及基础知识和技能、基本职业素养等单列出来，确定为"模块一　西点基础"，这就是本教材的三大模块。每个模块下设若干教学任务，完全对接岗位工作任务；每项任务以"活动"的形式展开，进行基于工作工程为导向的教学活动。教材采用了学习目标、模块描述、任务分解、导入案例、主体内容、拓展知识、思考与训练的结构模式，突出技能训练、知识运用，使学生真正做到"做中学，学中做"，并力求突出以下特点：

1. 从"理实一体化"的教学思路出发，在传承西点技艺的基础上，强调先行后知、知行合一、由浅入深、循序渐进。

2. 以包饼房岗位工作为主线，突出重点，确定以典型工作任务为教材主要内容，以工作任务驱动教学活动。既照顾内容的完整性，又避免理论的堆砌，强调实用有效的原则。

3. 注重基本功训练与创新能力相结合、教学实践与企业生产相结合，力求将现代西点工艺知识融入企业实际经营业务背景之中。

4. 顺应"双证制"的要求，对接西点师（烘焙师）职业技能鉴定标准，将职业教育与职业资格认证紧密结合，做到"双证融通"，避免学历教育与职业资格鉴定脱节。

5. 真正体现"校企合作"的理念。在对行业企业进行广泛调研的基础上，完全对接实际包饼房岗位设置和工作任务，确定教材的框架体系和具体内容，同时邀请企业专家参与教材建设，出任教材副主编。

本教材由南京旅游职业学院陆理民任主编，著名自主品牌连锁企业"美丽心情"包饼店技术总监王爱忠任副主编。全书由陆理民编写大纲和体例，并进行统稿和总纂，对部分模块内容进行了修稿和增补。模块一由陆理民编写；模块二由吴兴树编写；模块三之任务一（活动一、二、三）、二、五由陆理民编写，模块三之任务一（活动四、五）由王爱忠编写，模块三之任务三、四由高志斌、陆理民编写。

本教材在编写过程中，参考了国内外相关包饼或烘焙专业教材，以及有关专业人士对烘焙工艺研究的部分成果，在此，一并表示诚挚的谢意！由于编写时间仓促以及编者的水平所限，书中难免有疏漏和不足之处，恳请广大同行、读者提出宝贵意见。

编者
2016 年 5 月

目 录
CONTENTS

模块一　西点基础

模块二 当班包房

模块三 当班饼房

西点基础

知识目标

了解西点的主要特点，熟悉包饼从业人员的职业素质要求，掌握厨房安全基础知识和包饼房岗位设置与职能，熟悉包饼房常用的设备与用具的特点与功能，了解包饼常用原材料的特性及其功用。

技能目标

养成良好的职业基本素养和行为规范；能运用食品安全基础知识做好基本的食品安全工作；能规范操作常用包饼房设备，正确使用常用工具；能制作常用霜饰、馅料及少司，并符合质量标准。

学习目的意义

"良好的开端是成功的一半。"本模块就是为包饼工艺的初学者专门安排的，设计了包饼从业者入门级的知识和技能。通过相关内容的教学和实践，学生自觉养成职业行为规范，初步形成基本职业素养，为今后包饼技术的学习和提升，打好坚实的基础。

模块内容描述

本模块主要学习包饼工艺的入门知识和技能，按"入职与入门""步入现代包饼房""认识西点原料""成形与成熟技法训练""常见霜饰、馅料及少司的调制"分别进行讲解示范。围绕五个工作任务、若干主题活动，展开教学和训练，学生掌握包饼从业人员入门级的知识和技能，具备包饼从业人员的基本素质。

任务一　入职与入门

任务二　步入现代包饼房

任务三　认识西点原料

任务四　成形与成熟技法训练

任务五　常用霜饰、馅料及少司的调制

案例

包饼房实习生的选拔标准

上海某国际品牌酒店筹备开业，拟在某旅游职业学院为酒店包饼房招聘专业实习生。实习期间，实习生将享有与岗位相应的薪酬。因其较强的品牌影响力，2 年级烘焙工艺专业学生踊跃报名，他们填好申请表，认真做好了选拔准备。2015 年 5 月 8 日，该酒店人力资源总监、行政总厨、包饼厨师长来到学院双选会现场进行选拔测试。

本次选拔分为操作测试与面试两大环节。操作测试内容为自选西点一款，1.5 小时内完成。操作测试过程中，酒店人力资源总监、行政总厨、包饼厨师长始终在现场，全程观看每位学生的操作，不时用幽默的语言与操作学生作交流，行政总厨和包饼厨师长还不停地在每位选手的申请表上仔细作记录。面试现场轻松而活泼，参选学生进入面试室，先由学生用英语作自我介绍，然后回答面试官的一些问题，如"您为什么要学烘焙专业""您最喜欢吃哪款西点""记忆中您妈妈做的哪道菜或点心最好吃""将来环境变了您还会继续从事该职业吗""您为什么选择我们酒店"，等等。他们还和学生聊一些其他轻松的话题。

操作测试与面试都结束了，有哪些学生会被成功录用呢？该酒店选拔实习生的标准又是什么呢？

本次参加选拔的学生共有 30 位，最终有 10 位入选。提到选拔实习生的标准，酒店人力资源总监介绍：操作测试环节，除了测试学生的专业技能、成品品质外，还要观察学生的仪表仪容、着装与操作规范，操作过程中的卫生意识、卫生习惯等基本素养，以及对原材料的认知程度等；面试环节，除了测试英语交际能力外，还要看学生的专业知识、人文知识、职业礼仪、应变能力，以及其对职业的认同感、对企业的忠诚度、对父母及家人的情感、价值观、团队合作意识等。所以，该国际著名品牌酒店烹饪选才标准体现在一个人的综合能力与素质上。

案例分析

1. 请分析该国际品牌酒店选拔实习生标准的真正意义。
2. 请分析成为一名国际化烘焙人才应具备的综合素质。
3. 请谈谈自己职业的发展规划。

任务一 入职与入门

任务目标

掌握西点的基本特点

养成职业基本素养和行为规范

掌握厨房安全知识，能做好基本食品安全工作

活动一 认识西点

相对于中点而言，我们东方人习惯给西方餐饮中的点心一个特定的名称——西点，确切地说，是指以欧美国家和地区为代表的外国点心的统称。西点以面粉、糖、油脂、鸡蛋和乳品等为主要原料，辅以干鲜果品和香料等，经过调制、成形、成熟、装饰等工艺过程而制成。西点是西方饮食不可或缺的一部分，是日常饮食必备食物，缺少点心的一餐是不完整的，也是不完美的。

说到西点，人们往往会联想到各式面包、蛋糕、西饼等，所以，行业上更流行的称法为"包饼"；又因为其成熟方法以烘焙为主，所以也常常称为烘焙食品。在市场上，包饼以其风味独特、营养丰富、"颜值高"的优势深受各阶层消费者的青睐，各具特色的包饼屋或烘焙坊比比皆是。

大中型饭店里一般都设有独立的厨房专门负责生产制作西点，这样的厨房常被称为"包饼房"，专业的包饼房一般又分为包房和饼房两个相对独立的部门，包房负责各种面包的生产，饼房则负责各类糕饼、甜品等的制作。近年来，国际品牌连锁包饼屋、烘焙坊等如雨后春笋般遍及城市大街小巷，它们都建有专门的集中生产的配供中心，分工更加细致。

一、西点的特点

西点，因制作程序复杂、工艺性强而凸显特殊性。西点以用料广泛、工艺考究、品种繁多、风味独特、营养丰富、讲究造型艺术而独具特色。

（一）原料特点

原料选取范围广，多使用面粉、蛋品、乳品、干鲜果品、糖、甜酒、可可与巧克力、香料等，植物性原料使用普遍，除蛋品和乳品外，其他动物性原料使用极少。

用料讲究，无论是包饼品种、工艺性质，还是成品质量要求等方面，都对选料有严格标准。而且，各种原料之间要求有精当的比例，因此必须称量，确保投放准确。

（二）工艺特点

制作工艺分成形和成熟两部分。西点的基本成形多依赖于设备和工具，因而整齐、规则、标准。同时又不乏有创意性的造型而充满艺术魅力，给人以美的享受。西点的成熟方法有别于中式面点，以烘烤最为普遍、常用。所以西点制作业在近年来被更多地称作"烘焙行业"。

（三）风味特点

由于大量使用乳品、糖、甜酒、香料等，因而西点具有芳香浓郁、味甜宜人的特点；同时，因多采用烘烤这一成熟方法，不仅增加了芳香气，而且使成品表面呈金黄或焦黄色泽，更加诱人食欲。

（四）营养特点

原料品种广，尤其是大量使用蛋品、乳品、干鲜果品等原料，因而营养素全面，特别是所含蛋白质、脂肪、维生素、矿物质等丰富，所以具有营养价值高的特点。

总之，一款品质优良的西点成品，应该具有悦目的色泽、诱人的风味、精美的造型、丰富的营养。

二、西点的分类

西点品种多样，依据不同角度，有不同的分类方法。

（一）按食用时的温度分类

按食用时的温度来分，有冷点和热点两类。

（1）冷点。指常温下或经冷藏、冷冻后低温下食用的点心，如蛋糕、冰淇淋、慕斯、饼干等。

（2）热点。即趁热食用的点心，如热舒芙蕾、面包布丁、圣诞布丁等。这类西点品种较少。

（二）按成品口味分类

按成品口味分，有甜点和咸点两类。

（1）甜点。指甜口味的点心，如蛋糕、果冻、布丁等。

（2）咸点。指咸口味的点心，如法式棍子面包、盐棍、牛角包等。

（三）按成品质地分类

按成品质地分，有干点、软点、湿点三类。

（1）干点。指水分含量少而质地干硬、酥脆的一类点心，如手指酥、曲奇饼等。

（2）软点。指水分含量较多而质地柔软的一类点心，如蛋糕、面包等。

（3）湿点。指口感湿软的一类点心，如冰淇淋、舒芙蕾、慕斯、果冻等。

（四）按成品用途分类

按成品用途分，有早点、茶点、午晚餐点心、专用点心等。

（1）早点。指用于早餐的一类点心，如马芬、牛角包、丹麦包、美国热饼等。

（2）茶点。指用于下午茶的一类点心，如曲奇饼、迷你蛋糕、司康饼、马卡龙等。

（3）午晚餐点心。指用于午晚餐的一类点心，如慕斯、舒芙蕾等。

（4）专用点心。指专用于特定场合的点心，如生日蛋糕专用于生日派对、十字面包专用于复活节、圣诞布丁专用于圣诞节、南瓜派专用于万圣节和感恩节等。

（五）按成品性质分类

按成品性质分，有面包类、蛋糕类、油酥类、冷冻甜品类、其他类等。

（六）按部门分工不同分类

一般包饼房按岗位不同分成包房和饼房，下述分类由此而来。

（1）面包类。包括各种面包。

（2）糕饼类。包括除面包外的其他一切糕饼、甜品等。

活动二　职业认知

厨师是以烹饪为职业、制作美食的专业技术服务人员。饮食文化是人类文明的重要组成部分，厨师则是创造饮食文化的人。在西方，厨师更享有"美食创作的艺术家"的美誉（见图1－1－1）。

图1－1－1　某国际品牌酒店餐厅的宣传画"没有厨师，只有艺术家"

人类文明的迅速发展决定了社会对厨师的要求越来越高。厨师一般需要先在烹饪职业院校学习，熟练掌握烹饪专业应知、应会的知识与技能，熟练掌握入职基本的操作规程与厨师职业行为规范，应具备烹饪从业人员的职业道德与素质要求，并通过考试获得相应的上岗证书或毕业证书，方可满足行业的需要并胜任现代厨房的工作。

一、基本职业素质要求

厨师的任务是发展烹饪技术，满足社会消费的需要；在为消费者提供优质服务获得社会效益的同时，为饭店创造相应的经济效益。厨师要完成上述任务，必须具备一定的基本条件。

（一）职业道德

烹饪是服务性的工作，从业者应树立全心全意为宾客服务的意识，想顾客所想。厨房工作劳动强度大、工作时间长、节奏快，需要从业者敬业爱岗、乐于奉献、工作认真，在技术上精益求精，不断提高自身的烹饪技术水平，保持健康积极的心态，保持相互协调的人际关系。厨房工作又是团体性的工作，分工细致，不管担任什么职务，都是厨房团队的一员；不管在什么岗位，你的工作都是整个厨房工作的一部分。

（二）知识技能

应该接受良好的职业教育、培训，必须掌握烹饪原料学、烹饪化学、生物学、营养学、食品卫生学、数学、财务学等学科的知识，掌握各种烹饪原料及其加工、切配方法，做到烹饪方法准确，创造出色、香、味、形俱佳的菜肴，并能有效合理地控制、核算成本。从业中，更应不断汲取新知识，培养新技能，提升自身的职业素养。同时，作为职业厨师，也应当加入相关的职业协会或组织，加强与同行的交流，拓展视野。

（三）身体素质

厨房工作是一项艰苦、繁重的创造性的体力劳动，要求从业者必须有强健的体魄、充沛的精力和吃苦耐劳的精神。厨房生产直接接触食品，从业人员必须身体健康，无传染病，不携带传染病菌，必须持健康证上岗。

二、厨房员工仪表仪容规范

人的第一印象非常重要，良好的第一印象能赢得他人的欢迎，并建立起良好的关系；糟糕的第一印象，则遭人讨厌甚至唾弃。而第一印象一般是通过其外表建立起来的，如外表看起来干净、整洁，就会给人良好的第一印象。

良好的仪表是对餐饮行业员工的基本要求。企业招聘时，招聘者往往把应聘人员的仪表仪容看作个人品质的外在反映。在对客服务中，顾客往往将工作人员的仪表仪容看作自己是否受到尊重的一种体现，甚至将员工仪表仪容当作企业形象的具体展现。因此，作为一名餐饮从业人员，做好仪表仪容规范具有极其重要的意义。

（1）精神饱满，仪态端庄，坐有坐相，站有站姿。

（2）讲文明，懂礼貌，尊重他人，不说粗话、脏话。

（3）男员工不蓄胡须，不染发，头发不过耳背。

（4）女员工不烫发、不染发，长发盘起，发型符合卫生要求。

（5）不留长指甲，不涂指甲油。

（6）不戴戒指和其他手指装饰物。

（7）熟记"卫生五四制"，做好个人卫生。

（8）不随地吐痰。

（9）工作场所严禁吸烟。

（10）按职业要求，规范着装。

活动三 卫生与安全控制

一、食品安全

据公共健康机构调查，人类疾病中有 40 多种是通过食物传染的，许多导致严重疾患，部分甚至导致死亡。因此，严格执行食品安全和卫生标准，并为顾客提供洁净的就餐环境和安全营养的食品，是每个餐饮企业的重要职责。遗憾的是，食品从业者（包括直接或间接接触食品的人）的不当操作往往是食源性疾病传播/染的主要原因。

不安全的食物通常是由于污染所致，污染是指食物中出现了有害物质。危害食品安全的因素包括生物性因素、化学性因素、物理性因素，其中，生物性因素对食品安全的威胁最大，导致疾病的细菌（致病菌）是大多数集体食物中毒事件的罪魁祸首。那么，实际工作中，食品如何会变得不安全呢？通过调研发现，采购的食品原料本身不安全、烹调加热未达要求、食品在不当的温度下保存、使用被污染的厨具、不良的个人卫生等是实际烹调工作中造成食品不安全的常见原因。因此，实际加工烹调中，应主要从这些方面做好预防工作，以确保食品的安全可靠。

（一）食品安全基本措施

（1）患有急性病、痢疾或刀伤感染的病人不得接触食品。

（2）工作开始前，上完厕所后，加工处理过家畜、家禽、海鲜后，都要用肥皂和水洗手。工作中，每 4 小时至少洗手一次。

（3）选择有资质的供应商，采购有卫生检疫合格证的食品原料。

（4）水产等原料送到时，应严格检查其新鲜度。

（5）不要让食品保留在危险温度区域（见图 1 − 1 − 2）超过 4 小时。

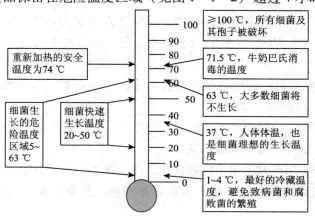

图 1 − 1 − 2 危险温度区域

（6）不要将罐头食物保存在打开的罐头中。

（7）冰箱是最重要的控制细菌生长的厨房设备，应每天检查其温度情况。

（8）立即对用于加工潜在危险食物的设备工具进行清洁并消毒，刨片机、绞肉机、砧板、罐头刀、刀具特别容易被感染。

（9）彻底清洗光禽原料的肚腔。

（10）水果、蔬菜使用前要彻底冲洗干净。

（11）尽可能保持食品封装完好或加盖。

（12）只使用经过巴氏消毒的牛奶。

（13）不要重复冷冻已解冻的肉、鱼、蔬菜等。解冻并再冷冻导致细胞破裂，提高了腐烂的感染性。

（14）解冻食物应当在5℃以下的冰箱中进行。

（15）使用清洁的烹饪工具；工作区域使用完毕，要清洁并消毒。

（16）使用合格的专业工具用于食品的加工烹调。

（17）加热热的食物尽可能快速，并保持在63℃及以上；冷却冷的食物尽可能快速，并保持在5℃及以下。

（18）一次不要准备过多的食物。

（19）小心处理剩饭剩菜，尽快入冰箱保存。重新加热应快速加热至内部温度达到74℃。

（20）加热食物至其内部温度达到最低安全温度，并对用过的温度计进行清洁消毒。

（21）保证脏的餐具、工具、抹布远离食品。

（22）及时并恰当处理厨房垃圾。

（二）卫生实践

1. 个人卫生

实践证明，任何一项洁净卫生的工作，95%靠人的努力，5%靠硬件（设备工具）。因此，员工是餐饮企业实施卫生计划最重要的角色，他们的个人卫生意识和习惯养成尤为重要。

餐饮行业的从业人员必须始终保持良好的个人卫生习惯，以防细菌和疾病的传播。良好的个人卫生要求做到：

（1）按规定体检，持健康证上岗。

（2）勤洗手，始终保持手的清洁卫生。

（3）只有在需要用手时才用手接触食物，并确保手是干净卫生的。

（4）有刀伤或其他伤口绝不能工作在食品现场。如有需要，伤口应当包扎并戴上手套。

（5）不得在食品附近或食品生产现场咳嗽、吐痰、打喷嚏。咳嗽应用手挡住，打喷嚏要用手捂住口鼻，并立即洗手。

（6）生病或有呕吐、嗓子痛、发热等现象，要报告管理人员并在家休息。

（7）工作服穿戴整齐、规范，包括工作衣裤、帽子、领巾、围裙、工作鞋，并应勤洗涤、勤更换，保持工作服的洁白、平整、干净（见图1-1-3）。

图1-1-3　规范着装

（8）勤洗头，不烫发，不染发。保持头发清洁，头发应梳理整齐并置于帽内。

（9）每天洗澡，保持身体清洁。

（10）工作时不吃口香糖，不抽烟。

（11）不留长指甲，不涂指甲油，不贴假指甲。

（12）不戴戒指和其他手指装饰物。

（13）不用脏的工具、设备接触食物。

2. 洗手

餐饮行业的从业人员必须掌握正确的洗手方法，以保持手及手臂裸露部分的清洁卫生。

（1）洗手的标准程序：①用温水（37℃）淋湿手和前臂；②打上肥皂液，搓出泡沫；③用力用泡沫搓洗手指、指尖、指缝、手及手臂，至少15秒钟；④用指甲刷刷洗指甲内外缝隙处；⑤用清洁的温水冲洗手及前臂；⑥拿取纸巾，将水龙头关闭；⑦用一次性纸巾将手擦干或用烘手器将手烘干。

（2）在下列情况下，厨房员工必须按规范洗手：①开始工作前；②上完厕所后；③接触过头发、脸或其他身体部位后；④咳嗽、打喷嚏后；⑤吃喝、抽烟后；⑥接触生的畜肉、禽肉、鱼前或后；⑦处理化学药品后；⑧接触过钱币后；⑨接触过未消毒的设备、工作台面、抹布后；⑩搬运垃圾后。

3. 器具洗涤

许多食品安全问题也可能是因餐具、厨具的不正确洗涤引起的。因此，餐饮行业的从业人员必须掌握正确的洗涤方法。正确的洗涤程序是：一刮，即刮去脏物；二洗，即用加有洗涤剂的热水洗涤，水温应不低于71℃；三冲，即用清洁的热水冲洗，冲洗时水温应不低于82℃；四消毒。

4. 食品运输

大型餐饮活动，通常要将准备好的食物运送到指定用餐场所，这就对食品安全提出了更高的要求。运送过程中，必须确保食物不被污染，细菌不会生长繁殖。运送过程中，应注意以下方面：

（1）承载食品的设备、容器必须干净整洁，可以密封。

（2）承载食品的设备、容器应配备可以冷藏或加热的装置，以保证合适的温度。冷藏温度 5℃或以下，保温温度 63℃或以上。

（3）选择最短路径送达指定用餐地点，最大限度地缩短装卸的时间。

（4）自助餐陈列食物在室温下不得超过 1 小时。冷菜保存在冰槽或冷藏装置内，温度不超过 5℃；热菜用保温炉保温在 63℃以上。

（5）食物陈列区上方应配有玻璃防护罩，避免客人打喷嚏、谈话等污染食物。

二、操作安全

烹调工作中，若有操作不当，可能造成对员工的伤害，引发安全问题。厨房里最常见的伤害有刀伤、烫伤、跌伤、扭伤和拉伤。专业厨房应配置医药箱，配备基本的医护用品，如创可贴、消毒纱布、绷带等，用于一般事故的简单处理。

（一）常见事故及处理方法

（1）刀伤。刀伤是厨房中最常见的伤害事故，因为刀是厨房使用频率最高的手持工具之一，稍有不慎，就可能切伤手指。正确使用刀具，是预防刀伤的最有效措施。一旦发生刀伤，应立即进行正确的处理：治疗伤口的人应戴上一次性手套；用止血布轻压止血；血止住后，清洗伤口处；涂抹消炎药以防伤口感染；用绷带或消毒纱布包扎伤口。

（2）烫伤。烫伤比较疼，而且比刀伤难恢复。轻微烫伤可能会由飞溅的油滴或用潮湿的抹布拿取烫的锅具而引起。轻微烫伤应按如下方法护理：用自来水冲洗降温（不得使用冰块）；涂抹烫伤膏；用绷带包扎。

（3）跌伤。在厨房里，跌倒可能导致严重的伤害事故，必须引起重视。跌倒可能由湿滑的地面、食物的水滴和油滴、破损的地垫等导致。因此，厨房地面要保持干燥整洁，员工最好穿厨房专用防滑工作鞋。

（4）拉伤和扭伤。拉伤和扭伤一般不会像其他事故严重，但是疼痛难忍，导致无法工作。拉伤是因肌肉和韧带组织受到过度拉牵而引起的。扭伤是由于韧带组织受到特殊的牵拉而导致的。搬运物品是厨房常见的工作，一次搬过重、过大或过多的东西，往往造成拉伤或扭伤。因此，搬运物品时，应掌握正确的搬运技巧，最好穿防滑工作鞋，并确保通道畅通。一旦拉伤或扭伤发生，应正确处理：立即停止工作，需要的话用夹板固定受伤肢体；让受伤部位休息，避免任何活动；用绷带轻压受伤部位；尽快冰敷受伤部位，避免肿大。但不能冰敷过久，以免造成韧带组织的伤害；抬高受伤部位，避免肿胀。

（二）预防措施

避免伤害事故发生的最好方法，就是对员工适当培训，养成良好的工作习惯和精细的管理风格。厨房伤害事故的预防措施如下：

（1）有水滴或油滴滴落地面，立即擦干。

（2）学会正确使用设备工具，按规范程序操作。

（3）工作服穿戴整齐；不戴首饰，以免被机械卷入而造成受伤。

（4）根据需要和用途选用刀具、用具。

（5）在厨房里只行走，不跑动。

（6）保持出口、通道整洁、畅通。

（7）工作中，把锅具等当成是烫的，始终用干布拿取锅具。

（8）所有锅把不得挡在过道，以免碰撞。

（9）搬运重物时，使用推车。

（10）搬起物品时，通过腿部肌肉用力，避免背部肌肉拉伤。

（11）易破碎物品远离食品保存和生产区域。

（12）拿着热锅走在他人后面时，应不断提醒。

 课堂思考

职业包饼师应具备哪些基本职业素质要求？

HACCP 食品安全控制系统

HACCP 是英文 "Hazard Analysis Critical Control Points" 的缩写，其中文全称为 "危害分析关键控制点"。

20 世纪 70 年代初，美国的食品生产者与美国航天规划署合作，首次建立起了 HACCP 系统，它是以科学为基础，通过系统性地确定具体危害及其控制措施，以保证食品安全性的系统。HAC-CP 的控制系统着眼于预防而不是依靠最终产品的检验来保证食品安全。

应用于餐饮业，其含义是对食品加工过程的各个环节可能引入的危害因素进行分析，确定控制哪些危害因素对于保证食品的安全卫生是关键环节，然后针对关键环节建立控制措施（见表1-1-1），最终通过对全过程的控制保证食品安全。

HACCP 管理体系近十几年来在世界范围内得到广泛的推广和应用，一些发达国家或地区相继制定或着手制定与 HACCP 管理相关的技术性法规或文件，作为食品企业强制性的管理措施或实施指南。

HACCP 的安全控制程序如图1-1-4所示。

表1-1-1　HACCP 分析与预防——烹饪生产流程

控制点	可能危害	预防措施	关键限值（要求）
原料接收	污染或变质的食物原料	从可靠供应商处订购原料	供应商应持有权威机构颁发的卫生安全许可证
		接收恰当温度的原料	潜在危险食物的温度应在5℃或以下
		尽快将易变质的原料冷藏	危险温度区域存放不超过4小时

续表

控制点	可能危害	预防措施	关键限值（要求）
原料（食品）储存	交叉污染；细菌的生长；腐败	避免交叉污染	直接食用的食物不接触生的食物（生熟分开）
		保持适当的温度	5℃或以下温度保存易变质食物；-18℃保存冷冻食物
加工准备	细菌生长；交叉污染	控制细菌生长	危险温度区域存放不超过4小时
		避免交叉污染食物	生熟分开；员工个人卫生；工具清洁消毒
加热烹调	细菌复活；物理或化学污染	加热至合适温度	蛋、鱼、肉63℃；禽肉74℃；蔬菜60℃
		恰当保管食物	恰当保管食物（远离异物、化学品，严格控制添加剂使用）
冷却食物	细菌生长	使用快速降温设备	2小时内冷却至21℃
		垫在冰水中搅动冷却	6小时内冷却至5℃
保存食物	细菌生长	热食物保存在危险温度区域以上	63℃以上
		冷食物保存在危险温度区域以下	5℃以下
重新加热	细菌复活和生长	快速加热至恰当温度	74℃

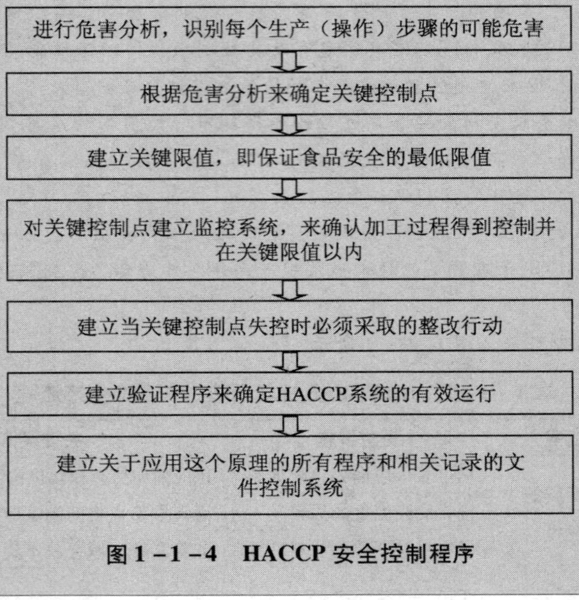

进行危害分析，识别每个生产（操作）步骤的可能危害

根据危害分析来确定关键控制点

建立关键限值，即保证食品安全的最低限值

对关键控制点建立监控系统，来确认加工过程得到控制并在关键限值以内

建立当关键控制点失控时必须采取的整改行动

建立验证程序来确定HACCP系统的有效运行

建立关于应用这个原理的所有程序和相关记录的文件控制系统

图1-1-4　HACCP安全控制程序

任务二　步入现代包饼房

任务目标

识别包饼房常用设备和工具

掌握常用设备的操作规程

了解包饼房设置与功能

专业包饼房应该干净整洁、组织得当、设施完备、布局合理，所有工作人员各就各位，各司其职。正如一支乐队，每位演奏家在舞台上都有自己的位置，一个专业包饼房会被分成不同的部门（包房和饼房）执行各种任务，这些部门又被分成不同的区域甚至更小的岗位以执行特定的任务。正如演奏家没有乐器无法演奏一样，包饼房每个部门、区域、岗位必须配置所需设备。

专业厨房，包括包饼房，是快节奏的工作场所，是餐饮企业的心脏。因为厨房生产压力大，设备使用频繁，生产量大，速度要求快，所以，不仅包饼房设计布局要专业，而且设施设备必须是商用级的。

活动一　包饼房的设置

厨房是指可在内准备食物，并进行烹饪的场所。它主要由生产人员、烹饪原材料、烹制食物的设施设备、所需的空间和场地以及能源等组成。厨房是美食制作的地方，也是烹饪艺术家创新开发的实验室，更是时尚美食辈出的场所。对于即将踏入包饼行业的学生，感知厨房、探究包饼房奥秘是十分必要的。

一、包饼房的组成与功能

通常情况下，包饼房由两个基本岗位部门组成，即包房和饼房。包房负责经营所需的各类面包的生产，还制作一些大型装饰面包，如鳄鱼包、辫子包等。饼房负责生产各种糕饼、甜点等，如各种蛋糕、饼干、派挞、冷冻甜点等，还制作大型装饰品，如巧克力装饰品、圣诞姜饼屋等。

二、包饼房的布局

包饼房的设计合理与否直接影响工作人员的工作情绪、生产效率和出品质量，因此，包饼房的设计对生产和管理至关重要。包饼房设备的布局一般应按照其生产流程进行，本着安全便利、人性化的原则。当然，最主要的是要根据包饼房的实际形状、面积及功能进行设计（见图1-2-1）。

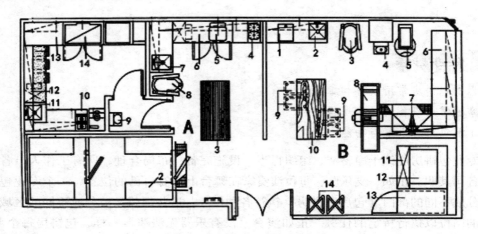

图1-2-1　包饼房布局图

A 区——饼房	A8——多功能搅拌机	B 区——包房	B8——双向压面机
A1——复合式冷库	A9——单星盆	B1——电子台秤	B9——糖粉车
A2——货架	A10——巧克力熔炉	B2——单星盆工作台	B10——木面工作台
A3——大理石工作台	A11——单星盆工作台	B3——和面机	B11——烤箱烟罩
A4——两头炉	A12——抽屉式冰箱工作台	B4——单星盆	B12——烤箱
A5——电子台秤	A13——不锈钢工作台	B5——搓包机	B13——醒发箱
A6——冰箱工作台	A14——四门冰箱	B6——不锈钢工作台	B14——饼盘车
A7——单星盆工作台		B7——双星盆工作台	

活动二　认识常用设备

完备的、先进的设备是西点大规模生产的重要物质条件之一。用于西点制作的设备较多，即使同一类型的设备，其外观、构造、使用性能等也不尽相同。本活动仅涉及西点制作中最常用的设备。

一、烘烤设备

（一）常用烘烤设备

1. 烤箱 Oven

烤箱，又称烤炉，是生产面包、糕点的关键设备之一。糕点成形后经过烘烤、成熟上色后便制成成品。烤炉的式样很多，没有统一的规格。按热能来源分有电烤炉和煤气烤炉两大类；从烘烤原理来分有对流式烤炉和辐射式烤炉两种；从构造上来分有层烤炉（单层、双层、三层等）、平台式链条传送烤炉、热风旋转式烤炉等，形式多样，各有特点。

（1）电烤炉 Electric Oven。目前国内各酒店包饼房及社会烘焙坊使用的通常是电力层烤炉（见图1－2－2）。这种烤箱每一层都是一个独立的工作单元，分上火和下火两部分，由外壳、电炉丝（红外线管）、热能控制开关、炉膛温度指示器等部件组成。高级的电烤箱，还附加蒸汽喷嘴、定时器、报警器等装置。电烤箱的工作原理，主要是通过电能的红外线辐射、炉膛热空气的对流以及炉膛内钢板的热能传导三种热传递方式将食品烘烤成熟上色。层烤炉可选择底部为耐火砖，有些包饼可以直接置于砖上烘烤，直接受到底部强烈的热量影响使产品底部形成脆皮效果。还可选配蒸汽装置，烘烤过程中便于产品形成俗称的脆皮。这种烤箱的优点很多，使用方便，温度容易控制，能获得极佳的烘烤效果，能在短时间内使食品成熟上色，又可用低温慢慢烘烤；外形整洁美观，占用空间小，挪动方便，极易进行卫生清理。

图1－2－2　包饼烤箱

（2）对流式烤炉 Convection Oven。这种烤炉内设置了风扇，工作时，热风在烤炉内对流循环，围绕食物使其均匀受热，节省成熟时间。

（3）万能蒸烤炉 Combi Oven。这种烤炉的最大特点是集合了对流式烤炉和蒸箱的功能，有烤、蒸和蒸烤混合三种模式可供选择，应用十分广泛。

（4）热风旋转烤炉 Revolving Oven。烤箱工作时，发热体发热后通过风机形成热空气循环，炉内上、中、下温度均匀；同时烤盘层架不停地低速旋转，烤盘各部位受热均匀。因此，产品上色均匀，时间快，效率高。旋转烤炉一般箱体大，适合于大批量生产，因此，适用于食品工厂、包饼连锁企业配供中心、航空配餐公司等企业。广泛应用于烘烤各式面包、蛋糕、曲奇及中式糕点等产品。

2. 微波炉 Microwave Oven

微波炉是现代烹饪采用的一种极其方便的烘烤设备。它是一种能迅速加热食物而又与放射现象无关的电子设备。微波炉的工作原理，主要是靠通电后的一个磁控管来产生的一种类似光波即无线电波的能量，使食物内部的水分子来回剧烈运动，相互摩擦生热，在食物内部产生大量的热能，从而使食物迅速受热膨胀。微波最先渗透到的是食物的内部，食物内部最先成熟，然后逐渐向外扩展。传递微波由食物外表渗透至中心的距离为6厘米左右，一件大块食物的中心部分要以传导的方式加热。

现在的微波炉大多带烧烤功能，故成熟的食物会像其他烤炉制品一样有焦黄的颜色。

（二）烘烤设备的保养

注意设备的使用和保养，不仅能保证使用时达到高效率，而且有利于延长设备的使用寿命。烘烤设备的保养主要有以下方面：

（1）烘箱应尽量避免在高温档次状态下连续使用。

（2）烘烤完毕应立即关闭电源。

（3）烤箱使用前的预热时间不宜过长，只要达到所需要的烘烤温度，就应立即放入烘烤食物，干烤时对烤箱的损害最大。

（4）烤箱不宜用水清洗，可以干擦，以防触电，最好用烤箱清洁剂擦洗，但对烤箱内衬有铝的材料不能用烤箱清洁剂或氨擦洗。

（5）烘烤工具在烘烤完成后要立即移离烤炉。

（6）对烤箱外壁要经常护理，可用洗涤剂或弱碱水洗涤，保持外表整洁美观，切忌钝器铲刮。

（7）新的烤箱在使用前，务必要阅读使用说明书，确保规范操作，防止损坏。

二、机械设备

（一）常用机械设备

1. 多功能搅拌机 Multi – Function Mixer

搅拌机具有切片、粉碎、揉制、搅打等多种功能，主要用来搅拌面糊、揉制面团。坐地式搅拌机是制作蛋糕的主要机械设备（见图 1 – 2 – 3）。它的特点是功能多，适用范围广。坐地式搅拌机由马达、变速器、升降装置、不锈钢搅拌缸、搅拌头等部分构成，搅拌头包括搅拌帚、搅拌桨、搅拌钩各一只。在机身的上部设有扩展槽，用来装接各种功能扩展装置。搅拌缸的容量可达 20 升以上，机身高 140 厘米左右，具有三段变速的功能，三段变速为 80rpm、150rpm、210rpm。

另有一种台式搅拌机（Stand Mixer），高 40 厘米左右，其结构同坐地式搅拌机相似，搅拌缸容量一般为 5 升左右，通常配备搅拌帚、搅拌桨、搅拌钩各一只。也设计三段变速功能，即 155rpm、269rpm、555rpm。它的用途主要是搅打鸡蛋、奶油及少量黄油等（见图 1 – 2 – 4）。

2. 和面机 Dough Mixer

和面机由搅拌缸、搅钩、传动装置、电器盒、机座等部分组成，主要用来揉制面团，是制作面包的主要机械设备（见图 1 – 2 – 5）。螺旋搅钩由传动装置带动在搅拌缸内回转，同时搅拌缸在传动装置带动下以恒定速度转动。缸内面粉不断地被推、拉、揉、压，充分搅和，迅速混合，使干性面粉得到均匀的水化作用，扩展面筋，成为具有一定弹性、伸缩性和流动均匀的面团。

图 1 - 2 - 3　坐地式搅拌机　　　图 1 - 2 - 4　台式搅拌机　　　图 1 - 2 - 5　和面机

3. 面团分割滚圆机 Dough Divider

面团分割滚圆机结构比较复杂,有多种类型 (见图 1 - 2 - 6)。其用途主要是将初步发酵的大面团均匀地分割成一定重量的小面团,并进行滚圆。

4. 面包切片机 Toast Slicer

切片机种类较多,型号不一 (见图 1 - 2 - 7)。其用途是将整条的成熟面包一次性地切成均匀整齐的薄片。主要用于吐司面包的切片。

5. 双向压面机 Dough Sheeter

又称酥皮机,由机身托架、马达、传送带、面皮薄厚调节器、传送开关等部件构成 (见图 1 - 2 - 8)。其用途主要是将揉制好的面团放在传送带上来回反复压成一定厚薄的面皮 (如酥皮),以便下一步使用。

图 1 - 2 - 6　面团分割滚圆机　　　图 1 - 2 - 7　面包切片机　　　图 1 - 2 - 8　双向压面机

(二) 机械设备的保养

(1) 机械设备有电机和传动控制装置,在使用过程中应严格遵循说明书的要求操作,勿使设备超负荷工作,同时尽量避免长时间连续转动,以延长设备的使用寿命。

（2）机械设备至少要一年保养一次，对主要部件，如电机、传动装置等要定期拆卸检查。

（3）机械设备的外表也要像其他设备一样始终保持清洁，对在操作过程中遗留在机械上的污垢应及时处理干净，可用肥皂水或弱碱水擦洗，但勿用钝器以及其他锐利的器具铲刮，避免表面留下划痕。

总之，维护好设备，保持其清洁，不仅能延长设备的使用寿命，还能保持整个厨房的卫生整洁。

三、恒温设备

（一）常用恒温设备

1. 醒发箱 Proofing Cabinet

图 1 - 2 - 9 醒发箱

醒发箱是用于制作面包的发酵设备，箱式结构，设有宽敞的玻璃视窗，便于用户观察面团发酵情况，设有活动层架，可任意拆卸，方便用户发酵不同规格的产品（见图1 - 2 - 9）。醒发箱型号很多，大小不一，通常按能放入醒发箱内的烤盘数量的多少分大、中、小三种类型。醒发箱的箱体大都用不锈钢制成，一般高为 2 米左右，宽度不一，因为有放单排烤盘和双排烤盘之分，深度一般不足 1 米。

其结构由密封外框、活动门（或单门或双门）、不锈钢管托架、电源控制开关、水槽、温湿度控制器等组成。

醒发箱是根据面包发酵原理和要求而进行设计的电热产品，它是利用电热管加热箱内水槽的水，通过温、湿度控制电路来控制箱内温度和湿度，创设最适合的发酵环境。具有使用方便、安全可靠等优点，是确保面包生产质量必不可少的配套设备。

2. 冰箱 Refrigerator/ Freezer

冰箱是保持恒定低温的一种制冷设备。

冰箱有卧式和立式两种，两者结构相似，都由制冷机件、密封的箱体、门及橡胶封条、可移动的食物托架、网格篮、温度调节器等构成。

世界上 90% 以上的电冰箱属于压缩式电冰箱，该种电冰箱由电动机提供机械能，通过压缩机对制冷系统作功，制冷系统利用低沸点的制冷剂，蒸发汽化时吸收热量的原理制成的。其优点是寿命长、使用方便。

采用最先进的"直流无级变频"技术生产出的变频冰箱，其优点是压缩机转速可以根据外界温度变化和食物储存情况，在 2000 转到 4000 转的区间内柔性变动。平滑变频既能避免能源浪费，比普通冰箱节能 70% 以上，也能将噪声值降低 50% 以上，还能延长压缩机和整机系统的使用寿命。

根据储物温度要求不同，冰箱可分为冷藏冰箱、冷冻冰箱及冷冻冷藏冰箱。前两种也称为单温冰箱，功能单一，用作原料的冷藏或冷冻储存，最后一种也称为双温冰箱，是将冷藏箱和冷冻箱组合于一体，兼具冷藏和冷冻功能。

（二）冰箱的保养

电冰箱在使用过程中应做好日常保养工作。购买时，首先要选择结构合理、绝缘良好的产品。因为进入冰箱中的热量有三个方面：一是经冰箱壁进入；二是冰箱门打开时暖空气进入；三是放入冰箱中的食物所散发的热量。立式冰箱通常有占地面积小、使用方便等特点，但它比卧式冰箱更容易发生冷空气流失。为避免冷空气的流失，应选择结构合理的冰箱。冰箱内部应分成几个区间，每一个区间有单独的门，一个区间的小门打开，其他的门依然关闭。制冷气化器的螺管安装应使尽可能多的食物与制冷面接触。这些因素都可直接影响到冰箱的维护和保养。除此之外，冰箱在使用时还必须注意以下几个方面的问题：

（1）定期清洗电冰箱内部与外表是非常必要的。现代无霜和自动除霜电冰箱仍需要除霜保护。良好的周期性维护也会有助于保藏食品。

（2）冰箱内的任何溢出物或堆积的食品颗粒只要一出现就应清除干净，以减轻冰箱的制冷负担和减少与冰箱部件的摩擦。

（3）可用清水或小苏打温水溶液来清洗冰箱内壁，并擦净擦干。可移开的部件应拿出来冲洗干净并晾干。外表应用清洁温水、必要时可用弱碱性肥皂擦洗后再擦干，并可涂一层抛光蜡，有助于使电冰箱外表保持整洁的面层。

（4）对无自动除霜功能冰箱进行除霜清理时，应把存放的食物全部拿出，关掉电源，任其自行化冻。为缩短除霜时间，还可以用塑料刮霜刀将元器件上的结霜刮除，切忌使用锐利之器刮铲冰箱，更不能在结霜的部件用刀敲击，以免损坏冰箱部件。也不可用烫水冲刷冰箱，以避免制冷螺管爆裂，损坏制冷设备。

（5）冰箱长期放置不用时，应把食物全部取出，内外洗净、擦干，关掉电源，拔出插头。

四、其他设备

（1）工作台 Working – Board。通常有木面工作台（见图 1 – 2 – 10）、大理石工作台和不锈钢工作台三种。木面工作台以枣木、榆木等坚实木材制品为佳，长方形，5～6 厘米厚，主要用于揉制面团等，因其散热慢、摩擦力大，特别适合面包面团的滚圆与整形。大理石工作台由天然或人造大理石加工制成，散热快，不适于发酵面团的操作，主要用

图 1 – 2 – 10　木面工作台与糖粉车

图 1 - 2 - 11
单排饼盘车

于巧克力的调温、热糖浆制品的制作。不锈钢工作台以 304 不锈钢材质为佳，具有耐腐蚀、耐磨损、耐高低温和防酸、防碱、防尘、防静电、不生锈、易清洁等特点，美观耐用，环保卫生，是厨房应用最为广泛的工作台。

（2）糖粉车 Flour Trolley。用于储存糖、面粉等原料的专用工具。由优质不锈钢或 PP 塑料制成。无缝设计，圆角和光滑内外壁，容易清洗，坚固耐用；连体盖和计量式配勺设计，安全卫生，原料取用方便；底部万向脚轮设计，前轮可固定，后轮可旋转，能轻易推动到不同的工作空间。塑料款糖粉车，箱盖透明，便于快速识别原料种类和存量管理（见图 1 - 2 - 10）。

（3）饼盘车 Roasting Pan Cart。也称高身饼车、烤盘车等，是插放烤盘的专用设备，节省操作空间。按材质，通常有不锈钢、铝合金两种；按造型，又分单排、双排两款。容易组装，载重安全；静音万向脚轮设计，进退自如。标准尺寸适合插放 600 毫米 × 400 毫米的标准烤盘（见图 1 - 2 - 11）。

活动三　认识常用工具

用于西点制作的工具很多，形状各异，规格多样。每种工具都有其特定的用途，且有些工具可以一具多能。大致有衡量工具、搅拌工具、成形工具、烘烤工具四类，本活动仅涉及常用工具及其主要功用。

一、衡量工具

衡量工具是指用于称重量、量体积、测温度、计时间的工具。

配方中的各种原料的分量、大小都应当准确，这样就要用到衡量工具。称量一般以重量（克、盎司、磅等）和体积（茶匙、汤匙、杯、毫升、升）等单位计量，所以，包饼房必须准备几种衡量工具，包括秤、量杯和量匙等。温度计和计时器也是常用的计量工具。

（一）秤 Scales

秤是计量的必用工具，它一般由弹性装置、刻度盘和秤盘组成，计量单位有克、盎司、磅等。电子秤也使用弹性装置，但给出具体数据，读取方便（见图 1 - 2 - 12）。

（二）体积计量工具

有些原料用量需要使用体积计量工具，如量匙

图 1 - 2 - 12　电子秤

（Measuring Spoon）、量杯（Measuring Cup）等。量匙一般成套配备，包括 1/4 茶匙、1/2 茶匙、1 茶匙和 1 汤匙（见图 1 - 2 - 13）。液体量杯多以毫升、升为单位（见图 1 - 2 - 14）。固体量杯套装包括 1/4 杯、1/3 杯、1/2 杯和 1 杯（见图 1 - 2 - 15）。一般不要选用玻璃量杯，因其易打碎，而弯曲变形的量杯因不准确也不使用。

图 1 - 2 - 13　量匙

图 1 - 2 - 14　液体量杯

图 1 - 2 - 15　固体量杯

（三）温度计 Thermometers

出于卫生与食品安全考虑，食品保存在或加热烹调至合适的温度是很重要的，这就需要使用温度计进行测量。专业厨房里有多种温度计，但最常用的是速读温度计、糖和油脂用温度计、电子探针温度计、红外线温度计。

（1）速读温度计。由不锈钢探针和显示屏构成，显示屏有数字和机械两种。使用时，将探针插入食物内部，显示屏迅速显示内部实际温度。有一种小型的笔形温度计（见图 1 - 2 - 16），可装入工作服口袋，便于携带，使用方便，能迅速反映实际温度。但使用时不能长时间置留在正在加热的食物中，否则会损坏。

图 1 - 2 - 16　笔形温度计

图 1 - 2 - 17　糖和油脂
温度计

（2）糖和油脂专用温度计。这种温度计有长的不锈钢探针和大的显示屏，可以经受相当高的温度，主要用于测量加热烹调中食品（尤其是糖和油脂）的温度。它一般都有别钩，可以挂在锅边，保留在锅中，随时测量加热中食物的即时温度（见图 1 - 2 - 17）。但要注意的是，这种温度计刚从热的糖或油脂中取出时，不能接触很冷的物体，以免导致温度计的损坏。而这种从热到冷的瞬间温度变化叫作"热休克"。

（3）电子探针温度计。实际上就是带数字显示屏的速读温度计的放大版，不锈钢探针细而长，电子显示屏大而清晰，二者由导线连接起来。温度显示快速而精确，并且有摄氏和华氏两种温度。

(4) 红外线温度计。红外线温度计，不通过物理接触，而是运用红外线技术来测量食物的外表温度（见图1－2－18）。只要将红外线指向食物，就立即得其外表温度，数字屏就显示测量温度。红外线温度计主要用于测量融化巧克力、少司的温度。

图1－2－18
红外线温度计

二、搅拌工具

(1) 蛋扦 Whisk。又称打蛋器，规格有大有小，用钢丝捆在一起制成，以轻便灵巧为好（见图1－2－19）。是最基本的手动搅拌工具，主要用于混合材料、打发蛋清和鲜奶油等。

(2) 木勺 Wooden Spatula。前端宽扁或呈勺子形，柄较长，以木质材料制成，有大小、长短之分，可用来搅拌面糊或其他材料（见图1－2－20）。

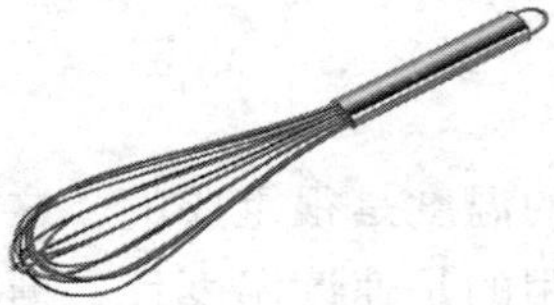

图1－2－19　蛋扦

图1－2－20　木勺

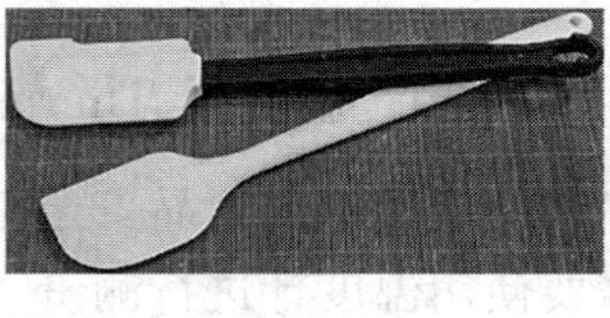

图1－2－21　长柄软刮刀

(3) 长柄软刮刀 Soft Spatula。常用的搅拌、刮净、抹平工具。一体成形设计，由橡胶或硅胶材料制成，质地柔软，触感温和，耐摩擦，弹性好；刀口圆弧设计，可以轻松刮净打蛋盆里的蛋糕糊、奶油等（见图1－2－21）。

图1－2－22　打蛋盆

(4) 打蛋盆 Mixing Bowl。不锈钢材料制成，圆口球形底。按直径大小，分各种不同尺寸（见图1－2－22），一般大小成套配备。大小的选用，取决于材料的多少。主要用于原料的混合搅拌及鸡蛋、鲜奶油的打发等。

三、成形工具

(1) 饼刀 Pastry Knife。刀口呈锯齿状，因此也称锯刀、牙刀。刀刃采用优质钼钒钢，硬度高、韧性好、抗腐蚀性强，坚固耐用。刀口锋利，倾斜打磨，切割轨迹稳定，平整而不掉渣，效果非常理想。塑料、胶木或木质手柄，弧度圆润，握感舒适，操作既方便又安全。主要用于面包、蛋糕的切割（见图1－2－23）。

(2) 抹刀 Spatula。又称吻刀、刮平刀。刀身采用高碳不锈钢制成，比一般的钢材韧性更好，硬度更高，更坚固耐用，无锋，圆头；木柄、胶木柄或塑料柄。是制作奶油蛋糕时涂抹奶油等霜饰材料的重要工具，还可以用于蛋糕等的脱模（见图1-2-24）。

（3）刮刀 Dough Cutter。常用来切割面团，所以也称为切面刀。刀身用优质不锈钢材料制成，质坚体硬，安全卫生。刀刃锋利，切割顺手，不易粘面，好打理，结实耐用；直型刀边设计，方便舒适；握柄部分为木质或塑料材质（也有不锈钢整体设计制成的），做工精致；有的还设计了厘米刻度（见图1-2-25）。供切面团、铲刮面团、刮平面糊之用。

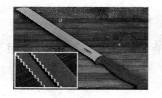

图1-2-23 饼刀

图1-2-24 抹刀

图1-2-25 刮刀

（4）塑料刮板 Plastic Scraper。采用无毒无味的PE塑料制成，柔韧性好，安全卫生，易打理，易清洁，经久耐用（见图1-2-26），是制作面包、蛋糕等的基础工具，可以用来切割面团及简单的刮平、抹平，也可铲起案板上的散粉，铲去烤盘内的残渣或碎屑。另有一种三角形锯齿刮板，是奶油蛋糕表面装饰工具，可在奶油蛋糕表面或侧面刮出花纹效果。

图1-2-26 塑料刮板

（5）擀面杖和擀锤 Rolling Pin。擀面杖通常用坚实细腻的木材制成，也有铝合金或不锈钢材质的，有长有短，粗细不一。造型圆润，表面光滑，美观耐用；易洗涤，不粘面团，不藏污纳垢，不易发霉变质；握感好，使用省时省力（见图1-2-27）。其用途是擀制面皮。擀锤，也称走锤，是一种活动擀面杖，有原木、铝合金、不锈钢材质等，耐摩擦，符合食品卫生标准。高级擀锤采用特殊结构，内置精密轴承，使手柄随时保持最佳握手状态，舒适度高。手柄设有悬挂口，方便悬挂摆放（见图1-2-27）。主要用于酥皮面团等的擀压成形。

图1-2-27 擀锤与擀面杖

（6）切模 Cutter。采用优质不锈钢材料制成，强度高、韧性好，且耐腐蚀、耐高温氧化，表面电解处理，光滑亮丽，易清洁，好保养，符合食品卫生标准。常见有圆形、心形等形状，每种形状都有光边和牙边，大小成套（见图1-2-28）。适用于切割面皮，各种饼干、曲奇、薄饼的造型等。

（7）轮刀 Wheel Cutter。由手柄和滚轮刀片组合而成，滚轮外缘为刀口，刀口分平刀口和曲齿刀口两种（见图1-2-29），市面上也有二合一产品。手柄通常为塑胶材料，

图 1 - 2 - 28　切模

手感佳；滚轮选用高碳不锈钢材料，刀片硬度强，寿命长，有尺寸大小之分。主要用于面皮、比萨的滚切。另有一种可扩展轮刀（expandable dough cutter），组合了 5 片、7 片轮刀，可一次性完成多条宽面皮的切割（见图 1 - 2 - 30）。

图 1 - 2 - 29　轮刀

图 1 - 2 - 30　可扩展轮刀

图 1 - 2 - 31　针车轮

（8）针车轮 Roller Docker。这是面皮打孔工具，因此也称为打孔器。由手柄和带针的滚轮组成（见图 1 - 2 - 31）。按材质，有金属和塑料之分。金属针车轮使用优质不锈钢，强度高，韧性好，耐热性好，不易变形，坚固耐用；滚针圆头设计，不伤底盘、案板，针径大小标准，针距均匀。适用于制作比萨、饼干、起酥类产品的表面处理。只要轻轻划过面皮，再用擀面杖卷起来铺开，稍加调整，就会呈现出整齐有序的完美针孔形状，使产品呈现最佳的外皮效果。

图 1 - 2 - 32　慕斯圈

（9）慕斯圈 Mousse Ring。采用优质不锈钢材料经电解处理制成，强度高，韧性好，光滑亮丽。形状多样，常见有圆形、方形、星形、三角形等（见图 1 - 2 - 32）。主要用于各种慕斯蛋糕、提拉米苏等的塑形，也可用作蛋糕模具。

四、烘烤工具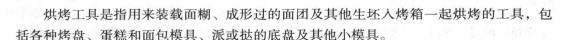

烘烤工具是指用来装载面糊、成形过的面团及其他生坯入烤箱一起烘烤的工具，包括各种烤盘、蛋糕和面包模具、派或挞的底盘及其他小模具。

（一）烤盘 Baking Tray

烤盘是最基本的烘烤工具之一，其规格、形状很多，有大小和高浅边之分。一般标准尺寸为 600 毫米 × 400 毫米。烤盘的规格应按烤箱的炉膛规格大小订购，基本原则是便于出入烤箱，充分合理地利用炉膛的空间。

烤盘材质有多种选择，现市面多见品质较好的为标准型镀铝烤盘，表面有特殊的不粘涂层（见图 1 - 2 - 33），重量轻，取用方便，不易变形，使用寿命长，导热性能好，可缩短烘焙时间，烘焙面包的着色效果更好。

图 1 - 2 - 33 烤盘

（二）蛋糕模 Cake Mould

1. 单体模具

用于盛装面糊入烤箱烘烤并定型的蛋糕模具，形状多样，常用的有圆形、方形、心形、椭圆形，通常采用高强度铝合金板，强度高，刚性大，导热性能好，轻巧耐用。

图 1 - 2 - 34 圆形模具

圆形模具的尺寸大小通常按直径来分，常用的有 6 英寸、8 英寸、10 英寸等（见图 1 - 2 - 34）。模具底部有两种设计，固定底和活动底。活底设计，取放灵活，烘焙完成后，可取出底片，轻松脱模，更能保证产品的完整性。模具生产过程中一般要作特殊工艺处理，如阴阳极处理、硬膜处理、不粘处理等。阳极处理模具表面呈本色，具有耐磨、耐酸性，不易氧化、易清洗、导热快且没有盲点、传热效率精确等特点，有利于蛋糕面糊在烘烤过程中的攀升，使蛋糕更有膨松感，适用于戚风蛋糕、芝士蛋糕、慕斯蛋糕；阴极处理通常结合硬膜和不粘处理，这类模具表面呈黑灰色，超硬，耐磨，耐刮，耐酸碱且易清洗，具有高强度、导热快、不易变形的特点，还具有抗辐射及吸热特性，可缩短烘烤时间，能确保产品品质的恒久稳定，适用于海绵蛋糕、芝士蛋糕、慕斯蛋糕等。

方形模具适用于海绵蛋糕、慕斯蛋糕、重油蛋糕、乳酪蛋糕等，特别适合于布朗尼蛋糕；椭圆形模具也称乳酪蛋糕模，固定底设计，适用于水浴法芝士蛋糕、面包等。

心形模具适用于各种蛋糕，特别适用于情人节蛋糕（见图 1 - 2 - 35）。

图 1 - 2 - 35 椭圆形、方形、心形模具

2. 多连模

一体合成的多个小蛋糕模烤盘（见图1-2-36），有硬式和软式两种类型。

硬式多连模由铝合金材料制成，标准规格600毫米×400毫米，表面用矽利康不粘处理，防粘，耐高温，不吸附油脂和水。主要用于蛋糕、面包、布丁的制作。

图1-2-36 多连模

软式多连模由硅胶材料制成，无毒无味，安全卫生，有良好的导热性；不粘，脱模容易，制品外表光滑，近乎完美；柔软性超好，存放轻便，占用空间非常小，是包饼房里的柔术大师，即使把它卷起来，展开后也会恢复原形，便于收纳和整理；款式多样，造型独特，有玫瑰花形、牡丹花形、菊花形、葵花形、花环形、卡通形等，克服了传统金属模具受材质限制而无法做出各种复杂造型的缺陷。硅胶模的使用环境温度为-60~230℃，可在微波炉、烤箱中使用，也可在冰箱里冷冻，因此应用十分广泛，可用于蛋糕、面包、慕斯、果冻、巧克力、布丁等各种食品的制作。

（三）吐司盒 Toast Tin

吐司面包盒采用铝合金板，钢性大，导热性能好，轻巧耐用（见图1-2-37）。表层做过不粘处理的模具，易脱模，易清洁，干净卫生；底部带孔设计，受热均匀，排气性好，有效防止烤煳。加盖制作美式土司，四面平整；不加盖制作英式土司，顶部驼峰形。要不要加盖，自由选择。

图1-2-37 吐司盒

（四）派或挞底盘 Pie Pan

圆形金属底盘，采用优质铝合金板结合特殊工艺制成，强度高、导热性能好，轻巧耐用。按其边缘形状，有平边盘和梅花边盘两种；按其底部设计，有固定底和活动底两种；按其涂层处理，有阳极处理（本色）和阴极硬膜处理（黑灰色）两种（见图1-2-38）。专用于各种派、挞的制作。

图1-2-38 派（挞）盘

五、装饰工具

（1）裱花嘴及裱花袋 Pastry Tube and Pastry Bag。裱花嘴是配合裱花袋使用的不锈钢圆锥形的裱挤装饰工具，硬度大，强度好，经久耐用，干净卫生，易清洁，好保养。规格、造型多样（见图 1-2-39）。是蛋糕表面裱花、裱挤图案花纹、曲奇成形及填馅等不可缺少的工具。裱花袋是选用优质涤棉布料制成的三角形口袋，内部有塑料涂层，尖角留一小口，用来放置裱花嘴；安装裱花嘴处有加固层，侧面接缝严实，质量好，易清洗，好打理，可重复使用；有多种尺寸可选，与各种规格的花嘴搭配，可挤出各种花色造型，满足不同造型变化的需要

图 1-2-39　裱花嘴

（见图 1-2-40）。另外，市面上也有硅胶和塑料材料裱花袋。硅胶裱花袋更易清洗打理，反复使用，寿命长；塑料裱花袋为一次性，使用更为方便。

（2）蛋糕转台 Revolving Cake Stand。蛋糕表面涂抹奶油、裱花必备工具之一，由转盘、中轴和底座组成（见图 1-2-41）。按材质，有金属和塑料之分，金属转台适合专业饼房使用，塑料转台则适合家庭使用。金属转台，转盘多为铝合金材料，中轴内置精密轴承，旋转灵活、平滑，底部带有硅胶防滑垫，稳重可靠，集厚重、敦实、灵活于一身。主要用于蛋糕装饰、裱花等。

图 1-2-40　裱花袋

图 1-2-41　蛋糕转台

六、其他工具

图 1-2-42　粉筛

（1）粉筛 Sieve。烘焙必备工具之一，一般为圆形，大小不一，采用优质不锈钢材料制成（见图 1-2-42），不易变形，坚固耐用，筛孔密致均匀，干净卫生，易清洁。经过筛后的粉类，细腻均匀不结块，做出的糕点口感更细腻、层次更均匀。用于面粉、淀粉、可可粉、糖粉、抹茶粉、泡打粉等粉类的过筛。

（2）裱花袋晾干架 Pastry Bag Dryer。采用优质不锈钢材料制成，挂墙式，不易变形，坚固耐用，易清洁。主要用于裱花袋、裱花嘴及其他小工具的晾干（见图 1-2-43）。

（3）冷却架 Cooling Rack。采用优质不锈钢材料制成，坚固耐用，易清洁。主要用于出炉后的烘焙产品的冷却（见图 1-2-44）。

（4）烘焙手套 Heat – Proof Glove。优质棉布制作，佩戴舒适、灵活、方便。网纹格设计，具有良好的防滑效果。外层涂银布，有效隔热防辐射，隔热棉充填，耐热性能优良，隔热效果好，使用更安全。人性化挂带设计，方便收纳（见图1－2－45）。

图1－2－43　裱花袋
晾干架

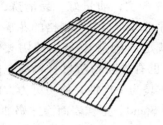

图1－2－44　冷却架

图1－2－45　烘焙手套

任务三　认识西点原料

任务目标

熟悉西点原料的特性
懂得西点原料的保管
了解西点原料的主要功用

活动一　基本原料认识

一、面粉 Flour

（一）面粉的主要化学成分

面粉由小麦磨制而成，其化学成分主要包括碳水化合物、蛋白质、酶、水分、脂肪、灰分及少量的 B 族维生素。

（1）碳水化合物。面粉中含量最高的化学成分，约占面粉质量的70%～80%，主要包括淀粉、可溶性糖、糊精纤维素。

（2）蛋白质。主要分布在麦粒的胚芽中，其含量随小麦品种、产地和面粉等级不同而异。一般来说，蛋白质含量越高，面粉品质越好。

（3）酶。面粉中的酶主要包括淀粉酶、蛋白酶、脂肪氧化酶等，其中淀粉酶和蛋白酶对面粉性能和制品质量影响最大。

（4）水分。面粉中水分含量一般占12.5%～14.5%，含量过高不利于贮存，易使面粉霉变、结块。面粉中水分的变化主要是游离水的变化。

（5）灰分。灰分主要是磷、钾、钙、硫等矿物质，灰分是面粉质量标准的重要指标，灰分含量越低，面粉精度越高，反之亦然。

（二）面粉的种类与特性

根据面筋质含量及用途的不同，面粉可分为高筋面粉、中筋面粉、低筋面粉、全麦粉、蛋糕粉及自发粉等。

（1）高筋面粉 High Gluten Flour/Strong Flour/ Bread Flour。高筋粉是加工精度较高的面粉，色乳白，含麸量少，气味、口味正常，灰分很少，不超过0.75%，蛋白质不低于11.5%，水分不超14.5%。适宜制作面包和一些高档点心。因其主要用于面包制作，所以，行业中普遍使用的英文名为"Bread Flour"。

（2）中筋面粉 Medium Gluten Flour/Plain Flour。含麸量高于高筋粉，色乳白，灰分不超过1.25%，蛋白质含量在8.5%～11.5%。适宜制作各种点心。

（3）低筋面粉 Low Gluten Flour/Soft Flour/ Cake Flour。含麸量高于中筋粉，色较白，灰分不超过1.25%，面筋质含量不高于8.5%。适宜制作各种糕饼。因其广泛用于蛋糕制作，所以，行业中普遍使用的英文名为"Cake Flour"。

（4）全麦粉 Whole－Wheat Flour。由整粒麦子磨制成，色次，水分不超过14.5%。适宜制作全麦面包和特殊点心。

（5）蛋糕粉 Cake Flour。加工过程中已加入一定比例的糖、乳化剂、化学膨松剂或发泡剂等。专门用于蛋糕的制作。

（6）自发粉 Self－Raising Flour。加工过程中已加入一定比例的化学膨松剂，可直接用于膨松类点心的制作。

（三）面粉的品质检验与保管

1. 面粉的品质检验

面粉的品质主要从含水量、颜色、新鲜度、面筋质含量等方面来鉴定。

（1）含水量。含水量是鉴定面粉品质的一个重要方面，正常的含水量应在12%～13%。实际工作中，一般用感官方法来鉴定含水量，正常的面粉用手紧握有爽滑之感，如握之有形而不散，则含水量过高，这种面粉易结块霉变，不易保存。

（2）颜色。面粉的颜色与小麦品种、加工精度、贮存时间和条件有关。加工精度越高，颜色越白。而贮存时间过长，贮存条件不当，面粉颜色变深，则说明品种不佳。

（3）新鲜度。新鲜度是鉴定面粉品质最基本的标准，新鲜面粉有正常的气味，凡带有腐败味、霉味、酸味的则是陈面粉。

（4）面筋质含量。面粉中的面筋质由蛋白质构成，它是决定面粉品质的主要指标。一般认为，面筋质含量越高，品质就越好；但若过高，其他成分相应较少，品质也不一定就好。

2. 面粉的保管

一般情况下，面粉在保管中应注意温度、湿度的控制和避免污染的发生。

（1）温度。面粉存放于温度适宜的通风处，理想环境温度以 18～24℃ 为佳，温度过高易霉变。因此，在贮存过程中，应及时检查，防止发热霉变。一旦发现霉变应立即处理，以防霉菌蔓延。

（2）湿度。面粉具有吸水性，在潮湿环境中会吸收水分，体积膨胀、结块，加剧霉变，严重影响面粉品质。所以保管中应控制贮存环境的湿度。

（3）避免污染。面粉具有吸收异味的特性，所以贮存中应避免与有异味的原料、杂物混放在一起，以免感染异味。同时保持环境的整洁，防止虫害。

总之，面粉保管时要做到环境干燥、通风，避免高温、潮湿，避免感染异味，堆码整齐并留有空间，防治鼠害虫害。

（四）面粉在西点制作中的功用

面粉是制作面包、糕饼的基本原料，它一方面形成产品的组织结构，另一方面为酵母提供发酵所需能量。

二、糖 Sugar

（一）常用糖的品种

（1）蔗糖 Cane Sugar。蔗糖是从甘蔗或甜菜中提取糖汁经过滤、沉淀、蒸发、结晶、脱色、干燥等工序而制成，根据加工精细程度不同又可分为砂糖、绵糖和糖粉。砂糖（Granulated Sugar）为白色颗粒状晶体，纯度高，蔗糖含量在99%以上，按晶粒大小又有粗细之分。绵糖（Soft Sugar）是用细砂糖加适量转化糖加工而成，质地细软，色泽洁白，蔗糖含量在97%以上。糖粉（Icing Sugar）又称"糖霜"，是蔗糖的再制品，呈白色粉末状（通常含部分玉米淀粉）。

（2）蜂蜜 Honey。蜂蜜是蜜蜂采取植物花蕊中的蔗糖经过其唾液中的蚁酸水解而成，主要成分是转化糖，含有大量果糖和葡萄糖。蜂蜜的吸水力特强，耐贮存，带有芳香味，是富有特殊风味的一种天然食品。一般用于一些特色点心的制作。

（3）糖浆 Syrup。糖浆种类多，来源各异。有以砂糖加水加热溶解后再用酵素转化而成的，也有以淀粉为基料，用酵素转化而来的。它们透明、黏稠、甜度高、湿度足。主要成分为葡萄糖和糊精等，易为人体吸收。适用于各种糕点、面包的制作。

（4）饴糖 Malt Sugar。又称糖稀、麦芽糖浆。由大麦、小麦经麦芽酶水解作用制得，主要成分为麦芽糖和糊精。一般为浅棕色、半透明、黏稠。可代替蔗糖使用，多用于派类制品，还可用作着色剂。因持水性强，能保持包饼的柔软性。

（二）糖的特性

糖类原料具有溶解、渗透、结晶等特性。

（1）溶解性。糖具有较强的吸水性，易溶于水。其溶解度随糖的品种不同而异，果糖最高，其次为蔗糖，最后为葡萄糖。溶解度随温度的升高而增大。

（2）渗透性。糖分子很容易渗透到蛋白质分子或其他物质中间，并把水分排挤出去，形成游离水。渗透性随着糖溶液浓度的增高而增强。

（3）结晶性。在浓度高的糖溶液中，已溶化的糖分子在一定条件下又会重新结晶。为避免结晶的发生，往往加入适量的酸性物质，因为在酸的作用下部分蔗糖可转化为单糖，单糖具有防止结晶的作用。

（三）糖的品质检验与保管

1. 糖的品质检验

（1）感官指标。①色泽。色泽在一定程度上反映了食糖的纯净度，优质的砂糖应呈纯白色，红糖应为棕红色；如果掺有杂质或呈暗黑色等，则说明品质不佳。②结晶状况。优质糖的颗粒应均匀一致，晶面整齐明显；如果颗粒不规则，参差不齐，则说明杂质较多。③味道特征。纯净的糖应是较纯正的甜味，不能有苦涩等异味，也不能有牙碜的感觉。另外，食糖还可以用溶解成溶液的方法来检验其杂质含量，优质糖的水溶液应基本无杂质沉淀。

（2）常用品种的品质检验。①白砂糖：优质白砂糖色泽洁白明亮，晶粒整齐、均匀、坚实，水分、杂质和还原糖的含量较低。水溶液应清澈、透明、无异味。②绵糖：色泽洁白，晶粒细小，质地绵软易溶于水，无杂质，无异味。③蜂蜜：色淡黄，呈半透明的黏稠液体，味甜，无酸味和其他异味。④饴糖：浅棕色的半透明黏稠液体，无酸味和其他异味，洁净无杂质。⑤淀粉糖浆：无色或微黄色，透明，无杂质，无异味。

2. 糖的保管

食糖对外界湿度变化很敏感，容易吸湿溶化或干缩结块。食糖的吸湿溶化和食糖中的还原糖、灰分等有密切关系。当空气湿度较大时，食糖即开始吸潮。由于水分增加，开始时糖粒发黏还潮，继续吸潮后，糖粒表面就溶化。所以，在多雨季节特别要注意防止食糖的溶化。

食糖的干缩结块是食糖受潮后的另一种变化。受潮后的食糖置于干燥环境中时，表面的水分散失，当糖粒表面的糖浆达到饱和时，又开始重新结晶，原来松散的糖粒黏在一起，形成坚硬的糖块。因此，保管食糖的措施有：

（1）食糖应存放于通风干燥、无异味的环境中，不宜与水分较多的原料存放在一起。

（2）控制保管环境的温度、湿度及清洁。

（3）对含水量正常的食糖，可用防潮纸、塑料布等遮盖隔潮，以防止外界潮气的影响。

（4）对保管中的食糖应经常检查，如发现有受潮现象应及时处理。

（5）如果食糖出现结块现象，可将已结块的糖包、糖块放在湿度较大的地方，蒙上湿布，使之重新吸潮而分开，然后尽量优先使用。结块的食糖不能用敲打的方法来弄碎。

（6）蜂蜜、怡糖、糖浆要密封保管，防止污染。

（7）注意防蝇、防鼠、防尘。

（四）糖在西点制作中的主要功用

（1）增加制品甜味和热量。糖是一种富有能量的甜味料，可以增加制品甜度，改善制品口味。

（2）改善制品质地。由于糖有吸湿性和水化作用，配方中加入糖，可以增强制品的持水性，使产品柔软。

（3）改善制品表面色泽。糖具有焦化作用，即糖遇到高温极易焦化。配方中糖的用量越多，焦化越快，颜色越深，这样就增加了产品的色泽和风味。

（4）调节面筋筋力，控制面团性质。糖具有渗透性，面团中加入糖，不仅能够吸收面团中的游离水，而且还易渗透到吸水后的蛋白质分子中，使面筋蛋白质的水分减少，面筋形成度降低，面团弹性减弱。

（5）调节面团发酵速度。糖可作为发酵面团中酵母菌的营养物，促进酵母菌的生长繁殖，产生大量的二氧化碳气体，使制品膨大疏松。加糖量的多少对面团发酵速度有影响，在一定范围内，加糖量多发酵速度快，反之则慢。

（6）防腐作用。糖的渗透性能使微生物脱水，发生细胞的质壁分离，产生生理干燥现象，使微生物的生长发育受到抑制，能减少微生物对制品造成的腐败。糖分高的制品，存放期长。

三、食用油脂

（一）常用油脂的种类

油脂是油和脂肪的统称。在正常室温下呈液态的油脂称为油，而呈固态或半固态的常称脂肪。所有的油脂在充分冷却时便固化，而温度升高时则液化。油脂是西点制品的主料之一。包饼制作中常用的油脂有黄油、人造黄油、起酥油、植物油等，其中黄油的用途最广。

（1）黄油 Butter。黄油是通过机械力搅动将乳脂和奶油分离而成的油，亦称"牛油""白脱油"等，乳制品行业则称之为"奶油"。在常温下，呈浅黄色固体。乳脂含量一般不低于80%，水分含量不得高于16%。熔点为28～33℃，凝固点为15～25℃。它含有丰富的蛋白质和卵磷脂，维生素A、维生素D和矿物质，因而，亲水性强，乳化性较好，营养价值高。它特有的乳香味令制品非常可口，是其他任何食用油脂所不及的。应用于西点制作中，使面团可塑性、制品松酥性增强，组织松软滋润。

（2）人造黄油 Margarine。它是把高度精炼的动物脂肪和植物脂肪（或仅植物脂肪）与盐和适当发酵并熟化的脱脂乳加以混合而成的。常温下形态和颜色近于黄油，但风味不如黄油。熔点一般在35～38℃。西点制作中，主要用作黄油代用品。

（3）起酥油 Shortening。起酥油是指精炼的动植物油脂、氢化油或这些油脂的混合物，经混合、冷却、塑化而加工出来的具有可塑性、乳化性等性能的固态油脂产品，也称为"白油"。起酥油一般不直接食用，是制作酥点的极好原料。

（4）植物油 Oil。植物油中主要含有不饱和脂肪酸，常温下为液体。多用于油炸类制品和一些面包的生产。常用的植物油有色拉油、橄榄油、花生油等。

（二）油脂的特性

（1）疏水性。油的分子是疏水的非极性分子，水的分子是极性分子，两者混合互不相融。面团加入油脂，油脂便分布在蛋白质、淀粉颗粒表面，形成油膜，阻止面粉吸水。这种疏水性使蛋白质不易生成面筋，降低了面团的弹性和延伸性，增强了疏散性和可塑性。

（2）游离性。油脂的游离性与温度有关，温度越高，油脂游离性越大。在食品加工中，正确运用油脂的疏水性和游离性，制定合理的用油比例，有利于制出理想的产品。

（三）油脂的品质检验和保管

1. 油脂的品质检验

（1）色泽。品质好的植物油色泽微黄，清澈光亮。质量好的黄油色泽淡黄，组织细腻光滑。奶油则要求洁白、有光泽、较浓稠。

（2）气味。植物油脂应有植物清香味，加热无油烟味。动物油脂有其本身特殊的香味，要经过脱臭后方可使用。

（3）透明度。植物油脂无杂质、透明。动物油脂熔化后清澈见底。

（4）水分。动、植物油脂均应无水分。植物油加热时无水溅现象，动物油脂熔化时无水分析出。

2. 油脂的保管

油脂保管时应防止脂肪变质。应注意以下两点：

（1）防止氧化。脂肪暴露于空气中时很容易被氧化，高温、光线和强氧化剂（如钢、铁和镍）会加速其氧化。

（2）降低酶的活性。脂肪中脂肪酶的作用，会使脂肪水解，使脂肪酸和甘油游离，从而引起油脂酸化。脂肪酶在室温下比在冷藏时更具活性，故油脂存放时应免受光、热和空气的影响，并存放于阴凉的地方。有色玻璃和有色包装物可降低脂肪的氧化速度。

（四）油脂在西点制作中的功用

油脂的用途主要体现在以下几方面：

（1）增加营养，增进制品风味。

（2）在油酥面团中，可以调节面筋的胀润度，降低面团的筋力和黏度。

（3）增加面团的可塑性，有利于点心的成形。

（4）使制品组织细腻柔软，延缓淀粉老化，延长点心的保存期。

（5）经搅打可以截留空气，使制品体积膨松。

（6）用作煎、炸类点心的传热介质。

四、蛋 Egg

蛋类价廉物美，富有营养，在西点制作中使用极其广泛，是大部分西点常用的主配料，它改变制品的质地、风味、结构，增加制品的湿润、营养。

（一）鸡蛋的结构组成

鸡蛋主要由蛋壳、蛋清和蛋黄三部分组成（见图1-3-1）。

（1）蛋壳。蛋壳主要成分为碳酸钙，它可以阻止细菌的侵入和水分的蒸发，其颜色取决于禽类饲料的品种，但不决定蛋的质量、滋味和营养。一般占蛋总重量的11%左右。

（2）蛋清。占蛋总量的58%左右。蛋内一半以上的蛋白质和核黄素存在于蛋清中，蛋清在60~65℃时凝固。蛋清经搅打，呈泡沫状，用于制作蛋糕、舒芙蕾、慕斯等，混入泡沫中的空气使质地轻薄，有助于制品的膨松。同时蛋清的浓稠度也是衡量鸡蛋品质好坏的重要标志之一，浓稠蛋清含量越高的鸡蛋其品质越好，也耐储存。

（3）蛋黄。占蛋总量的31%左右。蛋内3/4的卡路里、大多数的矿物质、维生素和全部脂肪存在蛋黄中。蛋黄内还含有卵磷脂，其乳化作用在西点中的应用极具意义。蛋黄在62~70℃时凝固，其颜色的深浅取决于饲料品

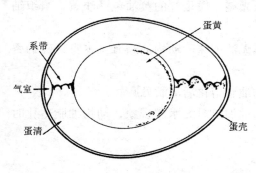

图1-3-1 蛋的结构

种，但不决定蛋的质量和营养。

（二）鸡蛋的安全卫生

（1）鸡蛋病毒的由来。鸡蛋的病毒主要来源于被感染上肠炎沙门菌的新鲜带壳鸡蛋。因此，生鸡蛋或未熟透的鸡蛋所引起的食物中毒主要是由沙门菌造成的，故我们在实际的烹调中，应多采用高温杀菌的鸡蛋制品供应给顾客。

（2）鸡蛋质量的保持。生鸡蛋品质的保持主要由两大因素决定：一是储藏环境；二是储藏时间。适当的储藏温度对保持鸡蛋的品质至关重要，在2℃的情况下，鸡蛋品质可以保持数周，当在25℃左右室温下，会很快降低质量。并且，鸡蛋的存放时间不能过长，长时间的存放，鸡蛋会通过蛋壳逐渐失去水分，其内部的气室会变得更大，一方面降低了鸡蛋的密度，另一方面导致气室膜塌落，鸡蛋的品质大受影响。当然，鸡蛋在储藏时也要特别远离散发异味的食物。

（三）蛋的特性

鸡蛋主要有三大基本特性，即起泡性、凝固性以及乳化性。

（1）起泡性。即蛋白形成膨松稳定的泡沫的特性。蛋白经机械搅打具有良好的起泡性，能将搅打过程中混入的空气包围起来形成泡沫。在一定条件下，机械搅打越充分，蛋液中混入的空气越多，蛋液的体积就越大。很多鸡蛋制品就是用这一特性来获得最佳口感效果，如海绵蛋糕（sponge cake）、舒芙蕾（soufflé）等。

（2）凝固性。鸡蛋的凝固性是指鸡蛋在受热后，因为含有大量的蛋白质，由原来的液体变成了固体的过程。鸡蛋的凝固温度随自身成分的变化而有所不同。蛋黄的凝固温度为62～70℃，蛋白的凝固温度为60～65℃，而全蛋液的凝固温度为69℃。蛋白质变性后，其理化性质也有了变化，形成了复杂的凝固物。当受热之后，凝固物失水变成凝胶。例如面包表皮的蛋液，就是这种凝胶，使面包表皮光亮。加糖会提高凝固的温度，加盐可降低凝固的温度，加入酸性物质会产生更稳定的胶体并降低凝结温度。

（3）乳化性。由于蛋黄中含有较丰富的卵磷脂，它具有亲油和亲水的双重作用，是一种非常有效的乳化剂，因此，加入鸡蛋的点心组织细腻、质地均匀柔软。

（四）蛋的品质检验与保管

1. 蛋的品质检验

鸡蛋品质的好坏取决于其新鲜程度。感官鉴定蛋的新鲜度一般从以下四方面入手：

（1）蛋壳。鲜蛋壳纹清晰，有粗糙感，表面洁净，反之是陈蛋。

（2）重量。对于外形大小相同的蛋，重者为鲜蛋，轻者为陈蛋。

（3）蛋的内容物。新鲜蛋打破倒出，内容物蛋黄、蛋白、系带完整，各居其位，蛋白浓稠、无色、透明。

（4）气味和滋味。新鲜蛋打开倒出内容物无不正常气味，煮熟后蛋白无味，色洁白，蛋黄味淡芳香。

2. 蛋品的保管

引起蛋类变质的原因主要有贮存温度、湿度、蛋壳气孔及蛋内的酶。因此，保管时必须设法闭塞蛋壳气孔，防止微生物侵入，同时注意保持适宜的温度、湿度，以抑制蛋内酶的活性。保管鲜蛋的方法很多，一般多采用冷藏法，温度不低于0℃。此外，为保持蛋的新鲜，贮存时不要与有异味的食品放在一起，不要清洗后贮存，以防破坏外蛋壳膜，引起微生物侵入。

（五）蛋在西点制作中的功用

（1）黏结作用。蛋含有相当丰富的蛋白质，这种蛋白质在搅拌过程中能捕集大量的空气形成泡沫状，与面粉的面筋形成复杂的网状结构，从而构成蛋糕等基本结构组织，且蛋白质受热凝固使蛋糕的组织结构稳定。

（2）膨大作用。已打发的蛋液内含有大量的空气，在烘烤时受热膨胀而增加蛋糕的体积。

（3）柔软作用。由于蛋黄中富含的卵磷脂的乳化作用，使制品质地细腻柔软。

（4）着色作用。蛋黄是提供黄蛋糕和海绵蛋糕的主要色素，天使蛋糕能如此洁白是使用纯蛋白的结果。加有鸡蛋或表面刷有蛋液的制品在烘烤时易变色，使表面产生诱人的金黄色泽。

（5）营养作用。蛋中含有丰富的蛋白质、脂肪、矿物质、维生素等，可以提高制品的营养价值。

（6）风味改善作用。包饼中加入鸡蛋，可以使制品具有特别的鸡蛋香味。

五、乳品 Dairy

（一）常用乳品的种类

乳品是西点制品常用原料，一般常见的乳品有牛奶、酸奶、奶粉、鲜奶油、乳酪、黄油等。

1. 牛奶 Milk

色白或色稍黄不透明，具有特殊的香味。含有丰富的蛋白质、脂肪和多种维生素及矿物质，还有一些胆固醇、酶及卵磷脂等微量成分。牛奶易被人体消化吸收，有很高的营养价值，是西点常用原料。

2. 酸奶 Yoghurt

酸奶是将牛奶经过特殊工艺发酵而制得，发酵的牛奶有令人愉快的酸味。这是由于乳糖分解为乳酸的缘故，这种变化是由细菌（乳酸菌）作用而产生的。酸奶的营养价值较牛奶高。常用于西式早餐和制作一些特殊风味的蛋糕。

3. 鲜奶油 Cream

奶油，又称"忌廉"，是从鲜牛奶中分离出来的乳脂制品，呈乳白色，半流质状或厚糊状，乳香味浓且具有很高的营养价值和食用价值。由于加工工艺的差别，鲜奶油又有许多品种，常用的有以下几种：

（1）淡奶油 Light Cream。它是在对全脂奶的分离中得到的。分离的过程中，牛奶中的脂肪因为比重不同，质量轻的脂肪球会浮在上层，成为奶油。这是一种应用最广泛的奶油，通常乳脂含量为18%～30%，可用于少司的调味和增白，也是点心制作的配料。

（2）打发奶油 Whipping Cream。打发奶油，主要成分是乳脂、奶蛋白质、增稠剂，容易搅拌成泡沫状，含乳脂量为30%～40%。打发前，奶油的温度不能高于10℃，但低于7℃也会影响奶油稳定性和打发量，最佳室温要求在18℃以下，因此，夏天一般得开大空调外加垫冰水打发。打发奶油主要用于西点制作中，特别是用于裱花蛋糕、表面装饰及慕斯制作或作为一些点心的馅料。另外，有一种经济的"植脂奶油"，也称人造鲜奶油，是在1945年由美国人维益发明的，作为淡奶油的替代品出现的，主要是以氢化植物油来取代乳脂肪，其主要成分有氢化棕榈油、玉米糖浆、糖、乳化剂、食用色素、食用香料、防腐剂、稳定剂、水等。和动物奶油相比，植脂奶油色洁白，打发效果好，更易于保管和使用，稳定性强，价格低廉，所以很受中低档饼房和甜品店的欢迎，但是，传统工艺的植脂奶油产生大量反式脂肪酸，不易代谢，增加了患心血管疾病、糖尿病等疾病的风险，世界各国已纷纷对此进行限制。因此，近年来，厂家不断改进生产工艺，部分品牌植脂奶油的反式脂肪酸含量已大大降低，甚至控制在安全范围内或几乎不含反式脂肪酸。

（3）厚奶油 Heavy Cream。这种奶油含乳脂量为48%～50%。因其成本太高，通常情况下只在增进风味时才使用。

4. 奶粉 Milk Powder

奶粉是以鲜奶为原料，经浓缩后喷雾干燥或滚筒干燥而制得。在大多数西点制作中，全脂奶粉或脱脂奶粉可代替鲜奶，奶粉加入食品配料中可以增加成品的营养价值和滋味。作为烘焙食品的配料时，为使奶粉和其他配料均匀地混合在一起，应和其他配料一起过筛。脱脂奶粉可提高布丁和淀粉调味汁的黏度，若大量使用脱脂奶粉可使西点在烘烤时颜色变得更深。

5. 芝士 Cheese

又称"奶酪""乳酪""忌司"，是由动物乳经多种微生物的发酵和蛋白酶的作用浓缩凝固后提炼而成的一种固态或半固态的乳制品。通常使用的奶酪是牛乳奶酪。一般只用于咸味的酥点和馅料中。有一种奶油芝士（Cream Cheese），主要成分有全脂牛奶、乳酸菌、稳定剂等，乳脂肪含量在70%以上，专门用于制作芝士蛋糕等特色糕点。

乳制品除上面介绍的几种外，还有炼乳、淡奶等。

包饼配方中加入乳品后，不但可以提高成品的营养价值，产生香醇滋味，而且具有良好的乳化性能，改进产品的胶体性质，增加面团的气体保持能力，使制品膨松、柔软可口，还可以延缓制品的"老化"。

（二）乳品的特性

（1）乳化性。乳品的乳化性，主要是乳品中的蛋白质含有乳清蛋白的缘故。乳清蛋白在食品中可作为乳化剂，改进西点的胶体性质，使制品膨松、柔软、爽口。

（2）抗老化性。乳品含有大量蛋白质，它能使面团的吸水率提高，面筋性能得到改善，从而延缓制品的"老化"。

（三）乳品的品质检验与保管

1. 牛奶

（1）牛奶的品质检验。从市场正常渠道购回的牛奶一般是消毒牛奶。如果消毒牛奶购销过程中的环节少，而且购回后立即使用，则牛奶的品质一般不会有什么问题。但是，实际生产中，由于牛奶购销过程中环节较多，或者牛奶购回后不能立即使用而储存起来，这就使得牛奶的品质或多或少地发生变化。为了保证菜点的质量和饮食安全，使用前对这部分牛奶进行必要的、简单的感官检验就显得十分重要。牛奶的感官检验过程通常是先观察液质和色泽，然后嗅气味，凭经验对照，即可初步判断牛奶是否新鲜，是否变质。如果牛奶是乳白色，乳液均匀；表层无脂肪凝结现象，乳香味浓，无任何异味，则是新鲜的牛奶。如果牛奶表面出现均匀的一薄层脂肪聚黏现象，呈浅黄色，乳液较均匀，乳香不及新鲜牛奶，但无异味或有轻微的乳酸味，则是不新鲜的牛奶，可以食用，但一定程度上影响制品风味。如果牛奶表层出现絮状或凝块，乳液呈黄色，并且有酸臭味时，则是腐败变质乳，要坚决予以销毁处理。冷冻牛奶，其新鲜程度肯定已下降，如果对其是否变质难以判断，则可取少许煮开一下，上述状态会很明显地呈现。

（2）牛奶的保管。牛奶一般贮存在冰箱中。欲取得最佳保管质量，牛奶贮存于冰箱中不应超过一周。盛牛奶的容器最好加盖，这样可以防止灰尘、细菌和其他异味污染。要做到先进先用，后进后用。牛奶不应放在温度较高的地方，特别不能将牛奶置于阳光下，因为牛奶放在高温或阳光下会很快变质。

2. 乳制品

（1）酸奶。优质酸奶呈均匀的半流质状，乳白色，无杂质、异味，味稍甜并带有酸奶香味。一般低温储存。

（2）鲜奶油。优质的鲜奶油气味芳香、纯正，口味稍甜，质地细腻，无杂质结块。

在保存上，动物奶油比较娇气，冷冻储存后，就会油水分离，无法使用，所以，切忌冷冻储存；冷藏的温度高了，奶油易变质；忽冷忽热了，就会变成凝乳状。所以冷藏温度应为 0～5℃。若是植脂奶油，一般冷冻保存，打发前放到冷藏室解冻。

（3）奶粉。质量好的奶粉为白色或浅黄色的干燥粉末，奶香味纯，无杂质、无结块，无异味。由于容易吸潮结块和吸收环境中的异味，所以保管时要密封、避热，在通风良好的环境中贮存，同时注意不与有异味的食物放在一起。

（4）芝士。优质芝士气味正常，内部组织紧密，切片整齐不碎，有一种奇异的香味，宜冷藏。

（四）乳品在西点制作中的功用

（1）牛奶是干性材料的良好溶剂。

（2）乳品的乳化作用能改善制品组织，使制品疏松、柔软，富有弹性。

（3）乳制品具有起泡性，使制品体积增大。

（4）乳品能提高面团的吸水率，提高制品的出品率。

（5）奶粉是面包、点心、饼干等的着色剂。

（6）乳品能延缓制品老化。

（7）改善风味，提高营养价值。

六、食盐 Salt

食盐的主要成分为氯化钠，呈咸味，是烹饪中最基本的调味品之一。食盐在西点制作中用量虽少，但在面团类点心制作中有着特殊的作用，因而它在西点制作中，尤其是在面包生产中十分重要。

（一）食盐的种类

食盐有许多品种，如按来源不同，可分为海盐、井盐、池盐、岩盐四种；如按加工工艺不同，可分成粗盐、精盐和再制盐三种。饮食业通常以后一种方法的称呼来区别食盐的品种。

（1）粗盐。亦称"原盐"，粗盐一般指颗粒较粗的食盐。这种盐除含有氯化钠外，还含有一定的杂质和水分，并略带苦涩味，西点中一般不使用。

（2）精盐。由粗盐的饱和溶液除去杂质，再蒸发而成的粉状结晶体。精盐色泽洁白，咸味醇正。

（3）再制盐。再制盐亦称"健康盐"，是根据特殊需要，在精盐的基础上加入或除去某种成分而成的食盐，如"加碘盐""低钠盐"等。一般应用于各种营养食品的调味。

（二）食盐在西点制作中的作用

（1）增强面团筋力。盐对面团中的蛋白质有一种拉紧的作用，即能使面团上劲。当食盐加入面团后，能改进面团中面筋的物理性质，使面团质地变密，弹性增强，面团在延伸或膨胀时不易断裂，提高面团保持气体的能力。

（2）调节面团的发酵速度。食盐对酵母菌的生长繁殖有抑制作用，用量过多，对酵母菌的生长繁殖不利。因此，根据不同制品的需要，可以通过调整食盐用量来调节面团的发酵速度。

（3）调味作用。使成品具有应有的咸味，改善成品口味。

七、水 Water

（一）水的种类

水有硬水和软水之分。水中含有较多溶解状态的铁、钙等化合物，这种水叫作硬水。天然水不是纯净的，通常含有溶解的气体、矿物质和有机质。日常饮用的自来水则是经过净化处理后的水，这种水可称为软水。在软水中烹饪食物比在硬水中烹饪食物易于成熟。

（二）水的作用

西点制作中，水与其他配料的混合比例可以影响制品的色、香、味、形，对制品的组织、质地以及成熟时间、存放时间都会有很大影响。水的作用有以下几点：

（1）溶剂作用。配方中的盐、糖、着色剂以及其他水溶性物质是依靠水才得以溶解，从而均匀分布。

（2）分散剂作用。水有助于分散蛋白质和淀粉物质等微粒。如牛奶中的蛋白质就分散于整个液体中，奶粉可均匀分布于水中。牛奶少司用淀粉使液体变稠，淀粉必须均匀遍布于整个液体中才能获得正常效果。

（3）同许多物质生成化合物。盐类、蛋白质和淀粉类可形成食物中的水合物。面团、面糊就是一种水合物。明胶吸水而膨胀，面筋吸收水而紧紧黏在一起，它们都是蛋白质吸收水分很好的例子。

（4）促进多种化学变化。泡打粉若保持完全干燥，就不会发生任何化学变化。然而将其加入有水的混合物中，化学反应立即发生，分解并释放出二氧化碳气体。

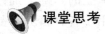

课堂思考

如何成功打发动物奶油？

活动二　辅助原料认识

一、淀粉 Starch

（一）常用淀粉的品种和特性

淀粉是碳水化合物的主要存在形式，烹调原料中的粮食、蔬菜的块根及干果都含有丰富的淀粉。

（1）玉米淀粉 Corn Starch。是由玉米磨制而成，细腻而光滑，品质较佳。

（2）小麦淀粉 Wheat Starch。是由小麦粉做面筋的副产品，多为湿淀粉。

（3）土豆淀粉 Potato Starch。色洁白，有光泽，黏性大，吸水性较差。

（二）淀粉的保管

淀粉的保管应注意防潮和卫生。干淀粉因吸收空气中的水分受潮后容易发霉变质，干淀粉还极易吸收异味，因此应密封储存于干燥的环境中。

（1）淀粉在西点中的功用。

（2）能改善点心的质地和风味，增强点心的感官性状，保持点心的嫩滑。

（3）用于西点少司的勾芡增稠。

二、果品 Fruits & Fruit Products

（一）果品的分类

果品是新鲜瓜果及其副制品的总称，它既富含人体所需的营养成分，又风味各异。果品的品种繁多，一般可笼统地分为鲜果、干果和副制品，具体地又分为仁果类、核果类、坚果类、浆果类、复果类、柑橘类、瓜类、瓜果副制品八类。

（二）果品的品质检验与保管

1. 果品的检验

果品的检验比较简单，鲜果只要通过果形大小、色泽、成熟度、病虫害及损伤程度来检验；干果主要从虫害、霉变、走油等方面检验；副制品主要从霉变、口味等方面来检验。

2. 果品的保管

果品是具有较强生理活动力的有机体，在贮存过程中，一方面会由于自身的一系列生理变化而影响其质量，包括质地、风味、营养价值等；另一方面由于易受微生物的侵染而引起变质腐烂。因此，贮存保管好果品的总原则是：创造适宜的贮存环境，以保持其最低限度的生理活动，防止微生物的侵染和繁殖，从而达到最大限度地保证质量并延长贮存期的目的。由于果品中各品种的性质差异较大，因而贮存方法亦不尽相同。

新鲜瓜果由于水分含量高，所以生理活动力更强，受微生物侵染的可能性更大。这类果品常用的贮存方法是低温法，适宜的低温能减弱新鲜瓜果的呼吸，阻止水分的蒸发，抑制微生物的活动。水果以贮存在零上温度为宜，例如：柑橘、苹果为3~6℃，菠萝为8~9℃，香蕉为12~13℃。如果温度过低，就会使瓜果冻伤。

干果类由于含水分少，比较干燥，只要注意选购，存放在干燥、通风、凉快的环境中，可以贮存较长时间。瓜果副制品中的蜜饯果脯等因系糖渍产品，可存放在阴凉通风的环境中，并注意防尘、防虫，可贮存较长时间。

无论是什么果品，无论用什么方法来保管，它们的贮存时间都是有限的，都应做到随进随用，以保证成品的质量。

（三）果品在西点制作中的用途

果品富含人体生长发育所需的矿物质和维生素，而且各具独特的风味，在西式点心制作中用途十分广泛。

1. 鲜果 Fresh Fruit

（1）制作水果沙拉，即把各种鲜果去皮、去核，切成小块和挖成小球，加入果汁或糖水、酒及冰块拌和均匀。

（2）制作西点的主配料，如苹果派、香蕉舒芙蕾等。

（3）制作西点的装饰材料，水果的色泽艳丽悦目，如猕猴桃、草莓、红樱桃、绿樱桃等常做点心装饰点缀之用。

（4）制作西点的少司，如草莓少司、苹果少司、香橙少司等。

2. 坚果 Nuts

干果常加工成片、碎、粉等，作为西点的配料，如杏仁片（粉）、核桃碎、榛子粉等。

3. 副制品 Fruit Products

副制品的用途同干果相似，通常作为西点的配料。但果酱可以用于改善风味、制作少司及装饰。

三、可可粉与巧克力 Cocoa Powder & Chocolate

巧克力由可可豆经烘焙、压碎、调配与研磨、精炼、去酸、回火铸形等工序制作而成。可可豆经压碎后，豆仁里的可可脂（Cocoa butter）流出成为稠浆状，剩下的可可渣再经碾制，就成了巧克力原料可可膏，经调配与研磨，巧克力才开始有了苦、甜、牛奶等品种。

　　巧克力中含有可可脂，是可可豆中所含有的天然油脂。制备固态巧克力时，在已含有大量可可脂的可可液块中还会额外加入可可脂调节硬度和口感。在巧克力中，可可脂通常会形成 β 结晶（熔点 35～37℃），制成的巧克力在舌尖上融化的感觉都源于它。

　　可可豆经发酵、捣碎、研磨之后变成浆状，凝固之后的块状物称为可可液块，其中含有 13.7% 的可可脂、2.05% 可可碱和 0.23% 的咖啡因。将可可液块中的可可脂提取之后的固态粉末称为可可粉，保存了可可中绝大部分的风味物质，也是各种巧克力味食品的重要原料。

　　按颜色分类，巧克力有黑巧克力、牛奶巧克力和白巧克力三种基本类型。黑巧克力，可可物质（包括可可粉、可可脂）含量高，不含或少量含有牛奶成分，通常糖含量也较低，可可的香味没有被其他味道所掩盖，在口中融化之后，可可的芳香四溢，回味无穷，通常较苦，含量高的尤其苦；牛奶巧克力，加过糖和牛奶调味的巧克力，相对于黑巧克力，牛奶巧克力的可可味道更淡、更甜蜜，也不再有油腻的口感；白巧克力，不含可可粉，仅有可可脂及牛奶，因此为白色，此种巧克力仅有可可的香味，口感上和一般巧克力不同，也有些人并不将其归类为巧克力，由于含糖量较高，通常很甜。

　　按所含油脂的种类，巧克力又可分为可可脂巧克力和代可可脂巧克力。顾名思义，可可脂巧克力中含有天然可可脂。但是，可可脂价格较高，为了降低巧克力生产的成本，有人发明了代可可脂，用普通植物油经氢化而成的硬脂，在物理性能上接近天然可可脂，作为可可脂的替代品。

　　实际应用中的可可粉和巧克力是由一种可可豆原料生产出的两个相似产品。这两种可可豆产品的主要不同点是，可可粉在加工过程中除去了大部分可可脂，而巧克力则没有，纯巧克力含有 50% 的可可脂。

（一）主要成分

　　可可粉与巧克力的主要成分除脂肪外，还有可可碱，在组织成分上与咖啡相似，在溶解中还形成有单宁，各种单宁对巧克力和可可的颜色与香味都产生影响。

（二）营养价值

　　两种可可制品的营养价值都很高。巧克力是高度浓缩的食品之一，能产生很高的热量。市面销售的成品可可和巧克力通常都有牛奶，而牛奶与巧克力制品两者的营养价值都能有效利用。不过，过多食用巧克力食品可能对胃黏膜产生刺激。它同咖啡有相同之处，也是兴奋剂。

（三）可可粉与巧克力的用途

　　可可粉和巧克力在西点制作中用途很多。它们不仅用于调制传统的带有巧克力香味的饮料，而且可用来对许多甜点加味，这些甜食包括蛋糕、曲奇饼、布丁、糖果和冷冻甜品等。还常常专门用来制作喜庆节日的象征性食品，如情人节的巧克力糖、复活节的巧克力蛋和兔子、圣诞节的圣诞老人等。巧克力还常制作成各种花形图案等作为西点的装饰品。

四、咖啡 Coffee

咖啡是用咖啡豆加工而成的，咖啡豆取自一种常绿灌木的果实，咖啡果像野樱桃，色深、椭圆，咖啡豆被包裹在果内类似羊皮纸的膜中。咖啡豆经焙烤，然后按用途进行磨制。

目前流行世界的所谓速溶咖啡是向磨成粉的烘焙咖啡中加水冲沏并使水分蒸发后所得的干物质。最主要的咖啡生产国有南美的巴西、中美的哥斯达黎加和墨西哥、非洲的坦桑尼亚等。巴西的咖啡产量居世界第一。

（一）咖啡的主要成分

咖啡的主要物质成分是单宁、咖啡因、咖啡醇和二氧化碳。

单宁是咖啡产生苦味的主要物质，同时，一部分也形成咖啡特有的香味。咖啡与水接触的时间越长，溶液中的单宁的含量就越大，并且溶于热水中的速度在水温达到沸点时会水解得更快。在单宁物质被水解时，也使咖啡带有香味的油不断挥发出来；若将咖啡溶液烧煮，这种油就会很快地逸出，剩下的仅是单宁的苦味。

咖啡因使咖啡具有刺激和利尿作用，咖啡因是一种兴奋剂，占焙炒的咖啡豆的1.2%。这种物质在热水中溶解度很高，调制的最初几分钟就析出了绝大部分。

咖啡的气味和芳香来自咖啡中的绿原酸——咖啡醇，较少量来自单宁。咖啡中的主要有机酸是略带苦味的绿原酸。咖啡醇类物质是由焙炒过程中脂肪大分子的分解而产生的。生咖啡豆缺乏香气，没有焙炒咖啡的美味。

咖啡本身没有多大的营养价值，从咖啡食品中获取的营养价值源自于所施加的其他辅助原料，如糖和牛奶。作为食品附加剂的咖啡之所以流行世界各地，是因为咖啡对人的肌肉和脑力活动都有刺激作用，振奋精神。然而，过量地摄入单宁和咖啡因会对消化道产生较强的刺激。

（二）咖啡的用途

用于西点的咖啡品种主要是速溶咖啡，其用途是改变制品的色彩，增加香味，丰富西点的品种。

五、明胶 Gelatin

明胶是由动物皮骨熬制成的有机化合物，常用的是从鱼皮、鱼骨中加工出来的鱼胶，呈白色或淡黄色，有半透明颗粒、薄片或粉末状。明胶单独食用时无任何味道和营养价值，但是与别的食品并用时便呈现出令人感兴趣的特性。

（一）明胶的基本特性

在食品制作中，明胶的主要特性是其不确定食品的颜色，具有较强的吸水性，在热的液体中易溶扩散，而冷却后处于分散状态，以及增加至足够浓度时能使溶液稠化成半固体状。

（二）明胶的成分与用途

明胶的主要成分是骨胶原，这是一种不完全蛋白质，它必须与其他含蛋白质的食物混合使用才能有助于保持膳食的总蛋白质含量。明胶能使营养性食品成为非常有吸引力的组合物，可充作美味菜点的主要成分。明胶制品若调制得当，在室温下仍会保持其形状且富有光泽。此类食品有弹性但不坚韧。由液体变为凝胶体取决于明胶的用量和分散明胶的液体类型及温度。

明胶广泛地用于冰淇淋、软糖和果冻之类的食品中。

六、琼脂 Agar-agar

琼脂又称"冻粉""洋菜""植物明胶"，是以海洋藻类（石花菜、牛毛菜等）原料加工提炼制成的凝胶剂。优质的琼脂呈无色或淡灰色半透明体，有长条薄片状或粉状，无味，吸水性很强。一般在足够的浓度时溶剂冷却到40℃左右会自行凝结。其特性与明胶相似，通常用于制作蛋白糖和其他冷冻甜品（如杏仁豆腐）。由于琼脂是由可食用藻类植物加工而成的，因而含有一定的矿物质等营养成分。

七、杏仁糕 Marzipan

杏仁糕又称"杏仁糖团"，主要成分为杏仁、糖、转化糖浆、葡萄糖、防腐剂，主要用于糕点表面装饰及捏塑造型。

活动三　添加原料认识

一、香料 Spice & Essence

（一）香料的种类

香料一般可分为天然香料（Essential or Spices）、合成香料（Synthetic）和人工合成香料（Imitation）三种。天然香料是由植物的根、皮、花、蕾、果实等油质部分所提炼，并经浓缩而成，因此浓度很高，只要使用少量就可得到浓馥的香味，此类香料常被称为油质香料。合成香料是将数量不同的油质天然香料依性质配合而成，其效用较原来单纯的香料更大，使用量也需相应减少。人工合成香料是由各种不同的化学物质或部分天然香料混合而成的，这种由人工调配出来的香料具有与所配制香料的种类相似或接近的芳香气，但浓度不大，价格比另外两种天然香料便宜，使用量可相应增加。

这三种香料经加工后在市场上出售的形式常见的有四类：

（1）油质 Essential Oil。也称作香料油精，具有天然香料的特性，浓度高，价格高，使用量少，效果好。

（2）酒精质 Extracts。是由天然香料或合成香料溶在酒精液中混合而成的，最常见的有柠檬精（Lemon Extract）和香草精（Vanilla Extract）两种。此类香料挥发性极高，不宜用在烤焙产品中，一般多用在霜饰原料或饮料中，用量较多。

（3）水性原料 Emulsion。是将天然香料油与其他香料原料，利用乳化剂的作用使这些浓缩的香料与水结合成为乳化液，故在使用效果上比酒精质的香料好，浓度高，用量少。

（4）调味香料 Spice。多数直接使用植物的根、种子、果实、皮等磨成粉末状使用，最常用的是玉桂粉（Cinnamon）、丁香料（Clove）、豆蔻粉（Nutmeg）、姜粉（Ginger）等，因此此类香料味道浓馥刺激，且具有深褐的颜色，一般多用在组织粗糙、颜色较深的制品中。

（二）贮藏与保管

香料须贮藏于密闭容器中，温度最好在 4～10℃，同时须避免阳光照射。依据实验得知，烘焙业所用的香料大都属于光敏感型，贮存在浅色玻璃容器中的香料比贮存在深色玻璃容器中的香料变质快。

此外，制品在进行烤焙时，香料的损耗最大，因为一般的烤焙温度高于香料的蒸发点（即香料的沸点），蒸馏作用导致香味大量损失；为减少此种损失，最好的方法是将香料与油脂拌和。另外，烤焙温度升高引起香料的分解，从而导致香料品质的降低。

二、酒 Alcohol

（一）葡萄酒 Wine

葡萄酒是用新鲜的葡萄汁发酵制成的，乙醇含量很低，通常在 8%～14%。根据颜色的不同，葡萄酒一般分为白葡萄酒、红葡萄酒和玫瑰葡萄酒三类。世界上最著名的葡萄酒生产国是法国、德国、意大利、西班牙、美国等。我国近 20～30 年来也酿造出许多高质量的葡萄酒。在欧美国家，葡萄酒不仅日常饮用，还广泛用于菜点的调理。

（二）白兰地 Brandy

白兰地的意思是"生命之水"，通常被人称为"葡萄酒的灵魂"。白兰地是一种蒸馏酒。狭义上讲，白兰地是对葡萄酒经过蒸馏和陈酿工艺而制得的酒，酒精含量40%左右，俗称的白兰地，就是用葡萄酒加以蒸馏浓缩制成。但广义来说，只要是以果酒为基底，加以蒸馏制成的酒类，都可以称为白兰地，不过酒名则须加上相应的水果名称，如"苹果白兰地""樱桃白兰地""草莓白兰地"。世界上生产白兰地的国家很多，但以法国干邑地区的出品最为优美。

白兰地是全球广受欢迎的酒精饮品，饮用时不掺杂任何饮料。可用于鸡尾酒的调制和菜点的调味，如德国黑森林蛋糕就用樱桃白兰地来增加风味。

（三）朗姆酒 Rum

用甘蔗压出来的糖汁，经过发酵、蒸馏而成，也称为"兰姆酒"。朗姆酒又叫糖酒，是制糖业的一种副产品，它以蔗糖做原料，先制成糖蜜，然后再经发酵、蒸馏，在橡木桶中储存3年以上而成。根据原料的不同和酿制方法的不同，朗姆酒可分为朗姆白酒、朗姆老酒、淡朗姆酒、朗姆常酒、强香朗姆酒等，酒精含量42%～50%，酒液有琥珀色、棕色和无色。

朗姆酒的主要生产国有古巴、牙买加和巴西等，我国广东也有出产。

朗姆酒香型突出，入口时有冲刺的感觉，应用于西点中，特点鲜明。

（四）君度酒 Cointreau

属配制酒，以法国高级干邑白兰地加工酿制的橙味甜酒，独具浓郁的香味，它包含了果甜、橙皮香及淡淡薄荷凉，综合成令人丝丝难忘的余香。调制鸡尾酒时常用，也应用于西点制作中。

（五）柑曼怡 Grand Marnier

旧称"金万利酒"，源自法国。属配制酒，橙味白兰地甜酒，主要用于调制糖水和少司。

三、酸味剂 Acid

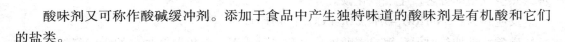

酸味剂又可称作酸碱缓冲剂。添加于食品中产生独特味道的酸味剂是有机酸和它们的盐类。

（一）常用品种

酸味剂的分类不太严格，在强化剂、调味剂里有酸味剂，在膨化剂、抗氧化剂里也有酸味剂。饮食业中常用的酸味剂有柠檬酸、乳酸、苹果酸、偏酒石酸、醋酸、磷酸等，其中使用最多的是柠檬酸。乳酸一般都与柠檬酸混合使用。这些有机酸都参与人体正常代谢，安全性较高。

1. 柠檬酸

柠檬酸为白色结晶体，是柠檬、柚子、柑橘等类水果里存在的天然酸味的主要成分，酸味柔和。

柠檬酸被广泛添加于食品中，在清凉饮料里添加 0.15% ~ 0.30%，在果片、果冻、果酱、水果糖里添加约 1%，作为抗氧化剂在冷冻水果或水果加工里添加 0.25% 左右。

2. 葡萄糖酸——内酯

葡萄糖酸，简称"内酯"。将葡萄糖酸液浓缩就可以制取葡萄糖酸。它在水溶液中慢慢水解，开始有甜味，然后就稍有酸味。作为酸味剂，可以添加于香草香精、巧克力、香蕉等甜味的果子冻里。它是合成膨松剂中的主要酸性物质，能慢慢地产生碳酸气，气泡均匀细腻，用它可以生产别有风味的点心。由于它能抑制吸油，炸面包圈时使用可以节约用油。

（二）酸味剂的功用

（1）赋予食品酸味和清凉感，能产生很好的甜味和风味。
（2）能调整食品的 pH，抑制腐败菌等微生物的繁殖。
（3）有助于溶解纤维素及钙、磷等物质，促进这些物质的消化吸收。
（4）可以做抗氧化剂的增效剂。

四、膨松剂

膨松剂又称膨胀剂、疏松剂，它能使点心、面包内部形成均匀致密的多孔性组织。

根据原料性质和组成，膨松剂包括化学膨松剂和生物膨松剂两大类，其中化学膨松剂又可分为碱性膨松剂和复合膨松剂。

（一）化学膨松剂

1. 碳酸氢钠 Soda

碳酸氢钠，俗称"小苏打""苏打粉"，呈白色粉末结晶状，碱性，味咸，在潮湿环境或热空气中即分解产生二氧化碳。

反应式为：$2NaHCO_3 \xrightarrow{\triangle} Na_2CO_3 + CO_2 \uparrow + H_2O$

碳酸氢钠加热时便分解成碳酸钠、水和二氧化碳。面粉混合物中的碳酸氢钠残余物属碱性，并产生一种难闻的气味，所以使用小苏打时要加适量的酸，以形成较为中性的残余物。反之，面糊、面团中使用水果时，通常加入一点小苏打以中和果汁的含酸量。碳酸氢钠通常用于饼干等的制作。

2. 碳酸氢铵 Ammonia Bicarbonate

碳酸氢铵，俗称"臭粉"、"臭碱"，属碱性膨松剂，呈白色粉状结晶，有氨臭味，对热不稳定。

反应式为：$NH_4HCO_3 \xrightarrow{\triangle} CO_2 \uparrow + NH_3 \uparrow + H_2O$

碳酸氢氨分解产生氨气和二氧化碳两种气体，与碳酸氢钠相比产气量大，膨胀力强，冲劲大。如果用量不当，容易造成成品质地过松，内部或表面出现大的空洞。

3. 泡打粉 Baking Powder

泡打粉，俗称"发粉"，是由碱性物质、酸式盐和填充物按一定比例混合而成的膨松剂。按作用速度，可分为快速发粉、慢速发粉和复合型发粉。

快速发粉在接触液体的最初几分钟就能放出大部分气体。在使用时将快速发粉加入混合物中，必须很快操作以避免二氧化碳气体的损失而缩小体积。

慢速发粉在常温时只放出很少量的气体，它需要在烤箱的热度下才能全部起反应。

复合型发粉之所以有这样称谓，是因为它在低温时开始起部分反应，但在接触高温之后才起完全反应。它是快速发粉和慢速发粉混合而成的，在常温下只能释放出1/5的气体，而4/5的气体在烤炉内释出。

由于发粉是根据酸碱中和反应原理而配制的，它的生成物呈中性，因此消除了小苏打和臭碱在各自使用中的缺点。用发粉制作的点心组织均匀，质地细腻，无大空洞，颜色正常，风味纯正，所以被广泛用于糕点的制作。

（二）生物膨松剂

生物膨松剂主要是酵母（Yeast）。酵母是单细胞微生物，在养料、温度和湿度等条件适合时，能迅速繁殖，释放出大量二氧化碳气体。发酵面团的膨发作用是通过酵母的发酵来完成的。目前，常见的酵母有新鲜酵母、干性酵母、速溶酵母等。

1. 新鲜酵母 Fresh Yeast

新鲜酵母，又称压榨鲜酵母，呈块状，乳白色或淡黄色，它是酵母菌在培养基中通过培养、繁殖、分离、压榨而制成的，具有特殊的香味。使用前先用温水化开再掺入面粉中一起搅拌。鲜酵母在高温下容易变质和自溶，因此，宜低温贮存。

2. 干性酵母 Dry Yeast

干性酵母，是由鲜酵母低温干燥制成的颗粒状酵母，便于贮存，发酵能力强，这种酵母使用前要用温水活化。

3. 速溶酵母 Instant Yeast

速溶酵母，是一种发酵速度很快的高活性新型干酵母，如法国燕牌速溶酵母。这种酵母的活性远远高于鲜酵母和干性酵母，具有发酵力强、发酵速度快、活性稳定、便于贮存等优点。使用时不需要活化。

五、乳化剂 Emulsifier

在水和油这两种本来不能混合的物质里，如果加入阿拉伯树胶搅拌，就会变成微粒状混合物。这个过程叫乳化，具有乳化性质的物质就叫乳化剂。

乳化剂可使配料分布均匀而改进焙烤制品的组织、体积和稠度。如果没有乳化剂，布丁、糕饼和冰淇淋等就会离析，裱花奶油也难以制作。

用途最广的乳化剂之一是卵磷脂，它存在于牛奶、蛋类和大豆中。大部分商业用卵磷脂来自植物，如大豆卵磷脂。

六、改良剂 Improver

面包改良剂主要用于面包的生产，市面上有多种改良剂，功能不一，其中复合多种功能的综合改良剂应用广泛，它通常由酶制剂、乳化剂、氧化剂、强筋剂、无机盐和填充剂等复合而成。用于面包生产，可促进面包柔软，增加面包烘烤弹性，并有效延缓面包老化等作用。常用的酶制剂包括α-淀粉酶、葡萄糖氧化酶、真菌木聚糖酶、脂酶、半纤维素酶等；常用的乳化剂包括单硬脂酸甘油酯、大豆磷脂、硬脂酰乳酸钙、双乙酰酒石酸单甘酯、山梨糖醇酯等；常用的氧化剂有维生素C、过氧化钙、偶氮甲酰胺、过硫酸铵、磷酸盐等。

七、蛋糕油 SP Cake Emusifier

也称"蛋糕起泡剂"，膏状，主要成分有水、山梨醇、硬脂酰乳酸钙和乳化剂等。用于蛋糕的制作，能够加速鸡蛋的打发，使蛋糕成品质地更细密柔软。

八、水果光亮膏 Fruit Deglazer

主要成分是糖、葡萄糖、果蔬汁、防腐剂和水，用于增强鲜果表面光泽和延长鲜果保鲜期。

九、食用色素 Edible Coloring

消费者习惯于熟悉食品的标准色泽，外观是一种食品是否可被接受的重要因素。食用色素亦用于掩盖不希望有颜色或质量差的制品。

用于食品的着色剂有两类：一类是天然色素，另一类是合成色素。天然色素是从自然界的植物种子、花及昆虫中提炼出来的，其成本很高。我国目前规定的天然色素有9种：姜黄、甜菜红、虫胶色素、红花黄色素、叶绿素、辣椒红素、胡萝卜素、红曲素、糖色等。

合成色素即人造色素，被认为是有危险的色素，因为大多数都是煤焦油色素。合成色素因其毒性和致癌性等原因逐渐被禁止使用。

任务四　成形与成熟技法训练

任务目标

掌握主要操作与成形技法
掌握以烘焙为主的成熟方法

活动一　操作与成形技法训练

成形是西点制作的基本功。西点成形的目的是丰富品种，更重要的是美化西点的形态，增强其艺术性。一款款造型精巧、形态别致、艺术感染力强的西点无一不是通过各种成形技法实现的。因此，包饼师（烘焙师）成形技术的基本功熟练与否，直接影响着产品的质量。

西点操作成形的方法很多，按成形的步骤可分为直接成形和间接成形两种。操作技巧有和、揉、搓、擀、包、卷、裱挤、搅打、捏塑、刮抹、挂淋、折叠、割等。每种技法均有其特有的功能，实际工作中可视需要选择，相互配合应用。一款造型精致的点心往往是通过多种操作技法的综合运用来完成的。

一、和

即和面，是面点制作的第一道操作工序，即在面粉中掺入其他配料、拌和均匀的过程。面团和得是否均匀，直接影响面点成品的质量。

根据面点制作的不同要求，对和成的面团性能要求也各不相同。常用的面点面团有混酥面团、酥皮面团、发酵面团等几大类。

混酥面团，选用低筋面粉，掺入鸡蛋、黄油、糖等配料，拌和均匀，稍揉即成。

酥皮面团，选用高筋面粉或高低筋面粉按比例混合，掺入水、盐等迅速拌和均匀，经反复搅打，使面筋网络形成，呈光滑的面团，再包入黄油，经多次擀压、折叠而成。

发酵面团，选用高筋面粉，掺水、酵母等配料后，迅速调和均匀，反复搅打，使面筋网络形成，面团光滑、滋润，然后静置于恰当的温湿度环境中发酵。

和面的方法，一般是将面粉倒在案板上，在面粉中间扒一块空穴，将配料放入空穴中，再用手由里向外逐步拌和均匀。这是手工操作法，现多用和面机或搅拌机代替手工操作。

二、揉

揉是制作面团的基本技法之一。其主要作用是：一方面使面团组织均匀结实、表面光滑；另一方面使面团内的气泡消失，促使面团蛋白质变性形成面筋网络。

揉的基本动作可分为双手揉和单手揉，对稍大的面团可用双手揉，其动作是一手压住面团的一端，另一手压住面团的另一端，用力向外推挤再向内使劲卷起，双手配合，使面团变圆，收口集中变小，最后压紧，收口向下放置在案板上或烤盘中。对较小的面团，如制作小圆包，可用单手揉，其动作是把面团放在面板上，手掌扣住面团，五指曲拢，掌心压住面团顺一个方向作圆周运动。面团在手掌间自然滚动、挤压，使内部气体消失，组织紧凑，面团底部中间呈旋涡状，上表光滑细腻。

三、搓

搓和揉两个动作往往是结合在一起进行的，搓是运用手掌、手指的压力，以前后运动的方式，让面团滚成细长状的一种操作方法。把固态的脂肪与干面粉混合均匀的手工操作动作也称为搓。需要搓得较长的面团必须双手同时施力，前后滚动。搓的时间不必过长，用力也不宜太猛，否则面团容易断裂、发黏，使得造型困难。为了避免面团发黏，在搓动时可蘸少许干面粉，但不宜过多，以保持双手干爽为原则，否则除了面团表面不光滑外，还给操作带来不便。

四、擀

手持擀面杖用力滚动、将面团压平或压薄的方法称为"擀"。擀是面点制作中最普通的也是最常用的技法，制作面包、混酥类、酥皮类点心等均要用到此技法。面团的性能因品种不同而不同，擀制时，在施力上、厚薄上要区别对待。但无论何种面团，都要求擀得平整、均匀、无断裂、表面光滑。

五、包

包是将面团压扁或擀平后，填入馅料、收紧封口的操作技法。对于较干的馅料，可根据需要加工成不同大小的块，然后直接放在面团中央包入；面糊状的馅料则须利用平匙或木匙挖起馅料后，再摊入面团中央，然后收口。

包馅时，应将压扁的面团放在左手掌中，填入馅料后，用右手拇指与食指拉起面团边缘，逐步收口，再以捏的方法，将收口紧捏即可。

包馅时须注意馅料不宜沾到面团的周围，否则封口无法捏紧，容易松开，从而影响外形。

六、卷

卷是将擀平压薄的面团或烘烤成熟的蛋糕、面包等，卷成圆筒状的一种造型方法。

七、搅打

搅打是西点制作中最基本的技术之一，包括搅打和抽打两个动作。加工的不论是面团、面糊，还是蛋糊、奶油等，只有经过充分的搅拌或抽打，才能使原料均匀混合，充入空气，使体积增大，增强成品膨松、柔软的程度，产生和增强面筋质，增强制品的弹性。

搅打有机械搅打和手工搅打两种方式，要求有一定的设备和工具，如搅拌机、蛋扦、榴板等。搅打时一般采用顺时针方向进行，并要求顺同一方向连续操作。

八、裱挤

将调制好的软质坯料，装入配备裱花嘴的裱花袋，用手挤压，使其从裱花嘴处溢出，并成一定的造型，这一操作过程称为"裱挤"。

裱挤，既是一般的造型方法，如用于制作泡芙，又是一种极富美化装饰性的重要技法，如用于蛋糕表面装饰。要熟练掌握裱挤的技巧，做到运用自如，则须反复练习。

九、捏塑

手指配合将面团黏在一起的技法，或用手指把面团等做成各种栩栩如生的实物造型的技法，称为"捏"。面包包入馅料后，必须用捏的方法把封口捏紧，以免面团在后面阶段发酵和成熟时封口散开。同时，捏又是一种艺术性很强的操作方法，可用双手把面团等捏塑成形态逼真的花鸟瓜果、飞禽走兽及卡通形象等。捏的操作方法有时也需要借助于一定的工具，如花刀、花夹、塑刀等。

十、刮抹

将调制好的软质霜饰涂刮于成熟或未成熟的西点表层，借助一定的工具（如抹刀等）将其涂抹均匀、平整，这一操作技法称为"刮抹"。

刮抹的作用：一是装饰，最具代表性的是制作奶油花蛋糕。蛋糕在做其他装饰之前，必须将其表面用霜饰，如打发奶油等抹平，这一操作是蛋糕造型、美化的基础；二是改善西点制品的风味和丰富花色品种，如用于瑞士卷、拿破仑千层酥等。

十一、挂淋 ▮▮▮

　　将融化的装饰材料浇淋至点心表面，让其自然流淌平滑并逐渐冷却凝固，这一操作过程称为挂淋。挂淋通常是某些点心的最后一道工序，技术性较强。其作用是对西点表面进行装饰，并增加风味。

　　挂淋的材料通常有风糖、巧克力镜面、啫喱等。这些原料在浇淋时一般为流汁状，挂在点心表面后，便立刻凝结，成为固体。产生这一变化的原因，是由于原料的性质和温度差。针对这一特性，在浇淋时必须注意三点：一是要掌握适宜的用料的温度；二是浇淋的材料必须稠度得当，以能挂得住为准，不可太稀或太稠；三是浇淋的速度要快，动作要利索、准确，做到一次成功，以获得最佳效果。

十二、折叠 ▮▮▮

　　折叠是将擀平或擀薄的面团，以相重叠的方式操作，使制品呈现出若干层次的一种整形方式。一般要经过折叠操作的面团大多包有黄油、起酥油（如酥皮面团、松质面包面团等）。因为包有油脂，经过数次擀平折叠后，面团与油脂相互重叠。由于油脂具有隔离作用，烤好的制品自然会出现层次感。

十三、割 ▮▮▮

　　在面团表面划裂口，但并不切断面团的造型方法即称为"割"。其目的是使烤好的制品表面因膨胀而呈现出爆裂的效果。因各种面包以及一些油酥糕点需要爆裂的程度不同，割的手法也有深、浅的差异，且割裂的时机也有所不同。有的面包面团在整形后即将表面割裂；有的面包则是在面团整形好且完成了最后发酵，在进炉烘烤前割裂表面。

活动二　成熟技法掌握

　　成熟，即对调制及成形后的生坯运用各种加热方法，使其在高温的作用下发生一系列的理化变化，成为色、香、味、形、质、美、养俱佳的熟制品的过程。它是西点制作中的关键程序。就包饼而言，制品的色泽、形态、口感等在很大程度上是由熟制阶段决定的，特别是与加热的火候有着直接的关系。

　　西点种类繁多，熟制方法也较多，主要有烘烤、炸、蒸、煮等加热法。

一、烘烤 Baking ▮▮▮

　　烘烤，又可称"烘焙"，即利用烘烤炉内的高温把制品加热成熟。这种熟制方法靠空气对流和辐射作用，使食物在炉中均匀受热。目前使用的烤炉式样较多，有红外线辐射炉、对流式烤炉、电动旋转烤炉。烤炉的设计越来越科学化和人性化，使用更为方便。

烘烤的主要特点是温度高、受热均匀。烘烤制品色泽诱人，形态美观，并可形成多种风味，烘烤方法适用范围广，是西点最常用的成熟方法，用于面包及各式糕饼的熟制。

烘烤的关键是根据制品种类掌握好烘烤温度和时间。实际工作中，因烘烤的品种多，而每种制品所要求的烘烤温度和时间各不相同，因此要区别对待。但不论何种情况都应注意以下几点：

（1）根据产品品种确定相应的烘烤温度和时间。油分较重、水分较多的制品要比油分轻、水分少的制品烘烤温度低、时间长，例如，海绵蛋糕的烘烤温度一般比油蛋糕温度要高、时间要短、蛋白甜品则用低温烘焙。

（2）根据制品的体积控制烘烤温度和时间。相对而言，体积大的制品要比体积小的制品烘烤温度低、时间长。如果体积小，又用低温长时间烘烤，则会因水分损失太多、失重太多而失去制品应有的品质。

（3）掌握好调节炉温的时机。大多数制品在烘烤时，不可能用同一温度完成整个成熟过程，也就是说，不可能把炉温调到某一固定挡位，时间控制在某一点上，而是不失时机地根据制品的要求及烘烤过程中发生的一系列变化对炉温进行适当调节，大多数制品都是采取"先高后低"的调节方法，即刚进入烤炉时，炉温要高，在制品表面上色后就要降低炉温，使制品内部慢慢成熟，以达到外有硬壳、内部松软的效果。但有些制品需要的炉温应"先低后高再低"，让面团充分膨胀后再定型成熟。有的使用中等温度，有的则要求底火大、面火小，有的底火小、面火大，等等。总之要根据具体制品而定，调节好炉温是烘烤成败的关键。

烘烤操作步骤：根据需要预热烤炉，将烤盘或模具擦净、刷油，再把搅拌好或成形的生坯放入，推入炉内（需发酵的则先醒发）；根据制品的需要调节烤制时间，准时出炉。

二、炸 Deep-Fring

这种熟制方法必须是深锅宽油，制品全部浸泡在油内，并有充分翻动的余地。油烧热后，制品生坯逐个下锅，炸黄炸熟。制品特点为金黄色，外脆里软。

炸制法的关键在于控制火候，这是因为油受热后产生高温，且变化很快，控制不好会对制品质量产生严重的影响。如油温过高，表面易煳，外焦里不熟；油温不够，则色淡、质软嫩而不酥不脆，且耗油量大。可控恒温式油炸炉的普及为油炸方法的操作带来了极大的方便。

不同制品需要不同的油温。炸制大都使用温、热两种油温，但也有先温后热、先热后温的不同变化，要随品种而定。温油，一般指150℃左右，即"五成"，油面滚动较大，没有声音；热油，一般指180～200℃，即"七八成热"。

除根据制品特点掌握好火候之外，还应注意：

（1）油质必须洁净。炸制用油以橄榄油为最佳，其次是清洁植物油或色拉油，再次是花生油。色拉油以其洁净、经济的特点被普遍使用。在炸制时，不论使用哪一种油脂，必须保持清洁，油质不洁，易污染制品，使成品色泽差。

（2）炸制时，注意每次投入热油中的生坯的数量。一次投入量不宜太多，否则会使油温迅速下降，导致油温过低，影响成品质量。

（3）生坯放入油锅后，掌握好翻动制品的时机，使之均匀受热成熟，否则会影响制品的造型、色泽。容易沉底的制品要放入网篮中，防止落底粘锅，也便于成品及时出锅。

（4）油锅中制品颜色变化很快，稍有疏忽，便会炸焦炸煳。在操作时，精力要集中，善于观察色泽变化，控制好火候，做到熟练自如。

三、蒸 Steaming

蒸，就是把成形的生坯或调制好的生料放入模具中，置于蒸箱或笼屉里，在蒸汽高温的作用下使其成熟。

蒸是温度较高的加热法，制品具有形态完整、膨松柔软、易被人体消化吸收等特点。因为在蒸制过程中，制品不仅不会出现失水、失重和碳化等问题，相反还能吸收一部分水分，膨润凝结，加上酵母和膨松剂产生气体的作用，大多数蒸制品组织膨松，体积膨大，重量增加，且能保持原汁原味。

蒸制的技术关键是要求大火、汽足，这样才能保持均匀的湿度和充足的温度。否则制品不易胀发，并出现塌陷，食用时有黏牙、夹生等现象。火力不能减弱，蒸汽也不能减少，要做到一次蒸制熟透。蒸制时间根据不同品种和一次蒸制的量而定。蒸制时间长了，制品会发黄、发瓷，组织不松软，失去最佳品质。制品成熟后应立即食用，若暂时不食用，应用小火在笼中保温，切不可用大火，且保温时间不能过久。

任务五　常用霜饰、馅料及少司的调制

任务目标

能制作常用霜饰

能制作常用馅料

能制作常用少司

西点制作是一项分工很细致的工作。要制作好一款完美的产品，通常要好几项工作同时进行才能完成。例如：要制作好一盘苹果派，需要有派皮、派馅以及霜饰等才能算完美；要烤制一盘丹麦包，需要有擀制好的面团、馅料及外表霜饰。本任务将涉及常见的霜饰、馅料以及少司的制作。

活动一　霜饰调制

霜饰（Frosting），是指用于蛋糕等表面涂饰装裱的酱状或软质装饰料，俗称"甜味外衣"，常见的如打发的奶油。众所周知，经烘烤的蛋糕如给予适当的装饰，一方面可增加蛋糕的美观性，另一方面又可增加蛋糕本身的风味。同时，由于霜饰原料都有防止蛋糕老化的作用，能够达到延长保存时间的目的。所以，多数蛋糕经烘烤和冷却后必须予以适当的装饰。

一、霜饰原料的分类与使用

（一）霜饰的分类

根据在调制过程中所使用方法的不同，霜饰原料总体上可分为三大类，即煮制类、非煮类、混合类。

（1）煮制类。主要包括：果毡 Fruit Jellies、风糖 Fondant、布丁 Pudding and Custard、蛋白软糖霜饰 Marshmallow、富奇糖 Fudge 等。

（2）非煮类。主要包括：奶油霜饰（或称黄油忌廉）Butter Cream、打发鲜奶油 Whipped Cream、蛋白糖霜 Meringue、皇家糖霜 Royal Icing 等。

（3）混合类。就是由以上煮制类和非煮类中的两种成品所混合调制而成的。

（二）基本霜饰的使用

不同种类的蛋糕须使用不同的霜饰，才能取得完美的效果。总体来讲，质地硬实的蛋糕应使用硬性的霜饰，质地柔软的蛋糕要用软性的霜饰（见表 1 - 5 - 1）。

1. 奶油霜饰

也称为"黄油忌廉"，是糖与黄油等油脂的混合物，质地松软光滑，几乎任何一类蛋糕都可以使用，是应用较为普遍的一种霜饰材料。制作奶油霜饰有两种最重要的原料，第一是糖，可以是糖粉，要求细度很高，如没有很细腻的糖粉，也可使用风糖或转化糖浆；第二是油脂，可以是黄油或人造黄油。

表 1 - 5 - 1　蛋糕与霜饰的基本搭配

蛋糕类型	霜　饰
重油蛋糕	可不作任何装饰
	用风糖装饰
	在表面点缀脱水干果或蜜饯水果或坚果核仁
轻油蛋糕	奶油霜饰
海绵蛋糕	奶油霜饰
	打发鲜奶油
	果毡

制作时，将黄油或人造黄油搅打起泡变白，加入糖粉或充入转化糖浆，搅拌均匀即可，也可额外加入鸡蛋，使其更加松软光滑。

至于油脂，首选无盐黄油，因其风味独特和入口即化的特性，特别适合制作奶油霜饰，但是黄油易融化，使得纯黄油奶油霜饰不够稳定；而纯人造黄油奶油霜饰，因其脂肪凝结，入口不易融化，口感不佳。因此，制作奶油霜饰时，最好以黄油为基本油脂，另加入少量可塑性和融合性好的人造黄油。

乳化油对成品奶油霜饰的好坏有很大影响，因为乳化油具有融和水的作用，配方中可用成本较低而味道更好的奶水或果汁来作为稀释的原料，调节奶油霜饰的稠厚度。

2. 风糖

风糖是糖浆结晶而成的乳白色稠滑霜饰，通常用于千层酥、部分蛋糕表面的装饰。其原料主要是砂糖和水。须将糖和水煮到适当的温度，使配方中的糖转化后再作进一步处理。温度对于煮糖浆较为重要，不同温度下呈现不同的形态（见表1－5－2）。

表1－5－2　糖浆在不同温度下的形态

温度 摄氏／（华氏）	加热后的形态	温度 摄氏／（华氏）	加热后的形态
104℃（220℉）	沸腾	121℃（250℉）	硬球糖浆
108℃（225℉）	线状	138℃（280℉）	软裂
110℃（230℉）	球状	143℃（290℉）	硬裂
118℃（244℉）	硬质软球糖浆	177℃（350℉）	焦化

3. 蛋白糖

就是打发蛋清与糖的混合物。蛋白糖最常用在派的表面，另与奶油混合来做意大利奶油霜饰用于蛋糕，或者作为婚礼蛋糕的表面装饰之用。在制作蛋白霜饰时，一方面要选用新鲜的蛋白，另一方面要掌握好搅拌机的速度和搅拌缸的洁净以及蛋白打发的程度。

4. 鲜奶油

鲜奶油为目前最流行的一种蛋糕夹心和表面装饰材料，纯正的鲜奶油也是最好、最受欢迎的一种霜饰。做霜饰用的鲜奶油，油分含量最好在35%～42%，如果搅拌好，其体积可增加为原来的2～3倍。搅拌时，刚开始要用慢速，然后再慢慢地加快速度，搅拌至适当厚度即可。市场上另有一种经氢化处理的植物奶油，其性能与鲜奶油基本相同，但是风味上有些逊色，不过因价格便宜，使用方便，应用广泛。

二、常用霜饰制作

（一）基本奶油霜饰（A）

1. 原料配方（见表1－5－3）

2. 制作过程

（1）将表1－5－3中配方①的原料放入搅拌缸内，用搅拌桨慢速搅拌成团，然后再改中速或快速拌至松发，此部分即为基本奶油，可置于阴凉处（不必放入冰箱），待需要时可添加鲜奶水或果汁调制适当浓度即可。

（2）如一次使用时，在第一次完成后改用慢速，把奶水或果汁慢慢加入至适当浓度即可。

（3）配方内氢化白油如使用乳化油时就不必使用乳化剂。

（4）以上基本奶油和添加奶水为纯奶油霜饰；如添加不同的果汁则成为不同的果汁霜饰，但酸性果汁如柠檬汁仅能使用20%，橘子汁仅能使用40%，其余不足的水分应用稀糖浆（糖100%、水50%，葡萄糖浆煮至106℃）来稀释，不可再加奶水。

表1-5-3　基本奶油霜饰（A）原料配方

	原料名称	百分比（%）	数量（克）
①	糖粉	100	1000
	奶粉	10	100
	白油	60	600
	黄油	40	400
	盐	0.5	5
	香草水	0.5	5
	乳化剂	2	20
②	奶水或果汁	60～80	600～800

（5）如做巧克力奶油霜饰可依照基本奶油添加6%的可可粉，溶于10%的热水中，冷却后加入拌匀即可。如一次性制作巧克力奶油霜饰时，在配方内用15%的可可粉，筛匀后加入配方①的原料中一起搅拌，同时，要用奶水或稀糖浆加以稀释。

（6）如制作咖啡奶油霜饰，可依照基本奶油量添加0.5%的咖啡精，溶于4%的热水中，冷却后加入拌匀即可。

（二）基本奶油霜饰（B）

1. 原料配方（见表1-5-4）

2. 制作过程

（1）将配方①的原料放在搅拌缸中隔热水加热至45℃，在加热过程中须不断搅动以免蛋白烫熟。

表1-5-4　基本奶油霜饰（B）原料配方

	原料名称	百分比（%）	数量（克）
①	蛋白	30	300
	细砂糖	60	600
②	糖粉	40	400
③	白油	60	600
	黄油	40	400
	乳化剂	3	30
	香草	0.5	5

（2）把加热后的蛋白糖放在搅拌机上用中速拌打至发泡，再把配方②的糖粉过筛，慢慢加入，继续用中速打至发泡。

（3）将配方③的原料分批加入，再用中速或快速拌打至适当浓度即可。

（三）意大利奶油霜饰

1. 原料配方（见表1-5-5）

2. 制作过程

（1）将配方①的原料放在锅中，上火加热（糖水沸滚后用刷子蘸水在锅四周把粘在锅边的糖渍刷净，以防焦煳）。当加热至112℃时，把配方②的蛋白放入搅拌机中用中速打泡。当糖浆煮至115℃时，将其慢慢冲入打发的蛋白中，继续打至发泡后加入配方③的糖粉，再继续打均匀。最后再把配方④的原料分批用慢速加入后，改为中速或快速打至适当浓度。

（2）在夏季可使用 2% 的明胶溶于 10% 左右的水中，在热糖浆加入蛋白后加入。此奶油霜饰在加入动物胶后可增加霜饰的稳定性。

（3）本配方可依照基本奶油霜饰（A）的制作过程中的（5）和（6）两项调制巧克力和咖啡霜饰。

（四）英式蛋黄奶油霜饰

1. 原料配方（见表 1 - 5 - 6）

2. 制作过程

（1）将配方①的原料放在搅拌缸内拌打至松发并呈乳黄色。

（2）奶粉溶于水，放炉上煮沸。

表 1 - 5 - 6　英式蛋黄奶油霜饰原料配方

	原料名称	百分比（%）	数量（克）
①	蛋黄	50	150
	细砂糖	100	300
	奶粉	10	30
②	水	100	300
	香草精	1	3
③	白油	120	360
	黄油	80	240

（五）布丁奶油霜饰

1. 原料配方（见表 1 - 5 - 7）

2. 制作过程

（1）将配方①的原料打发泡，再把配方②的原料加入拌匀。

（2）将配方③的原料放火上煮沸，趁热冲入（1）所制的混合物中，边冲边搅拌，拌匀后马上再移至火上煮 2 ~ 3 分钟，煮的过程中要不断地搅拌以免焦煳，离火前加配方④的原料搅熔冷却后，将配方⑤的原料分批加入，用中速打至适当浓度即可。

表 1 - 5 - 5　意大利奶油霜饰原料配方

	原料名称	百分比（%）	数量（克）
①	水	33	330
	细砂糖	100	1000
	葡萄糖浆	20	200
②	蛋白	33	330
③	糖粉	30	30
④	黄油	80	800
	氢化油	120	1200
	乳化剂	3	30
	香草水	0.5	5

（3）将煮沸的牛奶慢慢地倒入（1）所制的混合物中，并不停地搅拌，待全部奶水倒入后停止搅拌。上火加热 2 ~ 3 分钟（不必煮沸），直到黏在拌打器上即可。

（4）将（3）放在冰上或大冰柜中急速冷却，在冷却过程中须时常搅拌，然后将配方③的原料分批加入，改中速或快速搅到适当浓度即可。

表 1 - 5 - 7　布丁奶油霜饰原料配方

	原料名称	百分比（%）	数量（克）
①	蛋黄	20	200
	细砂糖	25	250
②	玉米淀粉	6	60
	水	20	200
③	水	80	800
	奶粉	10	100
④	细砂糖	60	600
	黄油	100	1000
⑤	白油	60	600
	乳化剂	3	30

（六）巧克力鲜奶油霜

1. 原料配方（见表1-5-8）

表1-5-8　巧克力鲜奶油霜原料配方

原料名称	百分比（%）	数量（克）
鲜奶油	40	400
巧克力富奇糖冻或巧克力糖	100	1000

2. 制作过程

将巧克力糖或巧克力富奇糖冻切成核桃仁大小，与鲜奶油一起放在盆中置火上熔化，在加热过程中须不断搅拌，以免烧焦。待巧克力糖全部熔化后离火，把盆放在冰水上冷却，用打蛋器快速打至适当浓度即可。

（七）法式蛋白霜 French Meringue

1. 原料配方（见表1-5-9）

2. 制作过程

（1）将蛋白打发。

（2）加糖后继续快速打至发泡，随后拌入香草精和糖粉即可。

表1-5-9　法式蛋白霜原料配方

	原料名称	百分比（%）	数量（克）
①	蛋白	100	1000
②	细砂糖	100	1000
③	糖粉	100	1000
	香草精	1	10

（3）本霜饰可使用大平口花嘴挤成杯状进炉焙烤，出炉后放水果馅，也可做各种法国小点心及派的表面装饰。

（八）意大利蛋白霜饰 Italian Meringue

1. 原料配方（见表1-5-10）

2. 制作过程

（1）将配方①的原料放在锅内置火上煮，待滚沸后用刷子蘸清水刷盆的四周，以防烧焦。

表1-5-10　意大利蛋白霜饰原料配方

	原料名称	百分比（%）	数量（克）
①	细砂糖	100	1000
	葡萄糖浆	30	300
	水	33	330
②	蛋白	66	660

（2）当糖浆达到112℃时，开始搅打蛋白，至湿性发泡。

（3）当糖浆加热至115℃时，将其慢慢地倒入打发的蛋白中，待全部糖浆倒完后，改中速或快速再打至硬性发泡即可。

（九）蛋白糖浆霜饰

1. 原料配方（见表1-5-11）

2. 制作过程

（1）将配方③中的明胶溶于热水中。

（2）将配方①的原料一起倒入锅中，上火加热（见意大利蛋白霜饰）。

表1-5-11　蛋白糖浆霜饰原料配方

	原料名称	百分比（%）	数量（克）
①	细砂糖	100	1000
	水	33	330
	葡萄糖浆	20	200
②	蛋白	33	330
③	明胶	2	20
	热水	8	80

（3）当糖浆煮至112℃时，将蛋白用中速打至湿性发泡。煮至115℃，把热糖浆慢慢倒入，边加边搅打，待全部糖浆倒完后，把溶化的明胶加入，然后改用中速或快速打至适当浓度即可。

（4）搅拌至最后阶段时可添加任何香料，但不可用油质香料，也可用色素调色。

（5）本配方可用作蛋糕表面霜饰和夹心。

（十）蛋白糖冻霜饰

1. 原料配方（见表1-5-12）

2. 制作过程

（1）将配方①和配方②的原料进行调制（过程同蛋白糖浆霜饰）。

（2）将蛋白打至硬性发泡后将糖粉过筛，慢慢加入继续打至适当浓度即可。

（3）本配方可做结婚大蛋糕表面霜饰，糖粉可以从50%增至100%。

表1-5-12　蛋白糖冻霜饰原料配方

	原料名称	百分比（%）	数量（克）
①	细砂糖	100	500
	水	33	165
	葡萄糖浆	20	100
②	蛋白	33	165
③	糖粉	50～100	250～500

隔日后会干固成糖冻。如需较坚硬的霜饰，

（十一）转化糖浆

1. 原料配方（见表1-5-13）

2. 制作过程

（1）将配方①的原料放在锅中煮沸后，慢火继续煮约20分钟。

表1-5-13　转化糖浆原料配方

	原料名称	百分比（%）	数量（克）
①	细砂糖	100	1000
	水	33	330
	柠檬酸	0.2	2
②	水	2	20
	小苏打	0.2	2

（2）离火后将小苏打溶于水，慢慢加入热糖浆内轻轻拌匀，冷却后不会结晶。

（十二）白色风糖

1. 原料配方（见表1-5-14）

2. 制作过程

（1）将所用原料倒入锅中，煮至115℃，离火冷却。

表1-5-14　白色风糖原料配方

原料名称	百分比（%）	数量（克）
细砂糖	100	2000
水	330	660
葡萄糖浆	20	400

（2）待糖浆冷却至65℃左右时倒入搅拌缸中，用搅拌桨中速搅拌，直到全部再度变为细小结晶为止，松弛30分钟。

（3）如果煮糖温度超过115℃时，搅拌机无法再搅拌结晶，此时可另加少许清水，置于火上再煮至沸滚，离火后再搅。

（4）将已松弛完成的结晶糖放在工作台上用手揉搓，至光滑细腻为止，放在塑胶袋中或有盖的罐子内，使继续成熟，24小时后使用。

（5）使用时用风糖重量7%～10%的稀糖浆调和，隔水煮溶，温度不可超过40℃，否则所做的风糖将失去光泽，显得灰暗。

（6）本风糖用途甚广，可做各式蛋糕和西点的表面霜饰。

（十三）巧克力富奇霜饰

1. 原料配方（见表1-5-15）

2. 制作过程

（1）将配方①的原料煮至115℃，随即离火，加入黄油拌匀。

（2）待糖浆冷却至65℃时开始搅拌，其过程同白色风糖。

（3）本配方用途甚广，可做蛋糕、唐纳滋以及一切糕点的表面装饰。

表1-5-15　巧克力富奇霜饰原料配方

	原料名称	百分比（%）	数量（克）
①	细砂糖	100	1000
	水	33	330
	可可粉	12	120
	香草水	1	10
	葡萄糖浆（或柠檬汁5%或塔塔粉0.5%）	12	120
②	黄油	12	120

（十四）亮光糖浆

1. 原料配方（见表1-5-16）

2. 制作过程

（1）将原料一起放在锅中用小火煮沸5分钟。

（2）甜面包出炉时趁热刷在其表面。

表1-5-16　亮光糖浆原料配方

原料名称	百分比（%）	数量（克）
葡萄糖浆	100	1000
水	50	500

（十五）油酥霜饰

1. 原料配方（见表1-5-17）

2. 制作过程

（1）可选用任何种类的香料，配方①中所用的原料置于搅拌缸内用中速打至松发。

（2）面粉过筛加入打发的糖油中，用手轻轻拌成颗粒状，进入冰箱内冻硬后使用。

（3）作为酥粒，常撒于派的表面，然后进炉烘烤。

表1-5-17　油酥霜饰原料配方

	原料名称	百分比（%）		数量（克）	
①	细砂糖	60		300	
	黄油（玛琪琳或白油）	50		250	
	盐	0.5		2.5	
	香料	适量			
②	高筋面粉	50	100	250	500
	低筋面粉	50	100	250	500

（十六）粗糖花生表面霜饰

1. 原料配方（见表1-5-18）

2. 制作过程

将所有原料拌匀，在甜面包进炉前撒在其表面用。

表1-5-18　粗糖花生表面霜饰原料配方

原料名称	百分比（%）	数量（克）
粗砂糖	100	1000
碎花生米	100	1000
色拉油	8	80

（十七）杏仁酱表面霜饰

1. 原料配方（见表 1 - 5 - 19）

2. 制作过程

（1）将配方①的原料搅拌均匀。

（2）蛋白慢慢地加入（1）所制的混合物中继续拌至均匀。

（3）糖粉过筛加入（2）中搅匀。

（4）视浓度加水。

表 1 - 5 - 19　杏仁酱表面霜饰原料配方

	原料名称	百分比（%）	数量（克）
①	杏仁酱	100	600
	黄油	3	18
	柠檬汁	10	60
②	蛋白	18	108
③	糖粉	50	300
④	水	6	36

（十八）果酱亮光霜饰

1. 原料配方（见表 1 - 5 - 20）

2. 制作过程

（1）将配方①的原料煮沸，离火。

（2）将明胶溶于热水中，倒入（1）所制的混合物中拌匀即可。

（3）趁热使用，刷在刚烤好的甜面包表面。

表 1 - 5 - 20　果酱亮光霜饰原料配方

	原料名称	百分比（%）	数量（克）
①	细砂糖	100	1000
	水	42	420
	果酱	25	250
②	热水（60℃）	8	80
	明胶	3	30

（十九）花生（杏仁）脆糖粒霜饰

1. 原料配方（见表 1 - 5 - 21）

2. 制作过程

（1）将细砂糖、水、葡萄糖浆一起放入锅内，用慢火煮至135℃。

（2）加入碎花生米（杏仁），继续煮至148℃。

表 1 - 5 - 21　花生（杏仁）脆糖粒霜饰原料配方

原料名称	百分比（%）	数量（克）
细砂糖	100	500
水	50	250
葡萄糖浆	25	125
碎花生米（杏仁）	37	185

（3）将煮好的花生糖浆倒在清洁擦油的平烤盘上（不能太厚），待冷却后敲成碎粒，可撒在烤好后的甜面包表面。

活动二　馅料调制

在西点制作中，馅料（Filling）的调制是至关重要的，它是决定该产品口味的关键。从口味角度上讲，馅料可分为甜、咸两大类，而以甜馅为主体。从使用原料的角度来看，多种水果、坚果仁、奶制品以及淀粉、鸡蛋、香料等原料的使用较多。本活动着重于常用馅料的制作，包括派馅、丹麦包馅以及其他类西点的夹心、馅料等。

一、常见派或挞馅 Pie & Tart Filling

派馅根据派的种类可分为水果基料馅（Fruit Base Filling）、蛋奶布丁基料馅（Custard Base Filling）、奶油布丁基料馅（Pastry Cream Base Filling）和戚风馅（Chiffon Filling）等（详见模块三任务二"派与挞制作"）。

（一）苹果馅 Apple Filling

1. 原料配方（可做 8 英寸派 3 只）
（见表 1 – 5 – 22）

表 1 – 5 – 22　苹果馅原料配方

	原料名称	百分比（%）	数量（克）
①	新鲜苹果	33	330
	水	40	400
	柠檬汁	4	40
	细砂糖	15	150
②	水	10	100
	玉米淀粉	5	50
③	新鲜苹果	67	670
	玉桂粉	0.5	5
	豆蔻粉	0.3	3
④	细砂糖	10	100
⑤	黄油	5	50
苹果总量为100%			

2. 制作过程

（1）苹果去皮，去核（配方中所示的数量为净果肉量）。

（2）将配方①中的苹果先切碎，与其他原料一起放在炉上用文火煮 8～10 分钟。

（3）将配方②的原料先拌匀，然后缓慢地倒入煮沸的苹果酱中，并用打蛋器不断地搅动，继续煮至光亮透时，把配方④的砂糖倒入，煮到溶化后离火。

（4）将配方③中的苹果切成小瓣，与玉桂粉和豆蔻粉拌匀倒入煮好的苹果酱中拌匀，冷却至 25℃ 时即可使用。

（5）黄油切片铺在馅上面，然后再加上一层派皮，刷上一层蛋水进炉用 210℃ 烤约 30 分钟即可。

（二）樱桃馅 Cherry Filling

1. 原料配方（可做 8 英寸派 5 只）
（见表 1 – 5 – 23）

表 1 – 5 – 23　樱桃馅原料配方

	原料名称	百分比（%）	数量（克）
①	罐装樱桃	100	2000
②	果汁或水	45	900
	玉米淀粉	4	80
③	盐	0.5	10
	细砂糖	15	300
	玉米糖浆	7	140
	柠檬汁	2	40
	红色食用色素	—	适量
④	黄油	6	120

2. 制作过程

（1）樱桃沥干备用。

（2）果汁如不够用水补充，取一部分淀粉溶解，把果汁煮沸后，将溶解的淀粉倒入继续煮至稠糊状。

（3）将配方③的原料加入（2）所制的混合物中，继续煮沸，并不断地搅动，以防焦煳，煮沸 1～2 分钟离火。

（4）把黄油和樱桃倒入（3）所制的混合物中拌匀，冷却至 25℃ 时即可使用。

（三）奶油布丁馅 Pastry Cream Filling

1. 原料配方（可做 8 英寸派 3 只）（见表 1-5-24）

2. 制作过程

（1）把配方①的原料煮沸待用。

（2）将配方②的原料一起拌匀，过筛待用。

（3）将（1）所制的混合物缓缓地冲入（2）所制的混合物中，边冲边搅拌，然后上火加热，煮沸后离火。

（4）最后加入配方③的原料拌匀即可。

（5）趁热倒入已烤熟的派皮上，待冷却至 30℃ 自动凝固后在表面抹蛋白霜饰，进炉用 220℃（仅上火）烤 7～10 分钟，待表面产生焦黄色立即出炉。冷却后应放入 5℃ 的冰箱内冷藏。

表 1-5-24 奶油布丁馅原料配方

	原料名称	百分比（%）	数量（克）
①	水	85	850
	细砂糖	25	250
	盐	0.5	5
②	蛋或蛋黄	14	140
	水	15	150
	奶粉	10	100
	玉米淀粉	10	100
③	香草水	0.5	5
	黄油	4	40
水总量为 100%			

（四）巧克力布丁馅 Chocolate & Pastry Cream Filling

1. 原料配方（可做 8 英寸派 3 只）（见表 1-5-25）

2. 制作过程

操作方法同"奶油布丁馅"。

表 1-5-25 巧克力布丁馅原料配方

	原料名称	百分比（%）	数量（克）
①	水	85	850
	糖	30	300
	盐	0.5	5
②	全蛋	14	140
	奶粉	10	100
	水	15	150
	玉米淀粉	8	80
	可可粉	4	40
③	黄油	4	40
	香草水	0.5	5
水总量为 100%			

表 1-5-26 牛奶戚风馅原料配方

	原料名称	百分比（%）	数量（克）
①	细砂糖	70	280
	蛋黄	42	168
	盐	1	4
	牛奶	75	300
	冷开水	65	260
②	热水	10	40
	明胶	4	16
③	蛋白	54	216
	细砂糖	30	120
	香草水	0.5	2
④	鲜奶油	50	200
糖总量为 100%			

（五）牛奶戚风馅 Milk Chiffon Filling

1. 原料配方（可做 8 英寸派 4 只）（见表 1 - 5 - 26）

2. 制作过程

（1）将配方①的原料放在炉上隔水煮至糖全部熔化。同时把明胶用热水溶化，慢慢地加入糖水中，边加入边不停地搅动，然后继续煮沸后离火。进行急速冷却，在冷却过程中要经常搅动，以使布丁糊温度均匀。待其开始凝稠可以黏附在打蛋器上时，进行后续操作。

（2）立即将配方③的原料打发，同时把鲜奶油打发，一起加入（1），用打蛋器轻轻地拌匀即成戚风馅。

（3）将馅倒入烤熟的派皮上，表面抹平，再用打发鲜奶油装饰（或不用装饰），放入 5℃的冰箱内冷藏 1 小时后食用。

（六）巧克力戚风派馅 Chocolate Chiffon Filling

1. 原料配方（可做 8 英寸派 4 只）（见表 1 - 5 - 27）

2. 制作过程

调制方法同"牛奶戚风馅"。

表 1 - 5 - 27　巧克力戚风派馅原料配方

	原料名称	百分比（%）	数量（克）
①	细砂糖	70	280
	蛋黄	34	136
	盐	1	4
	牛奶	60	240
	水	70	280
	可可粉	5	20
②	水	10	40
	明胶	4	16
③	香草水	0.5	2
④	蛋白	44	176
	细砂糖	30	120
⑤	新鲜奶油	40	160
糖总量为 100%			

表 1 - 5 - 28　南瓜馅原料配方

	原料名称	百分比（%）	数量（克）
①	蛋	23	177
	细砂糖	15	116
	红糖	15	116
	盐	0.5	4
	玉桂粉	0.5	4
	豆蔻粉	0.1	0.8
	姜母粉	0.1	0.8
	丁香粉	0.1	0.8
	熔化黄油	6	46
②	熟南瓜	100	770
③	奶粉	10	77
	水	90	693

（七）南瓜馅 Pumpkin Filling

1. 原料配方（见表 1 - 5 - 28）

2. 制作过程

（1）将熟南瓜压成泥状待用。

（2）将配方①的原料用中速搅拌均匀，把南瓜泥加入拌匀。

（3）奶粉溶于水后缓缓地加入（2）所制的混合物里用慢速拌匀。

（4）拌好的南瓜糊须静置于冰箱内 1 小时以上，待南瓜吸水均匀即可使用。

（5）派皮表面刷熔化黄油，撒上一层蛋糕屑，再把南瓜馅倒入。放入烤炉中，先用210℃高温烤 10 分钟，后改用 177℃中火烤约 20 分钟，用手指轻按派馅中央，如已凝固即可出炉。

（6）冷却后表面用打发鲜奶油做装饰。

（八）猪肉馅 Pork Filling

1. 原料配方（可做 5 英寸派 10 只）（见表 1－5－29）

2. 制作过程

（1）先把玉米淀粉溶于水中，再把面包浸入，使其呈糊状。

（2）将色拉油烧热，先把洋葱炒香，再把碎猪肉倒入爆炒至熟香。

（3）将（1）所制的混合物和配方④中原料加入（2）中，继续炒透离火，冷却后使用即可。

表 1－5－29　猪肉馅原料配方

	原料名称	百分比（%）	数量（克）
①	色拉油	10	55
②	碎猪肉	100	550
	碎洋葱	25	138
③	面包	20	110
	水	40	220
	玉米淀粉	5	27
④	盐	2	11
	胡椒粉	1	6
	糖	3	17

（九）蛋挞馅 Egg Tartlet Filling（A）

1. 原料配方（可做 30～34 只）（见表 1－5－30）

2. 制作过程

（1）将配方①的原料置火上加热至糖全部熔化后离火，冷却至 65℃。

（2）将配方②的原料打散（不可有大气泡），与香草水一起倒入（1）中拌匀，再用筛子过滤后，即可放入生酥皮模型中，放入 200℃的炉中，烤约 25 分钟，至上色成熟后即可出炉。

表 1－5－30　蛋挞馅原料配方

	原料名称	百分比（%）	数量（克）
①	细砂糖	80	264
	水	100	330
	奶粉	12	40
	盐	1	3
②	蛋	70	231
	蛋黄	30	99
③	香草水	0.5	2

表 1－5－31　蛋挞馅原料配方

	原料名称	百分比（%）	数量（克）
①	鲜奶油	100	475
	牛奶	78	370
	吉士粉（Custard Powder）	6	30
	糖	13	60
	蛋黄	38	180（9 只）
②	炼乳	7	35

（十）蛋挞馅 Egg Tartlet Filling（B）

1. 原料配方（可做 36 ~ 40 只）（见表 1 – 5 – 31）

2. 制作过程

（1）将配方①的原料混合均匀，置火上加热，要不断搅动，以免煳底，至温热即离火。

（2）将炼乳加入（1），搅匀，过筛后即可使用。

二、常见面包馅 Bread Filling

面包的馅心品种很多，为了提高面包的品质，丰富其风味，增加其花色，往往要在面包中包裹相应的馅料。

（一）丹麦式甜面包基本奶油馅

1. 原料配方（见表 1 – 5 – 32）

表 1 – 5 – 32　丹麦式甜面包基本奶油馅原料配方

原料名称	百分比（%）	数量（克）	原料名称	百分比（%）	数量（克）
红糖（糖粉）	100	1000	盐	0.6	60
黄油	50	500	蛋白	20	200
奶粉	20	200			

2. 制作过程

（1）在搅拌机中速将所有原料搅拌至松发，即可使用。

（2）馅料的浓度可另加一定量的蛋糕屑或甜面包屑来调节。

（二）各种果料奶油馅

1. 原料配方（见表 1 – 5 – 33）

表 1 – 5 – 33　各种果料奶油馅原料配方

原料　馅料数量名称　原料名称	乳酪干酪馅	樱桃杏仁馅	巧克力椰子馅	玉桂干果馅	枣泥干果馅	菠萝干果馅	蜂蜜枣子馅	橘子干果馅	花生馅	葡萄干果馅	什锦水果馅
基本奶油馅	100%	100%	100%	100%	100%	100%	100%	100%	100%	100%	100%
杏仁酱							20%				
烘焙用乳酪	40%										
碎樱桃		30%				20%					
玉桂粉				5%							
可可粉			10%								

续表

原料名称 \ 馅料名称	乳酪干酪馅	樱桃杏仁馅	巧克力椰子馅	玉桂干果馅	枣泥干果馅	菠萝枣子馅	蜂蜜枣子馅	橘子干果馅	花生馅	葡萄干果馅	什锦水果馅
椰子粉			20%			5%		10%			10%
蛋糕屑		40%		10%			30%			20%	
碎蜜饯							金枣蜜饯50%	搅碎橘子10%			30%
果酱					枣泥20%						
蜂蜜							20%				
碎干果	10%	杏仁30%	10%	10%		15%	杏仁10%	12%		10%	10%
花生酱									20%		
蜜饯菠萝						20%					2.5%
搅碎葡萄干										颗粒30%	15%
水		10%	5%	5%	5%			5%			

2. 制作过程

以上各种馅料的原料只要与丹麦甜面包基本奶油馅拌匀即可。

注：①馅料的浓度可用蛋糕屑、蛋或牛奶调节。

②基本奶油馅拌好后可储存在大塑料罐内或干净的桶内，用盖子盖好，存放在冰箱里，使用时挖取所需用量，待恢复至室温时，与需要调配的原料拌和均匀即可。

（三）强味玉桂糖馅

1. 原料配方（见表1-5-34）

表1-5-34　强味玉桂糖馅原料配方

原料名称	百分比（%）	数量（克）	原料名称	百分比（%）	数量（克）
细砂糖	34	340	玉桂粉	2	20
红糖	66	660	豆蔻粉	1	10

糖总量为100%

2. 制作过程

将所有原料一起拌匀即可。

（四）乳酪柠檬馅 Cheese & Lemon Filling

1. 原料配方（见表 1 – 5 – 35）

2. 制作过程

（1）将配方①的原料放入搅拌机中速搅拌均匀。

（2）鸡蛋慢慢地加入（1），继续搅拌均匀即可。

（3）此配方可变化做蜜饯和水果乳酪馅。

（五）杏仁酱馅 Almond Filling

1. 原料配方（见表 1 – 5 – 36）

2. 制作过程

（1）将配方①的原料用中速搅拌均匀。

（2）把蛋分三次加入（1）所制的混合物里，搅拌均匀。

（3）将配方③的原料加入（2）所制的混合物里搅拌均匀即可。

表 1 – 5 – 35　乳酪柠檬馅原料配方

	原料名称	百分比（%）	数量（克）
①	奶油芝士（粒状）	100	1000
	细砂糖	30	300
	奶粉	12.5	125
	柠檬汁	4	40
	低筋面粉	6	60
	黄油	12.5	125
	盐	0.6	6
	香草水	—	适量
②	蛋	7.5	75

表 1 – 5 – 36　杏仁酱馅原料配方

	原料名称	百分比（%）	数量（克）
①	杏仁酱	50	500
	细砂糖	50	500
②	蛋	12.5	125
③	蛋糕屑	100	1000
	奶粉	3	30
	水	37	370
	盐	0.5	5

（六）核桃馅 Walnut Filling

1. 原料配方（见表 1 – 5 – 37）

表 1 – 5 – 37　核桃馅原料配方

原料名称	百分比（%）	数量（克）	原料名称	百分比（%）	数量（克）
烤核桃仁（碎）	33	165	蛋糕屑	100	500
细砂糖	66	330	脱脂奶粉	4	20
玉桂粉	1	5	水	29	145
蛋	12.5	63			

2. 制作过程

将所有原料搅拌均匀即可。

（七）乳酪馅 Cheese Filling

1. 原料配方（见表 1 - 5 - 38）

2. 制作过程

（1）先将配方①的原料搅拌均匀。

（2）将配方②的原料加入（1），拌匀即可。

（八）巧克力馅 Chocolate Filling

1. 原料配方（见表 1 - 5 - 39）

2. 制作过程

（1）糖粉与可可粉一起过筛，加盐，拌匀。

（2）将配方②的原料加入（1），拌匀。

（3）最后将配方③的原料加入（2）所制的混合物里拌匀即可。

表 1 - 5 - 38　乳酪馅原料配方

	原料名称	百分比（%）	数量（克）
①	黄油	100	500
	细砂糖	100	500
	低筋面粉	100	500
	蛋	100	500
	奶油芝士（粒状）	100	500
	盐	1	5
②	葡萄干或菠萝	200	1000

表 1 - 5 - 39　巧克力馅原料配方

	原料名称	百分比（%）	数量（克）
①	糖粉	100	1000
	盐	0.3	3
	可可粉	35	350
②	色拉油	15	150
	热水（65℃）	40	400
③	香草水	—	适量
	熔化黄油	20	200

活动三　少司调制

一、少司的含义及其作用

少司，又称沙司，英文"sauce"的音译名，是指用于增加菜点滋味的稠滑的液体，即调味汁，它还可对菜点起到保湿、保温和美化的作用。

二、常用少司制作

（一）香草卡仕达少司 Vanilla Custard Sauce（A）

1. 原料配方（见表1-5-40）

表1-5-40 香草卡仕达少司（A）原料配方

原料名称	百分比（%）	数量（克）	原料名称	百分比（%）	数量（克）
蛋黄	25	250	牛奶	100	500
砂糖	25	250	香草精	1	10

2. 制作过程

（1）先将蛋黄和砂糖一起打发至稠厚状。

（2）牛奶加热至滚沸，缓缓地加入（1），边加边搅拌，待牛奶加完，再移至火上，加热至85℃左右即可离火。

（3）离火后，垫冷水冷却，边搅拌边加入香草水，至凉透为止。

注：此少司是最基本的少司，加入其他配料就可制得不同衍生少司。如在上述少司中加入18%（180克）的熔化的甜巧克力，就成了巧克力少司（Chocolate Custard Sauce）；如加入8克咖啡油，就变成了咖啡少司（Coffee Custard Sauce）。此少司用途广泛，大都用于炸水果、布丁及蛋糕等。

（二）香草卡仕达少司 Vanilla Custard Sauce（B）

1. 原料配方（见表1-5-41）

表1-5-41 香草卡仕达少司（B）原料配方

原料名称	百分比（%）	数量（克）	原料名称	百分比（%）	数量（克）
牛奶	100	500	玉米淀粉	10	50
蛋黄	20	100（5只）	香草精	—	适量
细砂糖	40	200			

2. 制作过程

（1）先将蛋黄与糖一起搅拌至膨松，再加入淀粉拌匀。

（2）将牛奶煮沸，冲进（1），边加边搅拌。

（3）将（2）用小火稍煮沸（边煮边搅动，以免煳底），离火，加入香草精拌匀即成。

注：①此少司通常用于布丁等，也可以代替香草卡仕达少司（A），冷热均可使用。②此少司的稠厚度可用淀粉量来调节。厚少司（也称主厨酱）通常用作小挞仔以及各种派、泡芙的馅心和各类蛋糕的夹心等。

（三）阿罗罗特少司 Arrowroot Sauce

1. 原料配方（见表 1 - 5 - 42）

表 1 - 5 - 42　阿罗罗特少司原料配方

原料名称	百分比（％）	数量（克）	原料名称	百分比（％）	数量（克）
水	100	500	葛根粉	10	50
白砂糖	40	200	香草精	—	适量

2. 制作过程

（1）将糖与水煮沸至糖溶化。

（2）将葛根粉用少许凉水调开，徐徐倒入煮沸的糖水中，边加入边搅拌，以防止结块，再加入香草精略煮沸即可。

注：①此少司适用于布丁、蛋糕、水果塔条等。②将上述阿罗罗特少司加入适量天然玫瑰色素，即成为粉红色少司（Pink Sauce），适用于各种热布丁、蛋糕等。③将粉红色少司加入少许柠檬汁、切成小丁的什锦烩水果，便成水果少司（Fruit Sauce），适用于布丁、水果派等。④上述阿罗罗特少司中加入适量的白兰地酒，便成白兰地少司，适用于冬至布丁；加入适量的香槟酒，即成香槟少司，可用于冬至布丁、枣泥布丁等。

（四）哈德少司 Hard Sauce

1. 原料配方（见表 1 - 5 - 43）

表 1 - 5 - 43　哈德少司原料配方

原料名称	数量（克）	原料名称	数量（克）
鲜奶油	500	白兰地或朗姆酒	60
果糖	1000		

2. 制作过程

（1）先将奶油和糖一起充分地打发泡，随后加入白兰地或朗姆酒一起拌匀即可。

（2）此少司适用于各类布丁，如圣诞布丁等。

（五）沙巴翁少司 Sabayon Sauce

1. 原料配方（见表 1 - 5 - 44）

表 1 - 5 - 44　沙巴翁少司原料配方

原料名称	数量（克）	原料名称	数量（克）
鸡蛋黄	115（6 只）	干白葡萄酒	225
细砂糖	225		

2. 制作过程

（1）先将蛋黄放于不锈钢盆中，打至松泡。

（2）将酒和糖加入（1），隔热水进行加热，边加热边搅打，直至稠厚时立即使用。

（3）此少司适用于油炸水果、热布丁以及舒芙蕾等，也可直接作为一道点心，并配上手指饼干。

注：如果制作冷的沙巴翁少司，需要在上述的配方中加入少许鱼胶（2克），用酒先溶化后加入；待热的沙巴翁少司做好后，放在冰块上降温，然后用打蛋机不断地搅打至凉透为止。

（六）草莓少司 Strawberry Sauce

1. 原料配方（见表1-5-45）

表1-5-45　草莓少司原料配方

原料名称	数量（克）	原料名称	数量（克）
鲜草莓或草莓果蓉	600	樱桃酒	250
糖	100	柠檬汁	15
水	300		

2. 制作过程

（1）把糖、草莓和水混合在一起，放进少司锅内，加热至滚沸。若用新鲜草莓需要多煮一会儿，煮好后粉碎、过滤。

（2）重新加热，最后加入樱桃酒和柠檬汁略煮沸即可。

注：①依照此法可做出各种水果少司，只需要将草莓换成其他水果即可。②此少司适用于各种慕斯、冰淇淋等冷冻点心。

（七）焦糖少司 Caramel Sauce

1. 原料配方（见表1-5-46）

表1-5-46　焦糖少司原料配方

原料名称	数量（克）	原料名称	数量（克）
白砂糖	500	鲜奶油（浓）	375
水	125	牛奶	250
柠檬汁	15		

2. 制作过程

（1）先把糖、水和柠檬汁放在一厚少司锅中，煮至165℃左右，呈金黄色（注意在接近165℃时改为小火，以防烧焦）。离火，凉5分钟左右。

（2）将奶油煮沸，缓缓地加入（1）中，边加边搅拌，直至加完。继续加热，并不断地搅拌，使其充分地融合，离火冷却。

（3）待其完全冷却后，加入牛奶拌匀即可。

注：①如去掉上述配方中的牛奶，就成了热的焦糖少司（Hot Caramel Sauce）；②在上述配方中，如用水（350克）代替奶油和牛奶就成了纯焦糖少司；③此少司适用于慕斯、舒芙蕾以及水果等。

？ 思考与训练

一、课后练习

（一）填空题

1. 大中型饭店里一般都设有独立的厨房专门负责生产制作西点，这样的厨房常被称为_____，它一般又分为_____和_____两个相对独立的部门，各负其责。

2. 按成品质地，西点可分为_____、_____和_____。

3. 厨师是以_____为职业，是制作美食的专业技术服务人员。在西方，厨师更是享有_____的美誉。

4. 食品保留在危险温度区域不能超过_____小时。

5. 严格执行_____并为顾客提供洁净的就餐环境和安全营养的食品是每个餐饮企业的重要职责。

6. 烹调工作中，若有操作不当，可能造成对员工的伤害，厨房里最常见的伤害有_____、_____、_____、扭伤和拉伤。

7. 电烤炉的工作原理，主要是通过电能的_____、炉膛_____以及_____三种热传递方式将食品烘烤成熟上色。

8. 糖类原料具有_____、_____、_____等特性。

9. 蛋在西点制作中的功用包括_____、_____、_____、_____、_____和风味改善作用。

10. 食盐在西点制作中的作用是_____、_____、_____。

（二）选择题

1. 食品危险温度区域是_____。
   A. –10 ~ 0℃   B. 0 ~ 5℃   C. 5 ~ 63℃   D. 70 ~ 100℃

2. 食品重新加热的内部安全温度应达到_____。
   A. 37℃   B. 45℃   C. 50℃   D. 74℃

3. 黄油是通过机械力搅动将乳脂和奶油分离而成的油，乳制品工业称_____。
   A. 奶油   B. 牛油   C. 白脱油   D. 酥油

4. 由于蛋黄中含有较丰富的_____，它具有亲油和亲水的双重作用，是一种非常有效的乳化剂。

    A. 水   B. 蛋白质   C. 脂肪   D. 卵磷脂

5. 动物奶油比较娇气，通常保存温度在_____。

    A. $-18 \sim -10℃$ B. $-10 \sim -1℃$ C. $0 \sim 5℃$ D. $10 \sim 15℃$

（三）问答题

1. 什么是西点？有何特点？
2. 列举包饼房必备常用设备。
3. 常用面粉的种类有哪些？各有何特性？
4. 糖在西点制作中的主要功用有哪些？
5. 油脂在西点制作中的功用哪些？
6. 西点常用乳制品有哪些？各有何用途？
7. 乳品在西点制作中的功用是什么？
8. 列举西点制作中常用酒类及其用途。
9. 泡打粉与酵母有何不同？
10. 常见酵母种类有哪些？各有何特性？

二、拓展训练

（一）基本操作成形技法的训练和提高。

（二）基本霜饰、馅料及少司的制作，并根据基本原理，调制新品。

模块二 当班包房

学习目标

知识目标

了解包房的基本工作任务，了解面包的基本种类及其特点，熟悉面包常用原材料的特性及其功用，懂得面包生产的基本原理，熟悉面包制作的工艺流程及操作关键，熟悉常用面包品种的质量标准。

技能目标

会根据具体品种合理选择和使用原料；能根据面包制作工艺，熟练地进行搅拌、发酵、整形、醒发和烘烤，生产出符合质量标准的面包产品；能对面包进行基本的装饰、冷却、包装处理；胜任包房岗位工作。

模块描述

学习目的意义

包房是包饼房两大基本岗位部门之一，每日承担各种面包的生产制作。掌握面包生产基本原理和工艺，熟练制作常用面包品种，是烘焙师必须具备的职业技能。为了能使学生更好地掌握面包生产工艺，本模块从面包种类、原料识别、基本流程等方面入手，通过学习训练，使学生掌握面包制作的基本原理和技能，培养学生运用不同原料和工艺熟练制作常用的面包产品。

模块内容概述

本模块围绕包房的工作任务展开，通过分析包房岗位工作活动，提取该岗位的典型工作任务，以此作为本模块的教学内容，并将工作过程嫁接到具体教学过程中来。本模块主要学习面包的制作工艺，按面包基础、面包制作进行讲解、示范和实训。围绕两个工作任务的操作练习，制作基本面包品种（包括软质、硬质、脆皮和松质面包），从而熟练掌握面包的生产技能。

任务分解

任务一　面包基础

任务二　面包制作

案 例

面包的质量问题

　　某职业院校烹饪系于 10 月 18 日举办第二届校园美食文化节。根据安排，中西点专业学生负责生产并销售 3 款面包：北海道吐司、法棍、黄油面包卷。同学们的积极性很高，当天一大早，在班长的带领下，大家分工协作，忙得不亦乐乎，在经过称料、搅拌、基本发酵、整形，最后醒发、烘焙及冷却包装等一系列程序后，上午 11 点，顺利完成了 3 款品种面包的生产，并立即送入美食广场销售区，慕名前来购买面包的学生排起了长龙，不出半小时，500 多份面包销售一空，看到自己的作品如此受欢迎，同学们脸上洋溢出灿烂的笑容，内心充满着成就感。

　　活动结束后，销售组带来了品尝过 3 款面包的老师和学生们普遍的反馈意见：北海道吐司质地细腻柔软、口感佳，但部分面包外表有大气泡，外皮不够美观；法棍有着浓郁的麦香味与良好的质地，但外皮不够松脆，且有些外形不佳；黄油面包卷组织柔软膨松，奶香味足，但色泽偏淡，且有黏牙的感觉。

　　下午，大家集中在包饼实训厨房，及时进行了总结。指导老师一方面对大家的活动组织、工作热情与态度给予了肯定和鼓励；另一方面对当天面包的品质、制作过程进行了详细的分析，同时总结了本次活动的得失，同学们都觉得受益匪浅。

案 例 分 析

1. 请分别说明北海道吐司、法棍、黄油面包卷产生品质问题的主要原因。
2. 请详细分析面包生产过程中的细节问题。

任务一　面包基础

任务目标

熟悉面包种类及其特性
了解常用原料品种、特性及其功用
能进行烘焙百分比的相关计算
掌握面包生产方法和基本流程

　　面包是以面粉、盐、水、酵母为基本原料，与其他辅助原料一起均匀混合搅拌成面团后，经过基本发酵、整形，最后醒发，并运用烘焙技术将成形、再发酵的生面团烘烤而成的主食。

活动一　认识面包

一、面包的历史

（一）面包的起源

据史料记载，面包的老家在西亚的美索不达米亚（Mesopotamia）平原的古巴比伦王国，距今已有 6500 年左右的历史。两河流域（幼发拉底河和底格里斯河）冲击的肥沃平原，为人们栽培小麦提供了条件。人们将晒干的小麦、大麦磨成粉，加水搅拌成面糊，直接烤制成薄饼。最初的面包是不经发酵的。至今，中东地区的拉哇什饼（lavash）、夏蜜饼（schime），南亚至中东的人们常吃的恰巴迪饼（chapati），都还保留着面包诞生时的原貌。

（二）发酵面包的出现与传播

世界上第一个发酵的面包诞生于古埃及。大约在公元前 3000 年左右，古埃及的奴隶们偶然间将搅拌好的面团暴露在温暖、潮湿的空气中，一段时间过后，由于野生酵母进入面团中，致使面团膨大涨发，烤制后，其口感居然十分柔软，且有特殊的香味，至此发酵面包诞生了。公元前 12 世纪埃及法老拉密西斯二世陵墓里的壁画上，描述的就是当时收割小麦的情景以及面包的制作方法，这就是最好的佐证。

大约公元前五六百年，发酵面包传入古希腊。人们开始使用木炭加热的封闭烤炉（马格伊罗烤炉 mageiros），并用大型的公共烤炉烘焙面包。为了迎合个人口味与喜好，古希腊人越来越多地使用橄榄、葡萄干等辅料来制作具有特色的面包。同时，开始出现了专业的面包师，也开始自己尝试培养酵母菌。在这一时期，随着面包的流行，制作面包的工具和环境得到了很大的改善与提升，石臼的发明、马尾筛子的诞生、用牛拉犁的耕种方式使小麦的产量大增，这些为面包的高质量、大规模生产带来了可能。与此同时，面包传入欧洲大陆。

（三）面包规模化生产的开始

大约公元前 300 年，古罗马帝国在不断扩张中尝到了美味的面包，便请来了古希腊的面包师，同时开始注意培养本国的面包师，在他们的势力逐渐向外扩展的过程中，面包文化也得到了发展，以制作面包为生的人逐渐多了起来，面包专卖店以及行业联合会也在此时应运而生，仅古罗马城内，已有多达 254 家面包房。当时，在古罗马城的中央广场上有一个官办的烤炉房，另外，古罗马还成立了专门的面包学校和官办的面包工厂。

再后来，随着日耳曼民族的大迁徙，面包制作技术在欧洲各地广泛传播，同时与当地特色的餐饮文化相互融合，形成了独特的面包文化，其代表性国家即是当今的意大利和法国。

二、面包的种类

由于面包的品种繁多，外形、口味、质地各异，为了能对面包有更好、完整而清晰的认识，这里将从质地、用途、含油量等方面来对面包进行分类。

（一）按面包自身的质地来分

（1）软质面包。软质面包的特点是组织松软且体轻、膨大，质地细腻而富有弹性。市面出售的白吐司面包、美式甜包以及各种包馅造型花样繁多的甜面包、小餐包等均属软质面包。这也是中国人最能接受的一类面包。

（2）硬质面包。此类面包，从质地上看，从外到里都较硬实，吃时有嚼劲，且有越嚼越香的特点。这类面包主要在那些高温、潮湿的热带地区流行，具有代表性的品种是菲律宾面包。

（3）脆皮面包。薄脆的表皮是这类面包最主要的特点。脆皮面包种类较多，最常见的有法式棍子包（Baguette）、意大利面包（Italian Bread）等。

（4）松质面包。松质面包因质地酥松爽口、味道香醇，且富有层次感的外观而闻名。它始创于丹麦籍的一位面包大师，故又称丹麦包。牛角包、丹麦包是这类面包的典型代表。

（二）按用途来分

（1）主食面包。顾名思义，即是当作主食吃的面包。此类面包配方简单，大都仅使用面包生产的四大基本原料，即面粉、水、酵母和盐。但其制作工艺程度高，常见的主食面包，如法国长棍面包、英国白吐司面包、德国的裸麦面包等。

（2）点心面包。此类面包的口感有点像点心，常常加入了大量的辅助原料如鸡蛋、糖、油脂、奶制品以及干果等来丰富口感。我们常见的各式夹馅花式面包、美式甜包、丹麦系列面包等都属此类。

（三）按面包自身的含油量来分

（1）低脂型面包。此类面包自身不含油脂或含油量很低，大多数配方中只有面粉、水、酵母和盐等成分，其口味清纯、麦香味明显，主要做主食用。如法国面包、意大利面包、全麦面包、德国碱水包等。

（2）高脂型面包。此类面包自身含有较高量的油脂，还含有糖、鸡蛋、牛奶等成分，吃时有浓郁的香味和愉快的口感。常见的高油脂面包有不倒翁面包（Brioche）、牛角包、丹麦包以及美式甜包等。

活动二　原料选用

一个完美的面包成品必须应用各种不同性质的材料共同配合才能完成。面包制作所需要的材料很多，每种材料的性质、用途、功能都不尽相同，但面粉、盐、水、酵母这四种原料是基本材料，缺一不可，故我们称之为面包生产的"四大基本材料"。此外，为了能改善面包口感、质地组织及营养价值，通常会添加如鸡蛋、乳及乳制品、油脂、糖、鲜（干）果、蔬菜以及添加剂等辅助原料。

一、小麦面粉

从世界范围来看，小麦品种主要有两大类，即硬性小麦（hard wheat）和软性小麦（soft wheat）。小麦经过清理除杂、润麦、研磨、筛分等工序制得各种等级的面粉。

（一）面粉的成分

（1）蛋白质。面粉中的蛋白质含量依照小麦品种的不同而不同，从6%至20%不等。面粉中的蛋白质主要是由麦胶蛋白、麦谷蛋白、酸溶蛋白、白蛋白、球蛋白等组成，其中麦胶蛋白、麦谷蛋白不溶于水，是形成面筋的主要成分。目前，只能从小麦粉和黑麦粉中才能洗出面筋，其他谷物如大米、玉米、高粱等洗不出面筋，因此只有小麦粉和黑麦粉才能制作面包。制作面包的面粉，蛋白质的含量应以11%～13%为宜，同时要有足够的麦胶蛋白质和麦谷蛋白质。

（2）碳水化合物。碳水化合物即糖类，在面粉中最高含量达75%左右，其中绝大部分是以淀粉的形式存在的。另外，面粉中有少量可溶性糖（如葡萄糖、果糖和蔗糖等）、纤维素、半纤维素等。淀粉由直链淀粉和支链淀粉两部分组成，其中前者占24%，后者占75%，它们是由很多分子按不同的方式链接而成的，因此特性不同。淀粉在淀粉酶的作用下，可水解为葡萄糖、麦芽糖等成分，供给酵母菌能量，加速面团的发酵；未被酵母菌吸收的一部分分解出糖，在烘烤时，使面包上色。

（3）灰分。灰分是指面粉经高温烘烤剩下的白色粉末状固体。面粉经烘烤后，有机物质挥发，无机物质剩下来，故灰分就是面粉中的无机矿物质含量。面粉中灰分的成分主要是磷（约占50%）、钾（约占35%）、锰（约占10%）、钙（约占4%），此外还有少量的铁、铝、硫、氯以及硅等。面粉中矿物质的含量依照面粉的等级不同而异，等级高的面粉灰分含量少，只有0.3%～0.4%，等级低的面粉则可达1.5%左右，故灰分含量是区别面粉等级的标志之一。

（4）酶。酶是一种特殊的蛋白质，是生物化学反应不可缺少的催化剂。它有一个特殊的性质，即某一种酶只能作用于某一种特定的物质。存在于面粉中的酶主要有以下两种：①淀粉酶。它对于面包制作有很重要的作用，能使面粉内的糊精及极少量的可溶性淀粉水解转化为麦芽糖，麦芽糖继续转化为葡萄糖供给酵母发酵所需的能量。②蛋白质分解酶。一般在面粉中含量极少，但可以通过人工制得。当面粉的筋度太高时，则搅拌时间会过长，为缩短时间，可以加入这种蛋白质分解酶。不过，我国目前不存在这个问题，因为我国面粉的筋度普遍不足。

（5）水分。面粉中的水分规定在12.5%～14.5%，调制面团时加水量的多少应根据面粉中的含水量、蛋白质含量等因素而定。含水量直接影响面粉的吸水量，也影响面包制作的质量。

（6）其他成分。面粉中除上述的成分外，还有脂肪、纤维素等，在一定程度上补充了面包的营养成分，使面包的营养价值更高。

以上介绍了面粉中的化学成分。那么面粉种类又如何划分呢？小麦面粉种类的划分通常是以面粉中蛋白质含量的高低而定的，可分为高筋面粉（此面粉是面包生产的基础面粉）、中筋面粉、低筋面粉。这三种面粉中，高筋面粉要求蛋白质含量在 11.5% 以上，其颜色乳白，本身有滑性，且用手不易抓成团状；中筋面粉介于高筋面粉与低筋面粉之间，其蛋白质含量一般在 8.5%～11.5%，色乳白，可用手抓成半松团状；低筋面粉的蛋白质含量一般在 8.5% 以下，其颜色较白，容易用手抓成团状。

（二）面粉在面包生产中的作用

（1）面粉是烘焙产品的骨架，同时也是制作面包的主体材料。面粉是形成面包的组织结构的主体，这是因为一方面面粉内的蛋白质经加水并搅拌形成面筋，起了支撑面包组织的骨架作用；另一方面面粉中的淀粉吸水膨胀，并在适当温度下糊化、固定成形。这两方面的共同作用形成了面包的组织结构。

（2）提供酵母发酵所需能量。当配方中糖的含量较少或不加糖时（如法式面包），则其发酵所需要的能量由面粉提供。即面粉中的少量破裂淀粉在淀粉酶的作用下先行被逐步降解，最终得到葡萄糖而被酵母吸收，从而提供了能量。

（三）面粉的吸水量

面粉的吸水量直接影响面包制作成品的质量，正确的吸水量是使面团形成最佳操作性能和机械性能以及产生理想的最终烘烤成品所需的液体总量。在面粉的吸水量范围之内，加入水量越多，即面粉吸水量越高，则出品率越高，成本越低，而且面包成品的货架寿命越长。

1. 吸水量的计算

$$面团吸水量 = 面团总水量 - 面团本身含水量$$

2. 影响面团吸水量的主要因素

（1）蛋白质的含量。面粉中蛋白质的含量越高，吸水量则越高，反之亦然。一般 1 份蛋白质要吸收 2 份水。

（2）淀粉的含量。淀粉的糊化要吸收水分并通过加热才能完成，故淀粉的含量与种类影响着面粉的吸水量。

（3）面粉本身的含水量。如果面粉本身含水量少，则它的吸水量相应也多一些；反之亦然。

（4）其他多糖类。糖类物质对吸水量也有影响，糖分高则其吸水量就小；反之，吸水量就大。

（四）面粉的"熟化"

实践表明，如果用新鲜面粉做面包，不仅色泽较黄，而且面团和面包的品质不佳，面团较黏，面包体积小，组织粗糙，膨松度差，原因是刚磨出来的面粉中含有还原性物质，不利于面筋的生成。若经过存放2～3周的时间，其工艺性能和成品品质则会有很大改善。当然，储存时间也不能过长，否则会氧化过头，起相反作用。那么，面粉为什么会有这种变化呢？这是由于面粉本身熟化的结果。面粉在储存期间，空气中的氧气会自动氧化面粉中的一些色素（主要指叶黄素和胡萝卜素等），使面粉色泽变白；与此同时，空气中的氧气也会氧化面粉中的还原性氢团——硫氢键，使其变成双硫键，从而改善了面粉的物理性质。

随着烘焙行业的迅速发展，自然熟化或漂白的过程显得太过缓慢，远远无法满足行业对面粉的需求，于是出现了化学熟化的方法，只需要在短短几天时间内就能达到天然熟化的效果。最广泛使用的化学处理方法是添加改良剂，改良剂能够对面粉起加速成熟的作用。在20世纪的大部分时间里，常用的改良剂是为溴酸钾，但是，由于它对人体健康存在潜在的危害性问题，已被禁用。现在常用的改良剂是维生素C或过氧化物。

（五）面粉的储存和应用

在适宜条件下，面粉通常能保管较长时间。但是在高温、潮湿的情况下，面粉的品质会急剧下降，容易产生发热、结块、霉变、酸度增高等现象，因此需引起特别注意。应尽量选择通风良好的地方，周围的环境要清洁卫生和干燥。不要把面粉放在地上或靠近墙壁处，以防潮气、霉菌侵入。面粉极易受到虫类、鼠类的侵害，所以应该经常清理仓库，定期进行检查。面粉极易吸收汽油等物质异味，故应防止与其他物品堆放在一起，最好要有专用面粉仓库。少量面粉（1袋以内），则储存于专用的密封糖粉车里。面粉在使用时应进行过筛处理，除去杂屑，以保证安全卫生；从工艺加工角度讲，过筛能使面粉松散，有利于调制面团的发酵作用。

除了小麦面粉自身外，还有裸（黑）麦粉（rye flour）、麦麸粉（wheat bran flour）、全麦面粉（whole wheat flour）、玉米粉（corn flour）、木薯粉（tapioca flour）、糙米粉（coarse rice powder）等，也常用于面包制作。

二、盐

食盐是制作面包不可缺少的原料之一。虽然盐在面包生产中所占的比例不大，但不论何种面包，其配方中均有盐这一成分。配方最简单的脆皮面包（如法式面包、维也纳面包等）可以不用糖，但必须用盐。

（一）盐在面包制作中的功能

盐在面包制作中之所以成为必需的基本原料之一，并非仅仅因为其咸味，而是由于下列原因：

（1）增加风味。盐是最常用的调味料，适量的盐可以增进食物的风味。尤其是甜面包中增加适量的盐，风味更佳。

（2）增强面筋筋力。盐可以使面筋质地变密，增强弹性，从而增强面筋的筋力。尤其是生产用水为软水时，适当加大盐的用量可减少面团黏、软性质，使易塌方的面筋质地紧密，弹性和延伸性增加。

（3）调节发酵速度。盐是渗透压很强的物质，对酵母菌的发育有一定的抑制作用，因而可以通过增加或减少配方中盐的用量，调节、控制好发酵速度，使面团发酵良好。

（4）改善品质。适当用盐可以改善面包的色泽和组织结构，使面包内部颜色变白。

（二）盐对面包生产工艺的影响

如果缺少盐，则面团一般会发酵过快，且面筋的筋力不强，在发酵时间内会出现面团发起后又下塌的现象；完全没有加盐的面团，发酵速度较快，但发酵极不稳定，尤其在天气炎热时更难控制正常的发酵时间，容易产生发酵过度的情形，面团因此而变酸，因此，盐可以说是一种稳定发酵作用的材料。另外，若盐分少，烤好的面包体积则较小，面包的品质也大受影响。

而如果盐的用量较多，则会抑制酵母菌的生长，使发酵速度减慢，延长了发酵时间，从而影响到整个面包生产的周期。盐用量过多，甚至可以杀死酵母菌，使面团无法发起。同时，盐的加入对搅拌面团也有一定的影响，会使搅拌时间增加。

（三）盐的选择及用量

盐有精盐、粗盐、工业用盐等几种，一般选用精盐。选择盐要看纯度、溶解速度，其中纯度一般有保证，故主要看其溶解速度，要求选用溶解速度最快的。

盐的用量一般在 0.8% ~2.2% 最为适宜，若超过了 2.5%，就超过了所需的咸味，则面包难以入口。一般而言，主食面包内用盐量高些，约占面粉总量的 1.5% ~2.2%。点心面包用盐量约占面粉总量的 0.5% ~1.2%。面包中含油脂、乳脂、砂糖量比例高的，用盐量适当增加些，反之亦可适当减少。一年四季的变化也会影响盐的用量，一般是春秋季盐的用量要适中，夏季增加，冬季减少，以此保持一致的发酵时间。

（四）盐的使用方法

尽管制作面包的食盐主要是精盐，色泽洁白，颗粒细，无杂质，但使用前应避免颗粒直接同酵母接触混合，造成因渗透压过高使酵母脱水死亡。

三、水

水是面包生产中的重要原料，其用量仅次于面粉而居第二位，因此水的性质和水的卫生情况对面包品质有着重要的影响，正确认识和使用水是保证面包质量的关键之一。

（一）水的来源及分类

1. 水的来源

（1）地面水（地表水）。包括江、河、湖、塘、水库、小溪的水等，这些水的水量大，易被污染。

（2）地下水。包括井水、泉水等，水质较为清洁，但若水流经过地区溶解的矿物质较多，则水质较硬，个别地区可溶入大量的氟、砷等有害元素。故上述两种水源都不可做面包用水，即使使用，事前也必须经过消毒处理。

（3）自来水。已经经过适当的净化、消毒处理，水的品质已相当接近理想用水，故可直接用于面包制作。

2. 水质的类型

（1）根据水中所含矿物质的多少，可分为硬水和软水。

（2）根据水中所含酸碱度的高度，可分为酸性水和碱性水。

（3）根据水中所含盐分的高低，可分为淡水和咸水。

（二）水在面包生产中的功能

水在制作面包中使用量约占面粉重量的 50%～65%。其功能主要有：

（1）能使面粉中的蛋白质充分吸水形成面筋。

（2）能使面粉中的淀粉吸水而糊化，变成可塑性面团，能溶解盐、糖、酵母等干性原料。

（3）能帮助酵母生长繁殖，能够促进酶对蛋白质和淀粉的水解。

（4）用加水量的多少来控制面团的软硬度、柔软性。

（5）用水的温度高低来调节面团的温度。

（6）水能延长面包成品的货架寿命，保持长时间的柔软性。

（三）水对面包制作的影响及处理措施

水的硬度是指每 1000 毫升水中含有氯化钙的数量，硬度为 1 度的水即指在 1000 毫升水中含有 10 毫克氯化钙的量。水中含钙量越多，其硬度越大。我国饮水标准规定水的总硬度不得超过 25 度。一般来讲，8 度以下为软水；8～12 度为微硬水；12～18 度为中硬水；18 度以上为硬水。

水的酸碱度一般用 pH 值来衡量，pH 值范围为 0～14，pH = 7 为中性水，pH >7 为碱性水，pH <7 则为酸性水。

（1）软水。如取用软水，会使面团显得过分柔软，骨架松散，使成品出现塌陷现象，而且面团黏性过大，影响工作中的操作；再者，使用软水要减少加水量，以达到较好的制作工艺，然而，这样就减少了成品的出品率，影响经济效益。补救措施：可适当添加无机矿物质作为酵母养分，有时增加食盐用量，国外一般采用添加改良剂的办法来改善水质硬度。

（2）硬水。如取用硬水，会因矿物质含量过高，即硬度过高，降低蛋白质的溶解性，使面筋硬化，韧性过大，抑制酵母的发酵，延长发酵时间，影响生产周期，且面包成品口感粗糙干硬，易掉渣，品质不佳。补救措施：可采取加热煮沸、沉淀、过滤的办法，同时考虑增加酵母的使用量、提高发酵时的温度、延长发酵时间等相应措施。

（3）酸性水。若水的 pH 值呈酸性，有助于酵母菌的发酵；但若酸性过大，即水中含有游离态的二氧化碳、强酸等物质时，会增加面团的酸度，加快发酵速度，使面团失去正常发酵时间，同时软化面筋而导致面团气体保留性差。补救措施：一是将水进行过滤后再用；二是用适量石灰水中和后过滤使用。

（4）碱性水。其中含有碳酸盐、重碳酸盐、氢氧化合物等成分，能中和面团中的酸度，破坏适宜酵母生长的弱酸性环境，抑制酶的活性，影响面团发酵，造成面包组织粗糙，入口不爽。补救措施：加入少量食用醋或乳酸等有机酸，以中和碱性物质或增加酵母用量。

总之，选择面包用水，应达到透明、无色、无异味、无有害微生物的条件。其硬度在 10 ~ 15 度范围内，pH 值应在 4.5 ~ 5.5，这样才能有利于酵母发酵。

四、酵母

酵母是制作面包必不可少的一种重要的生物膨松剂，没有酵母则很难做出面包来。面团经过酵母发酵后，产生大量气体，使面团体积增大，制成面包后形成蜂窝状海绵体结构，使面包松软可口，富有弹性。由于酵母含有较丰富的蛋白质和大量的 B 族维生素营养成分，所以可大大提高面包的营养价值。此外，酵母在发酵过程中生成的乙醇和有机酸在高温烘烤时形成脂类，使面包具有特殊香味，提高了面包的食用风味。

（一）酵母种类及使用方法

酵母是根据发酵原理，以糖蜜为原料，经过处理后，加入适量的磷、氮等营养盐，用啤酒等为菌种，通过培养、繁殖、分离、压榨、成形等工艺程序制成的。一般地，常见到的酵母有新鲜酵母、干性酵母、速溶酵母等，它们可以互相替代，但用法用量有所差异（见表 2 – 1 – 1）。近年来，天然酵母流行起来，并应用于面包制作中，它会给面包成品带来其他酵母所不及的特殊风味（见表 2 – 1 – 2）。

（1）新鲜酵母 Fresh Yeast。新鲜酵母因含有大量水分，故必须保持在低温环境中，使用时可随时取用，如将其存于 –25℃冰库内可以保存一年左右。使用时，先取出放置于常温下化冻后使用，因湿度大，发酵速度较快，但发酵耐力稍逊于干性酵母。由于操作方便快速，成本低。新鲜酵母是面包制作常用酵母之一。

（2）干性酵母 Dry Yeast。是由新鲜酵母低温干燥而成，因其在干燥环境中处于休眠

表 2 – 1 – 1　三种酵母用量换算

新鲜酵母	干性酵母	速溶酵母
100%	40% ~ 50%	33% ~ 40%

状态，因此在使用前必须经过活化处理，即以40℃、5倍于酵母重量的温水溶解，并放置15～30分钟，使酵母重新恢复原来新鲜状态时的发酵活力。保存期一般不要超过2个月（温度在20℃左右）。

（3）速溶酵母 Instant Yeast。其特点是溶解速度快，纯度高，一般无须经过活化可直接加于搅拌缸内。此类酵母已成为目前市面上最常用的酵母。

（4）天然酵母 Natural Yeast。主要是以附着在果实、谷物、植物的花和叶等上面的酵母菌为原料，自然繁殖而成的，是一种纯天然、无污染的健康营养源，不含人工合成色素、防腐剂、添加剂。使用之前，需要先与2倍于酵母量的30℃的温水混合，放在25～28℃的环境中，约经30小时让其培育成熟，然后按需要的量使用，暂时不用的冷藏保存。纯天然酵母中含有的乳酸菌酸性强，能抑制细菌的滋生，同时天然酵母发酵时间长，面包的抗霉性也会增强，因此做出的面包在同等条件且不加防腐剂时比使用普通干酵母的面包保质期长。

表 2 – 1 – 2　酵母种类及其特性

酵母品种	特性	备注
新鲜酵母 Fresh Yeast	发酵快，后劲不足；需冷藏	
干性酵母 Dry Yeast	须活化，后劲足；便于储存	
速溶酵母 Instant Yeast	直接使用，无须活化，后劲足；便于储存	最常用；用量为1%
天然酵母 Natural Yeast	含有的乳酸菌酸性强，能抑制细菌的滋生；发酵时间长	使面包风味更佳，保质期更长

（二）酵母的营养及生活特性

新鲜酵母含水量约为70%，干物质只占17%～32%。根据分析，在酵母的干物质中，蛋白质为52.4%，油脂为1.72%，碳水化合物为37.1%，灰分为8.74%。从酵母的成分可以看出，酵母繁殖所需要的营养物质是：

（1）碳源。供给生长及能量，主要来源于糖类。

（2）氮素。供给合成蛋白质及核酸。

（3）无机盐。组成酵母细胞的正常结构，主要有镁、磷、钾、钠等，一般是以盐类形式被酵母利用。

（4）生长素。是促进酵母生长的微量有机物质，如维生素 B_1、B_2 等。

那么酵母的生活习性怎样呢？酵母是单细胞微生物，在一定的温度和营养条件下能够大量繁殖。酵母繁殖的最佳温度为25～26℃，pH值为4.5～5.5，最适宜的状态是在液体条件下、在一定的温度范围内，温度越高，酵母的繁殖速度越快，反之越慢。在4℃时繁殖一代需要20小时，当升到60℃时酵母死亡。但是，它能够承受 –60℃ 的低温，这时处于休眠状态。同时，酵母不能同高浓度食盐液、糖液等物质直接混合，因为这样会使酵母因渗透压作用而脱水死亡。

（三）酵母在面包制作中的功能

（1）生物膨松作用。酵母在面团发酵中产生大量的二氧化碳气体，并且由于面筋网络结构，形成的二氧化碳被留在网状组织内，使面团疏松多孔，体积变大且膨松。

（2）面筋扩展作用。酵母发酵除产生二氧化碳外，还有增加面筋扩展的作用，使发酵所产生的二氧化碳气体能保留在面团中，提高面团的保气能力。

（3）风味改善作用。酵母在发酵时能产生面包产品所特有的发酵味道。

（4）增加营养价值。因为酵母的主要成分是蛋白质，在酵母干物质中蛋白质含量几乎为一半，且氨基酸含量充足，尤其是谷物中缺少的赖氨酸，在酵母中有较多含量。同时，含有大量的维生素 B_1、维生素 B_2 及烟酸，故提高了发酵食品的营养价值。

（四）影响酵母发酵的因素

在面包实际生产中，酵母发酵受诸多因素的影响，主要包括温度、酸碱度和渗透压等。

表 2-1-3　酵母活性与温度的关系

温度	活性
1℃	无活性
15～20℃	活性低
20～32℃	活性高
38℃	反应减慢
60℃	失活

（1）温度的影响。在一定的温度范围内，随着温度的增加，酵母的发酵速度也加快，产气量也增加，但最高不要超过38℃，一般的发酵面团温度应控制在26～27℃，如采用快速生产法，温度不要超过30℃，因为超过这一温度，虽对面团产气有利，但易引起其他杂菌滋生而使面团变酸，影响面包品质（见表2-1-3）。

（2）酸碱度的影响。一般来说，酵母对 pH 值的要求不很严，适应力较强，尤其是适宜 pH 值较低的环境；通过实践证明，酵母较适宜于弱酸性的条件。实际生产中，应保持面团的 pH 值在 4～6。

（3）渗透压的影响。在面包生产中，影响渗透压大小的主要是糖、盐这两种原料。当配方中的糖量低于5%时，对酵母的发酵不会产生抑制作用，相反可促进发酵；当超过6%，便会抑制发酵，如超过10%，则发酵速度会明显减慢，故面包配方中糖的用量为6%左右为宜；盐的渗透压则更高，对酵母的抑制作用更大，当盐的用量达2%时，发酵即受影响。

五、面包的辅助原料

（一）糖

1. 糖的性质

（1）糖的甜度。每一种糖的甜度各有不同，但究竟甜度为多少，目前仍没有科学的测验方法，一般方法是在一定的水量内加入最多的糖量致使能尝到甜度为止。一般以蔗糖基数为 100，其他的糖与之相比则为：果糖 175，转化糖 130，葡萄糖 74，麦芽糖 32.5，半乳糖 32.5，乳糖 16。

（2）糖的水解作用。双糖或多糖在酶或酸的作用下，分解成单糖或分子量较小的糖。面团内的砂糖在搅拌几分钟后，即在酵母所分泌的转化酶作用下完全分解转化成葡萄糖及果糖。一般酵母内不含有乳糖酶，无法水解成葡萄糖及半乳糖作为其营养物质，故酵母所能利用的糖是葡萄糖、果糖、砂糖及麦芽糖。

（3）糖的吸湿性。糖是具有较大吸湿性的物质，糖的这种吸湿性对面包的质量有很大的影响，可以帮助延长面包的货架寿命（保存时间）。

（4）糖的焦化作用。是指糖对热的敏感性。糖类在加热到其熔点以上时，分子与分子之间相互结合形成多分子的聚合物，并焦化成黑褐色的色素物质——焦糖。糖的焦化作用是使面包表皮呈烘焙颜色的一种重要因素，把糖的焦化作用控制在一定的程度内，可以使烘焙产品有令人悦目的色泽和风味。不同的糖对热的敏感性不一样，果糖、麦芽糖、葡萄糖对热非常敏感，易成焦糖；而蔗糖、乳糖的热敏感性则低些。同时，糖溶液的 pH 值低，糖的热敏感性就低；反之，pH 值越高，则热敏感性就加强。如 pH 值 = 8 时，其速度比 pH 值 = 5.9 时快 10 倍。

面包生产中所加的糖多为蔗糖，其本身对热敏感性较低，即呈色不深，但由于酵母分泌的转化酶的作用及面团的 pH 值较低，故蔗糖极易被水解成葡萄糖及果糖，从而提高焦糖化作用，使面包上色。这样，虽然蔗糖本身不易焦化，但在面包中造就了能直接作用于蔗糖的条件，让其最终转化成单糖，完成焦化与上色作用。

2. 糖在面包生产中的主要功能

（1）糖在烘焙产品中是一种富有能量的甜味料，也是酵母主要能量的来源。

（2）糖有吸湿及水化的作用，配方中加入糖可以加强水分的保存，使产品柔软，保持湿度，加强防腐作用，延长面包的保鲜期。配方中的糖量越多，产品保持性越久。

（3）糖对烘焙制品产生焦化作用，配方中糖越多，焦化越快，色越深。这样就越能增加面包的色泽和香味。

（4）改善面团的物理性质及面包内部的组织结构，含糖量少的发酵产品，烘烤的温度要高，时间要久；反之，含糖量多的产品，烘烤的温度要低，时间要短。糖过量则使产品无法挺立，在操作时极为黏手，烘烤加热时易向四周扩展流动，阻碍向上膨胀的效果。除非水分极少或有模型撑住的制品可加多量的糖，否则须与其他原料调配得当，才能使产品的品质及外观完美。

3. 糖对面包生产工艺及其制品的影响

（1）对面团吸水量及搅拌时间的影响。正常用量的糖对面团吸水量影响不大。但随着糖量的增加，其吸水量（配方用水）要适当减少或增加搅拌时间，尤其是高糖配方（20%～25%的糖量）的面团若加水量或搅拌时间处理不好，即若不减少水分或延长搅拌时间，则面团搅拌不足，面筋未得到充分扩展，使制得的产品体积小，面包内部组织粗糙。其原因是糖在面团内溶解需要水，面筋吸水膨胀、扩展也需要水，故而形成糖与面筋之间争夺水分的现象。糖量越多，面筋所吸收的水分越少，因而延长了面筋的形成，阻碍了面筋的扩展（这里糖的形态与搅拌时间无关）。

一般高糖配方的面团充分扩展的时间比普通糖用量的面团增加50%左右，故制作高糖配方面包用高速搅拌机较适合。

（2）对表皮颜色的影响。面包在正常烘烤温度条件下，其颜色深浅决定于剩余糖的多少，所谓剩余糖是指面团发酵完成后剩余的糖量。一般来说，2%的糖足以供给发酵所需的糖量，但通常面包配方中的糖量为6%~8%，故有剩余糖残留。剩余糖越多，面包表皮着色越快，颜色越深。配方中不加糖的面包，如意大利面包、法式面包表皮多为淡黄色。

（3）对面包本身风味的影响。剩余糖同时对面包产品的风味也有影响，剩余糖在面包烘烤时易使面包着色，凝结并密封面包表皮，面包内部由发酵作用而产生的挥发性物质不至于过量蒸发散发，从而增强面包特有的烘焙风味。

（二）油脂

油脂是制作面包的辅助材料之一。所谓油脂，即在常温下，呈液体状态者为"油"，呈固态者则为"脂"，因"脂"中含有大量的油，故称为"油脂"。一般并不明确划分，因为随着温度的变化，其物态也会变化。

1. 烘焙油脂的来源及品种

烘焙油脂大致可由动物体内或植物体内获得。从动物体内获得的油脂，如猪油、黄油、鱼油等，以及包括从牛奶中获得的油脂均为动物性油脂。从大豆、玉米、蔬菜、棕榈树、橄榄等植物体内所提炼的油脂称为植物性油脂。生产面包常用的油脂品种有色拉油（Salad Oil）、黄油（Butter）、橄榄油（Olive Oil）、起酥油（Shortening）等。

2. 油脂在面包生产中的功能

油脂是制作面包的辅助材料之一，它不但能改善面包的品质，并且能够使面包产生特殊的香味，增加面包的食用价值。首先，以适量的油脂加入面团搅拌，有助于面团发酵进行的润滑作用，可促进面包体积的膨大，从而增加面包产品的保鲜期，延长其货架寿命。另外，对改善面包表皮性质也有一定的效果。

3. 油脂对面包生产的影响

在发酵产品中，油脂对面包生产影响较大，主要表现在以下几个方面：

（1）对面团制作的影响。由于加入油脂，故在搅拌时，油脂在面筋与淀粉的界面之间形成单分子薄膜，与面筋紧密结合不易分离，成为柔软而有弹力的面筋膜。面筋膜能较为紧密地包围发酵所产生的气体，增加面团的气体保留性，从而增大面包体积。

（2）对面包内部组织的影响。当面包成形后入炉烘烤时，面团内的油脂能够防止淀粉从面筋中夺取水分，使面包的组织均匀，柔软、润滑。

（3）对面粉吸水量的影响。由于油脂具有疏水性质，故加入油脂后影响了面粉的吸水量，并且吸水量随着油量增加而不断下降。

（4）油脂多少对面包的影响。有少量油脂的面团韧性强，稍有黏性，操作整形极为不便，面包品质、香味稍微逊色，但对于面包本身的组织构造并无太大的影响。然而，油脂量多的面团对面包组织结构具有相当大的影响，这主要是因为：一方面，面筋受到过多油脂的伤害，面团扩展性能较差，缺乏胀力，使面包形状体积受到部分影响；另一方面，酵母受到影响，发酵效果较差，因部分酵母细胞被油脂包围，无法产生渗透作用，致使发酵速度减慢，严重影响到面包体积的膨大，发酵品质不佳。故就油脂用量来说，一般以 6%～10% 最为适当。

（三）乳及乳制品

1. 乳品的来源及种类

乳品即奶品，是由动物的"乳液"经过处理或加工后所制成的各种制品。乳品中以牛乳的来源最多，味道也较适合一般人的口味，烘焙业中多以牛奶及其制品来进行面包生产。经过加工的奶品种类很多，面包制作中常用的乳及乳制品有鲜牛奶、鲜奶油、奶粉、炼乳等。

2. 乳品在面包生产的功能

乳品除了提供人体营养外，也是面包制作的辅助材料之一，可以增加面包的品质及风味，以适量的乳品加入面团内对面包品质有益无害。一般面包中加入乳品的目的有：

（1）改善面团性质，增加面筋强度，加强面筋韧性。

（2）增加面包浓郁的乳香，使面包可口好吃，提高面包的营养价值。

（3）增进面包表皮色泽，同时延长成品货架寿命。

（四）蛋及蛋制品

1. 蛋在面包制作中的功能

蛋具有起泡的特性。发酵产品加入蛋，有助于膨松、美化及增强风味，同时改善面包制品的组织及内部颗粒，增进柔软度；由于蛋内含有卵磷脂，具有乳化作用，可改善成品储藏性，延长货架寿命。

2. 蛋对面包生产工艺及品质的影响

制作面包时，多以全蛋加入，一般甜面包的含蛋量在 8%～16% 较适合；白色吐司内部以洁白为原则，不宜添加全蛋，以蛋白加入较理想。含蛋量超过 20% 以上对于面团的组织结构会有影响，因蛋含有大量的蛋白质及其他固形物，当面粉搅拌时，蛋液因其浓稠无法完全取代水的快速渗透面筋而使之软化，即使延长搅拌时间也无法完全取代水的化解功能。面筋的扩展需要足够的水，为使面团在发酵中得到伸展，增加发酵体积，从而使面包的体积膨大，蛋的用量必须适当。含蛋量较高的面团搅拌时间应加长，但蛋量多搅拌时面团温度容易升高，故而水温应相对降低，搅拌速度应减慢，以中速为适合，这样有助于蛋量较多的面团维持其组织的完整。

（五）面包改良剂

1. 改良剂的成分

面包改良剂，顾名思义，就是能够改善面包本身制作条件的一种添加剂。它是由多种化学元素组合而成的，内有磷酸氢钙、硫酸铵盐、碘酸钾、硫酸钾以及淀粉或氯化铵等成分，对面团的性质有调和作用，并能弥补材料的先天性不足。

2. 面包改良剂的主要作用

发酵对面包来说是至关重要的一环。发酵不得当，除了人为因素有直接影响外，材料本身的缺陷更是一大致命因素，使用改良剂的目的就是要改善这一缺陷。首先，使用改良剂，可加强面团面筋的强度，增加面包的发酵耐力，使面团更有胀力，这样面包也就有了良好的烘焙弹性。其次，使用改良剂可以改善各地因水质不同而带来的面包制作的困难，补充水中不足的矿物质，而且也调和了水质，有利于面团本身的发酵。同时，可供给酵母营养，增进酵母的活力，调和发酵酸度，增加发酵耐力。

从上面几点可以看出，改良剂对面包制品有很大的帮助，但在使用量上一定要加以注意，不可过量使用，一般用量在 0.25%~0.75% 比较适宜，或按产品说明使用。

市面上有多种单一功能的改良剂，也有综合面包改良剂，是由酶制剂、乳化剂和强筋剂复合而成的。简单地说，面包改良剂用于面包制作，可促进面包柔软和增加面包烘烤弹性，并有效延缓面包老化，延长货架期。

（六）乳化剂

1. 乳化剂的功能

乳化剂又称界面活性剂，是指能使两种互不相溶的液体中的一种均匀地分散到另一种液体中，成为均匀一致的混合液体的物质。具体到烘焙业中来讲，即是烘焙产品中促进水与油脂产生融合的一种添加剂。

2. 乳化剂的主要作用

乳化剂一方面可抑制、延缓面包的老化速度，延长产品的货架寿命；另一方面还能改善面团的物理性能，增加面筋强度，增大面包体积，使面包柔软、膨大。乳化剂的使用量一般不得超过 0.5%，或按具体产品推荐用量使用。

活动三　基本原理及应用

一、面包的烘焙计算

烘焙产品所用的材料品种多样，每一种材料的性质、功能都不尽相同，同时每种材料的用量也不一样，这就要求每位烘焙工作人员必须掌握这些材料的比例关系。烘焙百分比计算将在一定程度上帮助相关人员解决这个问题。

（一）烘焙百分比

烘焙百分比是烘焙行业的专业百分比，它是根据面粉的重量来推算其他材料所占的比例。它与我们一般所用的实际百分比有所不同，在实际百分比中，总百分比为100%。而在烘焙百分比中，配方中面粉重量永远为100%，其他各种原料的百分比是相对于面粉的多少而定的，且百分比总量超过100%（见表2－1－4）。使用烘焙百分比计算对面包生产有较大帮助，能使操作者以精确的计算控制产品的稳定性，并能记住计算根据。

表2－1－4　烘焙百分比和实际百分比的比较

原料	重量（克）	烘焙百分比（%）	实际百分比（%）
面粉	600	100	56.72
水	372	62	35.17
鲜酵母	18	3	1.70
改良剂	1.8	0.3	0.17
盐	12	2	1.13
糖	24	4	2.27
奶粉	12	2	1.13
油	18	3	1.70
总量	1057.8	176.3	＝100

（二）烘焙百分比与实际百分比的换算

1. 已知烘焙百分比求实际百分比

$$实际百分比（\%）=\frac{烘焙\%\times100\%}{配方烘焙总\%}$$

例：已知某面包的配方，其中总配方烘焙百分比是182.4%，水为58%，则：

$$面粉的实际百分比=\frac{100\%\times100\%}{182.4\%}=54.82\%$$

$$水的实际百分比=\frac{58\%\times100\%}{182.4\%}=31.80\%$$

2. 已知实际百分比求烘焙百分比

$$烘焙百分比=\frac{实际\%\times100\%}{面粉实际\%}$$

例：已知某面包的实际百分比中，面粉是58.2%，水为34.1%则：

$$水的烘焙百分比=\frac{34.1\%\times100\%}{58.2\%}=58.59\%$$

（三）配方及用料计算

1. 配方材料重量换算为烘焙百分比

$$烘焙百分比=\frac{材料重量\times100\%}{面粉重量}$$

例：已知某面包配方中各材料的重量，求材料的烘焙百分比（见表2－1－5）。

表2-1-5 某面包的配方材料重量换算为烘焙百分比

配方材料	重量（克）	（材料重量×100%）÷面粉重量=烘焙%	配方材料	重量（克）	（材料重量×100%）÷面粉重量=烘焙%
高筋面粉	1350	100%（固定的）	奶粉	54	（54×100%）÷1350=4%
细砂糖	405	（405×100%）÷1350=30%	水	607.5	（607.5×100%）÷1350=45%
鸡蛋	270	（270×100%）÷1350=20%	油脂	135	（135×100%）÷1350=10%
食盐	13.5	（13.5×100%）÷1350=1%			

2. 烘焙百分比换算为各项材料的重量

材料重量＝面粉重量×材料烘焙%

例：已知某面包配方的面粉重量为22000克和其他材料的烘焙百分比，求各材料的重量（见表2-1-6）。

表2-1-6 某面包的烘焙百分比换算为各项材料的重量

配方材料	烘焙%	面粉重量×材料烘焙%=材料重量（克）	配方材料	烘焙%	面粉重量×材料烘焙%=材料重量（克）
高筋面粉	100	22000	糖	4	22000×4%=880
水	62	22000×62%=13640	盐	2	22000×2%=440
酵母	2	22000×2%=440	油	5	22000×5%=1100
改良剂	0.25	22000×0.25%=55	奶油	4	22000×4%=880

3. 已知配方中材料重量换算为实际百分比

$$实际百分比 = \frac{材料重量 \times 100\%}{配方材料总重量}$$

例：已知某面包配方中各材料的重量为2874.5克，求各材料的实际百分比（见表2-1-7）。

表2-1-7 已知某面包中材料重量换算为实际百分比

配方材料	重量（克）	（材料重量×100%）÷配方材料总重量=实际%
高筋面粉	1350	（1350×100%）÷2874.5=46.96%
细砂糖	405	（405×100%）÷2874.5=14.09%
鸡蛋	270	（270×100%）÷2874.5=9.39%
食盐	13.5	（13.5×100%）÷2874.5=0.47%
奶粉	54	（54×100%）÷2874.5=1.88%
鲜酵母	40.5	（40.5×100%）÷2874.5=1.41%
水	607.5	（607.5×100%）÷2874.5=21.13%
油脂	134	（134×100%）÷2874.5=1.66%
总量	2874.5	100%

4. 已知面团总量求各材料用量

在这个条件下应先计算出配方中总的烘焙百分比，然后按下述公式求面粉的重量。

$$面粉的重量 = \frac{面团总量 \times 100\%}{总烘焙\%}$$

再通过面粉重量求其他材料的重量。

例如：某班组计划搅打一面团，已知某面包面团总重量（150 千克）和各材料烘焙百分比，求各种原料用量（见表 2 - 1 - 8）。

表 2 - 1 - 8 已知某面包面团总量求各种原料用量

原料	烘焙百分比（%）	重量（千克）	原料	烘焙百分比（%）	重量（千克）
总量	176.3%	150	盐	2	85 × 2% = 1.7
面粉	100	$\frac{150 \times 100\%}{176.3\%} = 85$	糖	4	85 × 4% = 3.4
水	62	85 × 62% = 52.7	奶粉	2	85 × 2% = 1.7
鲜酵母	3	85 × 3% = 2.55	油	3	85 × 3% = 2.55
改良剂	0.3	85 × 0.3% = 0.26			

5. 已知每个面包成品重量及数量，求各种原料用量

应按下列步骤计算。

第一步：求产品总量。

$$产品总量 = 成品面包重 \times 数量$$

第二步：求面团总量。

$$\frac{产品总量}{(100\% - 发酵损耗\%) \times (100\% - 烘焙损耗\%)}$$

第三步：求面粉重量及其他原料用量。

例：某厂计划生产主食面包 850 条，每条成品面包重 500 克，并已知发酵损耗为 2%，烘焙损耗为 10%，求各种原料的用量（一般发酵损耗为 2%，烘焙损耗为 10%）（见表 2 - 1 - 9）。

$$产品总量 = 850 \times 500 克 = 425000 （克）$$

$$面团总量 = \frac{425000 克}{(100\% - 2\%) \times (100\% - 10\%)} = 481859 （克）$$

表 2 - 1 - 9 已知每个面包成品重量及数量求各种原料用量

原料	烘焙百分比（%）	重量（克）	原料	烘焙百分比（%）	重量（克）
总量	176.3%	481859	盐	2	273317 × 2% = 5466
面粉	100	$\frac{481859 \times 100\%}{176.3\%} = 273317$	糖	4	273317 × 4% = 10932
水	62	273317 × 62% = 144038	奶粉	2	273317 × 2% = 5466
鲜酵母	3	273317 × 3% = 8199	油	3	273317 × 3% = 8199
改良剂	0.3	273317 × 0.3% = 820			

6. 已知配方中任意一种原料重量，求其他原料重量

先按下述公式求出面粉重量：

$$面粉重量 = \frac{某种原料重量 \times 100\%}{某原料烘焙\%}$$

再根据面粉用量求其他原料用量。

二、面包的生产方法（发酵方法）

面包的生产制作方法有很多，采用哪种方法主要应以工厂的设备、工作的环境、原料的情况甚至以顾客的口味要求等因素来决定，目前世界各国较普遍的方法共有五种，即一次发酵法（或称直接发酵法）、二次发酵（或称中种发酵法）、快速法、基本中种面团发酵法、连续发酵法等，其中以一次发酵法和二次发酵法为最基本的生产方法。

（一）一次发酵法

或称为直接发酵法，这种方法被使用得最普遍，无论是较大规模生产的工厂还是家庭式的面包作坊都可采用一次发酵法制作各种面包。这种方法的优点是：第一，只使用一次搅拌，节省人工与机器的操作；第二，发酵时间较二次发酵法短，减少面团的发酵损耗；第三，由此法做出的面包具有更浓郁的麦香味道。

制作面包有四种基本的原料，即面粉、水、盐、酵母，其他如糖、油、奶粉是用来改善面包的组织、增加口味和营养价值的，除此以外还有几种添加物料，如改良剂用来改良水质、增加面粉面筋的筋力和促进酵母的发酵；麦芽粉在发酵过程中促进淀粉的液化作用，使面粉进炉后增加烘烤弹性，改良面包内部组织；乳化剂可作为面团增筋剂，将使面团组织柔软和增加保存的时间；少量的防腐剂，如丙钙酸，在夏天和雨季用来防止面包的发霉。

一次发酵法的生产步骤为：搅拌—基本发酵—翻面与延续发酵—整形—最后醒发—烘烤—冷却。

1. 搅拌

把配方内的糖、盐和改良剂等干性原料先放进搅拌缸内，然后把配方中的水倒入，再按次序放进奶粉和面粉，然后把即发干酵母加在面粉上面，就可启动开关，先用慢速搅拌，使搅拌缸内的干性原料和湿性原料全部搅匀，成为一个表面粗糙的面团，再改为中速把面团搅拌成表面呈光滑状，这表明所有原料均匀地分布在面团的每一部分，就可将机器停止，最后将配方中的油脂加入，继续用中速搅拌至面筋完全扩展；如使用一般的干酵母或新鲜酵母，则要先用相当于酵母重量的 4～5 倍的温水（水温 35～40℃）把酵母化开培育半小时，再加入面粉中，并记住要在配方中扣除用于培育酵母的水量。另外要注意酵母不能先与盐和糖等混合在一起，防止酵母在高渗透压的情况下死亡，降低酵母的活性；搅拌中推迟配方中油的加入，是因为防止油在水与面粉的作用未充分均匀的情况下，首先包住面粉，造成部分面粉的水化作用欠佳，如果使用乳化油或高速的搅拌机，则无须推迟加油，全部原料一次投入即可。

　　搅拌后面团的温度对发酵时间的控制以及烤好后面包的质量影响很大。所以在搅拌前就应根据当时的气温和面粉等原料的温度，利用冰和水来调整理想的水温，使搅拌完成后面团温度为 26℃。这样的面团在发酵过程中温度每小时平均约升高 1.1℃ 左右，经过约 3 小时的发酵，面团内部温度不会超过 30℃，即使经过整形等工序后，面团内部温度也不会超过 32℃，这就可以避免乳酸菌的大量繁殖，保证面包没有不正常的酸味。如果拌好的面团温度太高，不但使烤好后的面包味道不正，而且发酵速度难以控制，往往造成面团发酵过度；如果面团温度太低，则易造成发酵不足，面包体积小，内部组织粗糙等不良品质，当然，可以通过延长发酵时间取得满意的效果。实践证明，低温长时间的发酵方法能使面包品质更佳，如今被广为采用。

　　2. 基本发酵

　　搅拌好的面团应进入醒发箱（室），在适宜的环境下进行发酵，面包品质的优劣 70% 以上是看面团发酵健全与否。良好的发酵不仅受搅拌后面团温度的影响，同时也与搅拌程度有很大的关系，一个搅拌未达到面筋完成扩展阶段的面团，就会延缓发酵中面筋软化的时间，使烤出来的面包得不到应有的体积；醒发箱的温度和湿度也极为重要，醒发箱的理想温度应为 28 ~ 32℃，相对湿度为 70% ~ 80%。

　　在其他条件相同的情况下，一般一次发酵法的面团发酵时间，可以根据酵母的使用量来调节，正常情况下（搅拌后面团温度 26℃，醒发箱温度 28℃，相对湿度 70% ~ 80%，搅拌程度合适），使用 2% 新鲜酵母的主食面包，其面团发酵时间约 3 小时，即基本发酵时间 2 小时，经翻面后再延续发酵 1 小时，如果要调整发酵时间，在配方其他材料不变的前提下，以调整酵母和盐的使用量为合适（见表 2 - 1 - 10）。

表 2 - 1 - 10　直接发酵法利用酵母使用量控制面团发酵时间表

发酵时间（小时）	新鲜酵母用量（克）	面团温度（℃）	盐量（%）	发酵时间（小时）	新鲜酵母用量（克）	面团温度（℃）	盐量（%）
0	4	30	1.8	5	1.2	26	2
1	1.1	29	1.8	6	1	26	2
2	3	28	1.8	7	0.85	26	2.2
3	2	26	2	8	0.75	24	2.2
4	1.5	26	2				

　　3. 翻面与延续发酵

　　一次发酵的面团发酵分为基本发酵和延续发酵。在此中间需要翻面，观察发酵中的面团是否达到翻面的程度可通过下列方法来确定。

（1）看体积。发酵中面团的体积较开始发酵时增加1倍左右。

（2）指印测试。用手指在面团顶部轻轻戳压，不会感到有很大阻力，手指从面团中抽出后，戳压的凹陷会留存在原处，面团既不很快地升起将凹陷重新填满，周围面团也不会很明显地随着塌陷，这表明面团已到合适翻面的时间。如果测试的手指从面团中抽出后，面团顶部很快恢复原状，表示翻面的时间尚未到达；如果测试的手指从面团中抽出后，凹陷及周围很快向下塌陷，则表示已超过翻面时间，这时应马上做翻面工作，以免发酵过久。

实际生产中，如果较大的面团，一般在长方形的发酵槽中发酵，翻面时应将双手在面团的中央从一端开始向下压下，并顺序沿向另一端压去，待中央部分完全压下后，整个面团分为两半部分，然后用双手将一半抓起向面团的中央部分覆盖下去，然后再将另一半抓起覆向中央，便完成了翻面的工作。如果是十几斤的小面团，放在圆形的发酵缸和搅拌缸中发酵时，翻面的手续较简便，只要将手在面团中央压下，然后再把四周的面团压向中央即可。

翻面后的面团需要重新发酵一段时间，这一步骤在烘焙学上叫延续发酵。此两阶段发酵的时间长短，视面团性质和配方情况而定。

4. 整形

面团的整形包括：分割称量—滚圆—中间醒发—造型—装盘五个工序，其方法和注意事项见后面的"面包生产基本流程"。

5. 最后醒发（第二次发酵）

最后醒发是面包进炉烘烤前的最后一个工序，也是影响面包品质的一个关键环节，详情见后面的"面包生产基本流程"。

6. 烘烤

面团完成最后醒发后，内部面筋已变得非常柔软并具有良好的弹性和伸展性，内部呈网状结构，发酵过程中产生的二氧化碳气体全部均匀地包裹在此网状结构中，面团本身也变得像海绵体那样柔软，此时如果不立即进炉，则会因醒发过久，气体产生过多，面筋过分柔软，无法承受内部气体的胀力，导致形成的薄膜涨破，内部的二氧化碳气体泄出，整个面包制作过程至此宣告失败。所以在面团搅拌前就应该计划好，一次搅拌的面团量，必须配合烤炉的最大容量，否则搅拌的面团量超过烤炉的容量，就会产生无法及时烘烤的面团而蒙受损失。

面团进炉时，需动作快捷，且不能使面团受到强烈振动。如进炉时，不小心将烤盘碰撞到别的东西，面团可能会因为无法承受这种震动塌陷下去，内部气体泄出，烘烤出的面包走样或体积太小。主食白面包在炉内烘烤时，烤盘或面包盒之间至少需要有3厘米左右的距离，以便使面包的周边都能吸收均匀的热力。否则面包两侧不易烤熟，呈苍白的颜色，面包出炉后两侧凹陷，而且缺乏应有的香味，因为面包的香味80%是由外皮的焦化作用产生的，如果两侧没有焦化上色，就无法产生足够的香味。

因面包种类不同，一般烘烤面包的火力应为下火较大，上火较小；但重量较小和烘焙时间较短的面包，应采用上火大而下火小，以使表皮迅速产生颜色，免得烘烤过久而影响品质。

7. 冷却

出炉后的面包应连烤盘一并插入饼盘车，让其冷却。冷却的方法和要求，详见后面的"面包生产基本流程"。

以上为一次发酵法的面包生产方法，在生产中除了严守各个步骤操作的顺序外，应该充分了解本法易失败的地方及缺点。一般来说，一次发酵法的发酵时间缓冲性很小，没有什么余地，发酵完成便要马上取出分割整形，时间稍为超过或不够，都会影响产品质量，所以面团发酵的实践经验和工作时间的计划安排甚为重要。另外，在发酵后的制作上也会令人感到时间紧迫，几乎无喘息余地，一遇到耽搁，产品质量就会受到影响。

附：美国烘焙学院推荐的一次发酵法主食白面包制作的配方（见表 2 - 1 - 11），可供生产实践参考应用。

表 2 - 1 - 11　一次发酵法主食白面包制作的配方

原料	百分比（%）	原料使用说明	平均的标准配方%
面粉	100	冬麦小麦粉混合的面粉11.5% ~ 13%蛋白质含量	100
水	50 ~ 65		60
新鲜酵母	1.5 ~ 5	新鲜压缩酵母	3
面包改良剂	0 ~ 0.75		0.5
盐	1.5 ~ 2.5		2
糖	0 ~ 12	葡萄糖或砂糖	4
油脂	0 ~ 5	猪油、黄油或起酥油	3
奶粉	0 ~ 8.0	乳清、脱脂奶粉	2
面团增强剂 包心软化剂	0 ~ 0.5	乳化剂 SSL 与单酸甘油酯	0.375
丙酸钙	0 ~ 0.35		0.25
氧化剂	0 ~ 25ppm	由改良剂中提供	10ppm

（二）二次发酵法

二次发酵法，也称为"中种发酵法"，是使用两次搅拌的面包生产方法。第一次搅拌时将配方中60% ~ 85%的面粉和此面粉重量的55% ~ 60%的水，以及所有的酵母、改良剂和麦芽粉全部倒入搅拌缸中用慢速搅匀，形成表面粗糙而均匀的面团，此面团叫"中种面团"。然后把中种面团放入醒发箱内发酵至原来面团体积的4 ~ 5倍，再把此中种面团放进搅拌缸中，与配方中剩余的面粉、水、糖、盐、奶粉和油脂等一起搅拌至面筋充分扩展，再经短时间的延续发酵就可作分割和整形处理。第二次搅拌而成的面团叫"主面团"，材料则称为主面团的材料。这种方法比一次发酵法有如下优点：第一，在中种面团的发酵过程中，面团内的酵母有足够时间来繁殖，所以配方中酵母的用量可较一次发酵法节省20%左右。第二，用二次发酵法所做的面包，一般体积较一次发酵法的要大，而且面包内部结构与组织较细密和柔软，面包的发酵香味好。第三，一次发酵法的工作时间紧凑，面团发好后应马上分割整形，不可稍有耽搁，但二次发酵法发酵时间弹性较大，发好的面团如因其他事故不能立即作下一步处理时，短时间内不会影响产品的质量。

但二次发酵法也有缺点，需要较多的劳力来做二次搅拌和发酵工作，需要较多、较大的发酵设备和场地。其生产工艺流程如下：

1. 搅拌

二次发酵法的搅拌程序分为两部分，第一部分是中种面团的搅拌，第二部分是主面团的搅拌。中种面团的搅拌一般用慢速搅匀即可，约3~5分钟，搅拌后面团温度应为25℃。第二次搅拌时，除油脂外其他材料可一齐放进搅拌缸，用慢速搅匀，然后再加入油脂，用中速搅至面筋完成扩展即可，搅拌后主面团的温度应为28℃。

2. 发酵

二次发酵法的发酵工作分为基本发酵和延续发酵。

（1）中种面团的发酵。当配方中所使用的酵母（新鲜）量为2%左右，温度26℃，相对湿度75%，如果搅拌后的中种面团温度合乎理想的25℃时，在此发酵环境中，所需的发酵时间约为3小时20分钟~4小时20分钟左右。观察中种面团是否完成发酵，可由面团的膨胀情况和两手拉扯发酵中面团的筋性来决定。

①发好的面团体积为原来搅拌好的面团体积的2~3倍。

②完成发酵后的面团顶部与缸侧齐平，甚至中央部分稍微下陷，此下陷的现象在烘焙学上称为"面团下陷"，表示面团已发好。

③用手拉扯面团的筋性进行测试。可用中、食指捏取一部分发酵中的面团向上拉起，如果在轻轻拉起时容易断裂，表示面筋完全软化，发酵已完成；如拉起时仍有伸展的弹性，则表示面筋尚未完全软化，尚需继续发酵。

④面团表面干燥。

⑤面团内部会发现有很规则的网状结构，并有浓郁的酒精香味。

影响发酵的因素很多，如配方中酵母用量过多、水分过多、搅拌后中种面团温度过高、醒发箱内温度过高，均会影响面团的发酵。有这些因素之一或全部，会使面团膨胀及很快下陷。如果认为面团已完成发酵，但用手拉扯面团发现面筋仍有强韧的伸展性，如果以此面团来做面包，则不会得到良好的产品，因为面筋尚未完全软化。所以，上述因素对于基本发酵是很重要的，良好的发酵必须使面团膨胀的极限（面团下陷）和面筋软化的程度同时完成。

（2）延续发酵。即主面团的发酵。第二次搅拌完成后的主面团不可立即分割整形，因为刚搅拌好的面团面筋受机器的揉动像拉紧的弓弦一样，必须有适当的时间松弛，这是主面团延续发酵的作用。一般主面团延续发酵的时间必须根据中种面团和主面团面粉的使用比例来决定，原则上85∶15的比例（中种面团面粉85%，主面团面粉15%），需要延续发酵15分钟，75∶25的比例则需25分钟，60∶40的比例需40分钟。面团经过延续发酵后就可以依照正常的程序和步骤来操作了（和直接发酵法相同）。

后续的生产过程同直接发酵法，包括整形、最后醒发、烘烤、冷却等步骤。

附：美国烘焙学院推荐的二次发酵法的主食白面包制作的配方（见表2-1-12），可供实际生产中参考使用。

以上二次发酵法配方调剂的范围主要是根据：

①面粉的筋度和性质。要求面粉筋度较高，所以该配方的中种面团要求使用硬质冬小麦粉。如果筋度不够，在长时间的发酵中面筋会过度软化。如果使用筋度较弱的面粉，则中种面团面粉的比例应该小些；筋度高的、筋度质好的面粉，中种面团的面粉比例可大些。

②发酵时间的长短。原则上筋度高的面粉发酵时可长些，筋度低的可短些，这可通过调整中种面团酵母的用量和水量来调节。酵母多发酵时间短，水量多发酵时间短。一般情况下水量多的中种面团虽然发酵较快，但面团膨胀的体积不及水量少的。

另外，主面团的水量是配方的总水量，中种面团的水量是对中种面团使用面粉的比例而言，这是一般配方的习惯用法。

表2-1-12 二次发酵法的主食白面包制作的配方

	原料	百分比（%）
中种面团	面粉	60~100
	水	50~60
	新鲜酵母	1~3
	改良剂	0~0.75
	面团增强剂 包心软化剂	0~0.5
主面团	面粉	0~40
	水	50~68
	新鲜酵母	0~2
	盐	1.5~2.5
	糖	0~14
	油脂	0~7
	奶粉	0~8.0
	丙酸钙	0~0.35
	氧化剂	0~75ppm

此外，还有一种方法叫"汤种法"，也有一定程度的应用。所谓汤种法，就是取配方中部分面粉与水加热至一定温度，使淀粉糊化，即成汤种。待其冷却后，再与剩余面粉、水、酵母等材料混合成面包面团，面团完成后的工序同直接发酵法。这种方法的主要优点是，淀粉糊化增强了面团吸水量，因此面包的组织柔软、有弹性、可延缓老化。

三、面包生产基本流程（以直接发酵法为例）

面包生产的周期较长，常规的生产方法从投料开始，直至产品出炉起码需4~5小时，甚至更长。即使是快速法，也需要 2~3 小时才能见到产品。这是因为面包的生产均要经过搅拌、发酵、整形、醒发、烘焙五道主要工序，还有冷却与包装成品的工序，且这些工序一环扣一环，环环都十分重要。了解面包生产工艺中起决定性作用的因素是什么，如何使用科学的方法来控制和完成这一工艺流程，是本活动要讨论和研究的问题。下面介绍一般面包生产基本流程中的每道工序的作用、特点和控制方法。

（一）搅拌 Mixing

面团搅拌是面包生产中的一个关键步骤，它的正确与否在很大程度上影响着下面的工序，最终影响到成品的质量。

1. 面团搅拌过程及其工艺特性

（1）第一阶段——拾起阶段。在这个阶段，配方中的干性原料与湿性原料混合，形成一个粗糙且湿润的面块，用手触摸时面团较硬，无弹性，也无延伸性，整个面团显得粗糙、易散落、表面不整齐。

（2）第二阶段——卷起阶段。随着和面机的转动，面团的结合性越来越强，所有的材料混合成一体。此时，由于面团的吸湿性，使面团变得干燥，不再会黏附缸边，触摸时粗糙，没有光泽，稍黏手，缺乏弹性和伸展性，用手拉取面团时容易断裂。

（3）第三阶段——面筋扩展阶段。此时，面团因和面机的转动不断被折叠、推拉、揉动和拍击。面团有少许松弛，面团表面也渐趋于干燥，呈现出光泽。用手触摸时面团已具有弹性，并较柔软，黏性较少，已具有延伸性，但用手拉面团仍易断裂。

（4）第四阶段——面筋完成阶段。面团继续搅拌，使原来有弹性的面团筋度得到更充分的扩展。此时缸边及缸底完全没有面团黏附（见图 2－1－1），和面机需要相当大的力量才能将面团转动。整个面团挺而柔，表面有光泽且细

图 2－1－1　搅拌缸底干净

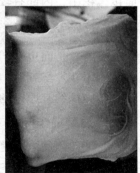

图 2－1－2　面筋薄膜

腻、干燥而不黏手、整洁而没有粗糙感。用手拉取时，具有良好的伸展性，此时已完成了面团的搅拌。

那么如何判断面团是否搅到了适当程度呢？一般来说，搅拌到了适当程度的面团，可以用双手轻轻将其拉展成一张像玻璃纸那样的薄膜，且整个薄膜分布很均匀光滑（见图 2－1－2），无粗糙感，也无不整齐的裂痕。把面团放在发酵缸中，用手触摸其顶部，感觉有黏性但手离开面团不黏手，且面团表面有手指黏附的痕迹，但很快就会消失。

2. 面团搅拌的物理与化学效应

（1）物理效应。一是通过和面机的不断运动，使面粉、水及所有原料充分混合，促

使面粉水化完全，形成面筋，并由于搅拌钩对面团的不断重复推揉、压伸等机械动作，使面筋得到扩展，达到最佳状态，成为既有一定弹性又有一定延伸性的面团；二是由于搅拌所产生的摩擦热，使面团的温度有所升高。

（2）化学效应。面团在搅拌时，由于搅拌作用不断进行，空气也不断地进入面团，产生各种氧化作用，其中最为主要的便是氧化了蛋白内的硫氢键，使之成为分子间的双硫键，从而使面筋成为三维空间结构。

3. 搅拌的功能

（1）能充分混合所有原料，使其均匀分布，成为一个质地完全均匀的混合物，即每部分所有方面都完全相同的面团。

（2）使面粉等干湿性原料得到完全的水化作用，加速面筋的形成。均匀的水化作用是面筋形成、扩展的先决条件，搅拌的目的之一就是使所有面粉在短时间内都吸收到足够的水分，使其水化均匀、完全。

4. 搅拌不当对面包品质的影响

（1）搅拌不足的影响。搅拌不足，则面筋不能充分扩展，没有良好的弹性和延伸性，不能保留发酵过程中所产生的二氧化碳气体，也无法使面筋软化。故做出来的面包体积小，两侧微向内陷入，内部组织粗糙，颗粒较多，颜色呈褐黄色，结构不均匀，且有条纹。因面团较湿较硬，故在整形操作上较为困难。

（2）搅拌过度的影响。搅拌过度，则面筋失去应有弹性，面团过分湿润、黏手，整形操作十分困难，面团滚圆后无法挺立，向周围流淌。烤出的面包因难以保留气体，故面包体积小，内部有较多的大孔洞，组织粗糙且多颗粒，品质极差。

（二）基本发酵 Basic Fermenting

发酵，是面包生产中的第二个关键环节。其操作是否得当，对面包产品质量影响很大。面团在发酵期间，酵母吸收面团中的糖等原料，释放出二氧化碳气体，使面团膨胀，其体积约有原来的 2 ~ 3 倍左右，形成疏松似海绵状的物质。

1. 发酵操作技术

在把面团倒入发酵缸（槽）里之前，要在容器内涂上油脂，以免发酵胀起的面团黏附四壁，且要将面团包裹紧，表面光滑，接口朝下放入发酵缸，然后送入醒发箱（室）发酵。发酵缸的体积要与发酵后面团的体积相适应，太小或太大都不利。

（1）发酵的温度和湿度。理论上讲，面团发酵的理想温度为 26℃，而环境温度则需略高几摄氏度，通常在 28 ~ 32℃，环境相对湿度为 75%，因此，醒发箱温湿度设定就以此为标准。温度太低，因酵母活性较弱而减慢发酵速度，延长发酵时间；温度过高，则加快发酵速度，容易引起包括乳酸菌、醋酸菌及野生酵母在内的其他不需要的野生发酵。湿度低于 70% 的面团表面由于水分蒸发而容易结皮，不但影响发酵，而且影响成品质量。

（2）发酵时间。面团的发酵时间不能一概而论，而要按所用的原料性质、酵母的用量、糖的用量、搅拌情况、发酵情况、发酵湿度和温度、产品种类、制作工艺等许多因素来决定。在正常情况下，酵母用量为2%的中种面团，经过3~4.5小时即可以完成发酵，或观察面团的体积，当发酵至原来体积的4~5倍时，可以认为发酵完成，在制作主面团后，只需要短时间发酵即可。直接发酵法生产的面团，因所有原料一次性投入，其中的盐、糖等对酵母的发酵有抑制作用，故直接发酵法生产的面团发酵时间要长一些。

（3）翻面技术。翻面是指面团发酵到一定时间后，使一部分二氧化碳气体放出，缩减面团体积。其目的在于：一方面补充新鲜空气，促进酵母发酵；另一方面促进面筋扩展，增加空气的保留性，加速面团膨胀；再者使得面团温度一致，发酵均匀。翻面这道工序只是直接发酵法所需要，中种面团则不需要。观察面团是否达到翻面时间，可将手指微微蘸水，插入面团后迅速抽出，若面团无法恢复原状，同时手指插入部位有些收缩，此时即可翻面。

（4）发酵时间的调整。当实际生产中要求必须延长或缩短发酵时间时，可通过改变酵母用量或改变面团温度等来实现。其他条件都相同的情况下，在一定范围内，酵母用量与发酵时间成反比，即减少酵母用量，发酵时间延长；增加酵母用量，发酵时间缩短。一般调整发酵时间，以增加或减少的幅度等于原来时间的30%为宜。面团温度的高低对发酵时间影响也很大，在直接发酵法面团中，面团温度每增加或减少1℃时，发酵时间便缩短或延长30分钟。但是，也不能无限制地以提高面团温度来缩短发酵时间。一般调整时间控制在45分钟内为好。

2. 发酵控制与调整

（1）面团的气体产生与气体保留性能。气体产生是由于酵母和各种酶的共同作用把碳水化合物逐渐降解，最终产生二氧化碳气体。要增加气体量，通常一是可以增加酵母的用量；二是增加糖的用量或添加含有淀粉酶的麦芽糖或麦芽粉；三是加入一定量的改良剂；四是提高面团温度到35℃。气体减少产生的原因则可能有盐用量过大、改良剂用量过大、面团温度过高，或者产生的气体量达到最高点后下降。

气体能保留在面团内部，是由于面团内的面筋在发酵期间已充分扩展，整个面筋网络成为既有一定韧性又有一定弹性和延伸性的均匀薄膜，其强度足以承受气体膨胀的压力而不会破裂，从而使气体不会逸出而保留在面团内。气体保留性能实际上与面团的扩展程度密切关联。

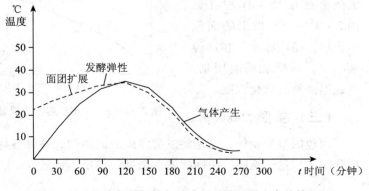

图2-1-3　产气量与持气能力同时达到最大点的情况

当面团到达发酵时间的最佳扩展范围时，其气体保留性最好，过了这个范围后，其气体保留性就下降。

（2）产气量与持气能力的关系及对面包品质的影响。要使面包质量好，就必须有发酵程度最适当的面团。即在发酵过程中应使面团产气量和持气量同时达到最高点，当两者同时达到最高点时，做出的面包体积最大，内部组织颗粒状况及表面颜色都良好。面团的理想发酵时间是一个范围而不是一个点，在这个范围内产气量与持气能力能保持适当的平衡（见图2-1-3），这个范围称为发酵弹性或发酵耐力。

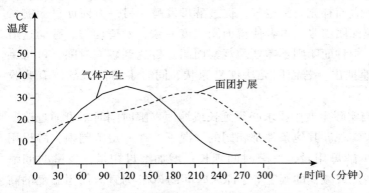

图2-1-4　产气量已达最高点而面团扩展未到最大点的情况

而当面团在发酵期间还未达到充分扩展即未达到扩展最高阶段以前，产气量已达到最大限度，则气体产生再多，也无法将面团膨胀至最大体积，因为面筋韧性过强。当面团到达发酵期间的最高扩展阶段时，即持气能力最大时，而产气量下降（见图2-1-4），也不能使面团膨胀到最大体积，做出的面包体积小、组织不良、颗粒粗。在这种情况下，可在面团搅拌时添加少量蛋白质分解酶，以加快面筋的软化程度，使气体的气室能膨胀；或加入含有淀粉酶的物质，如麦芽粉、麦芽糖等，以延长产气能力，适应面团在发酵期间的扩展。

当面团在发酵期间的扩展比气体产生快时，虽然面团扩展已达到最佳程度，但因没有足够的气体，面团也无法膨胀至最大体积（见图2-1-5），做出的面包体积小，品质亦差。在这种情况下，可增加糖的用量，以延迟面筋的软化程度。

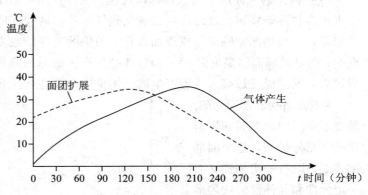

图2-1-5　面团扩展已达到最佳程度而产气量不足的情况

（三）整形 Makeup

面包的整形制作，就是将发酵完成的面团做成各种各样的形状。面包的整形过程包括分割、称量、滚圆、中间醒发、造型、包馅、装盘等一连串的步骤与技巧。

1. 称量 Scaling

称量，把大块面团分切成所需重量的小面团。分割重量是成品的重量加上烘烤损耗（10%~13%）。分割一般有手工分割和机械分割两种。手工分割即先把大面团搓成适当大小的条状再按所需重量分切成小面团。手工分割不易损坏面筋，尤其是筋力较弱的面粉，用手工分割要比机械分割更适宜。而机械分割的速度快，重量也较为准确。不论是手工分割还是机械分割，操作动作必须快速，面团的全部分切时间应控制在 20 分钟内，以免面团发酵过度，影响面包的品质。

2. 滚圆 Rounding

滚圆即把分割成一定重量的面团通过手工或滚圆机搓成圆形。目的是使分割后的面团重新形成一层薄的表皮，以包住面团内继续产生的二氧化碳气体，形成一定的球状，利于下步工序。这是因为经过分割后的小面团已失去了一部分二氧化碳气体，减低了面团柔软程度，而此时面团的发酵作用仍在继续进行，但所产生的二氧化碳气体却从切面逸漏出来，故需要进行滚圆。

3. 中间发酵 Intermediate Proofing

中间发酵即是从滚圆后到造型前的这一段时间，一般通过 15 分钟的发酵，具体时间根据面团的性质是否达到造型要求来确定，其目的是为了使得面团重新产生气体，恢复柔软性，便于造型顺利进行。中间发酵进行时，应尽量不让面团吹风，以免面包品质受到影响。原则上，中间发酵的温度应维持在 30℃左右。因此，最好还是送入醒发箱内进行。

4. 造型 Makeup

造型即是按产品要求把面团整成一定的形状。面团经过中间发酵后，体积又慢慢地恢复膨松，质地也逐渐柔软，这时即可进行面包的造型操作。造型目的，一方面为了拥有美的外观；另一方面也可借助不同的面包样式来划分面包的种类及口味。

一般来说，面包的造型操作可分集体操作和单独操作两种。欧美等国由于劳动力昂贵，制作面包时，大多将一个大面团擀薄或压平后，涂上果酱或填进各种不同口味的馅料，然后卷起，再切成小块面团，这样就完成了造型工作。这种方式省时、省力，可大量生产，但面包式样简单。我国台湾、港澳等地制作面包多是以一个个小面团单独操作成形，面包样式极富变化，精致无比，唯一的缺点是生产缓慢，较费人力。

根据面包的形状、做法，大致可分为直接成形和间接成形两种。而操作的动作则有滚、搓、包、捏、压、挤、擀、摔、拉、折、叠、卷、切、割、转等，每一个动作都有独特的功能，可视造型的需要，相互配合应用。

造型时应注意，一方面要尽快完成造型工作，另一方面要求面包形状大小一致，同时在操作时不要撒太多的面粉，否则会影响成品质量。

5. 装盘 Panning

经最后的造型之后，面包的花样都已固定，这时即可将成形后的面团放入烤盘和模具中，准备进入醒发箱进行最后醒发，让面团再度膨胀以便于烘烤。

当面团要装入烤盘或模具时，除了事先须做好烤盘的清洁卫生外，对于面团的排放距离及数量亦不可忽视。尤其是面团的重量和模具容量的比例大小也会影响到面包的品质。这些事前准备工作一定要在面团分割前做好，才不致耽误面团造型时间，使造型工作顺利进行。

（1）烤盘处理。在面团造型之前，必须先将烤盘或模具以擦或洗的方式清洁干净后，再均匀地涂上一层油脂（不粘烤盘例外）。一般清洁方式是以吸湿力较强的棉织布，用力在烤盘各角及底面来回推擦干净。

（2）面团大小和面包盒容积。由于面包的品种繁多，每一种面包的材料性质不同，加之个人对面包的见解不一，因而面包的重量和体积无法得到一致的比例标准。就装入模具的面包而言，带盖的吐司面包使用面团的重量是模具装水量的25%，无盖主食面团重量是模具装水量的28%（如模具装水重量是1000克，使用面团重量即为280克）。

（3）装盘条件。面团装盘后，还需要最后发酵，因此面团的体积会再度膨胀。一方面为防止面团黏在一块儿，面团装盘时须注意留有适当的间隔距离并注意排放方式；另一方面为防止颜色不均匀或成品质量降低，不同性质或不同重量的面团不能放在一个烤盘烘烤；同时接头部位应朝下放，否则会爆开。

（四）最后醒发 Proofing

最后醒发是面包进炉烘烤前的最后一个工序，也是影响面包品质的一个关键环节。醒发的目的是使面团重新产气、膨松，以得到成品所需的形状，并使面包成品有较好的食用品质。由于面团在整形过程中不断受到滚、挤、压等动作的影响，面团内部在发酵时所产生的气体绝大部分被挤出，面筋也失去原有的柔软性而显得硬、脆。若此时立即进炉烘烤，面包成品必然是体积小、内部组织粗糙、颗粒紧密，且顶部会形成一层硬壳。故要做出体积大、组织好的面包，必须使整形后的面团进行醒发，重新产生气体。若前几道工序出现了差错，在醒发阶段还可进行一些补救，但如果醒发时发生差错，就无法挽回了。因此，醒发阶段的操作要多加小心，避免出错。

影响最后醒发的因素主要有温度、湿度、时间等。

1. 温度

醒发温度范围从28℃到43℃不等，一般控制在35～38℃，略高于基本发酵的环境温度。若温度过高，面团内外的发酵速度不同，烤好的面包也就失去原来的风味，严重时会破坏面包的造型，体积小而扁，同时失去了原有的柔软性。若温度过低，则醒发过慢，时间因而拖长，面团内部形成大而不规则的气孔，造成面包的品质不良。因此醒发箱的温度必须特别注意，严格控制（见表2－1－13）。

表2－1－13　不同的醒发温度对醒发时间及面包体积的影响

编号	醒发温度（℃）	醒发时间（分钟）	面包体积（立方厘米/磅）	编号	醒发温度（℃）	醒发时间（分钟）	面包体积（立方厘米/磅）
1	13.3	270	2160	5	40.0	47	2290
2	21.3	102	2200	6	46.1	41	2260
3	30.0	60	2230	7	51.1	37	2210
4	35.0	50	2270	8	57.2	36	2110

2. 湿度

醒发湿度对面包的体积、组织、颗粒影响不大，但对面包的形状、外观及表皮则影响较大。湿度太小，面团表面水分蒸发过快，容易结皮，使表皮失去弹性，影响面包进炉后的膨胀，面包成品体积小，且顶部形成一层盖，导致面包表皮颜色浅，

表2－1－14　醒发湿度对醒发时间、面包体积、烘焙损耗的影响

编号	相对湿度（%）	醒发时间（分钟）	面包体积（立方厘米/磅）	烘烤损耗（克）
1	25	57	2230	74
2	50	52	2320	72
3	60	54	2230	71
4	80	49	2150	64
5	90	46	2270	64

缺乏光泽，且有许多斑点。另外，低湿度的面团醒发时间比较长，醒发损耗与烘焙损耗也大。湿度太大，面包品质受影响更大，一方面表皮容易形成气泡；另一方面韧性较大，极易碎裂；同时，面包的内部组织及外表会受到极严重的破坏（见表2－1－14）。通常醒发湿度应控制在80%左右。

3. 时间

醒发时间是醒发阶段需要控制的第三个重要因素。一般以45分钟最为理想，但因醒发箱内温度的差异，以及各种面包需要的体积、性质都有所不同，有些特殊面包根本不需要进入醒发箱进行最后醒发，只需放在常温下进行即可，因而一般面包的最后醒发时间在30～60分钟仍属正常。

醒发过度，面包内部组织不好，颗粒粗，表皮呆白，味道不正常（太酸），存放时间缩短。如果所用的是筋力弱的面粉，则醒发过度会缩小面包的体积。

醒发不足，面包体积小，顶部形成一层盖，表皮呈红褐色，边缘没有烤焦的现象。一般而言，装入模具的面团要胀发至烤模边缘八至九成满，即可进炉烘烤。总之，最后醒发时间要视具体需要来定（见表2－1－15）。

表 2 - 1 - 15　当 450 克的面团在醒发温度为 40℃时，
不同醒发时间对面包体积、面包 pH、烘焙损耗等的影响

醒发时间（分钟）	面包体积（立方厘米/磅）	面包 pH	烘焙损耗（%）	醒发时间（分钟）	面包体积（立方厘米/磅）	面包 pH	烘焙损耗（%）
0	1270	5.49	10.2	75	2780	5.31	16.2
15	1610	5.46	11.6	90	3030	5.26	17.8
30	1980	5.41	13.6	120	3550	5.16	19.6
45	2310	5.40	15.3	150	4090	5.13	19.8
60	2640	5.34	16.0				

（五）烘焙 Baking

烘焙是面包制作过程中最后一个步骤，同时也是将面团变成面包的一个关键阶段。当整形好的面团经最后醒发后，体积增至原来的 2~3 倍，此时，即可进炉烘焙。

1. 烘焙过程及其变化

（1）烘焙过程的五个阶段

①烘焙急胀阶段。大约是进炉后的 5~6 分钟之内，在这个阶段，面团的体积由于烘焙急胀作用而急速膨大。

②酵母继续作用阶段。在此阶段，面包坯心的温度在 60℃ 以下，酵母的发酵作用仍可进行，超过此温度酵母活动即停止。

③体积形成阶段。此时温度在 60~80℃，淀粉吸水胀大，固定地填充在已凝固的面筋网状组织内，基本形成了成品的体积。

④表皮颜色逐渐形成阶段。由于蔗糖反应和褐变作用，面包表皮颜色逐渐加深，最后呈棕黄色。

⑤烘焙完成阶段。此时面包坯内的水分已蒸发到一定程度，面包中心部位也完全烤熟，成为可食用的成品。

（2）面团温度、水分的变化及表皮的形成。醒发后的面团入炉后，由于热的作用，面团的温度、水分不断发生变化，使烘焙顺利进行。

面包坯一进炉，即受到比水的沸点高得多的炉温的加热，就受热程度来看，面包表皮受热最为直接，水分蒸发最快，当温湿度达到平衡时，表皮层已达到 100℃，但此时面包中心部位的温度却远远低于表皮温度，由于表里存在着较大的温差，故内层的水分不断向外转移，再经表皮蒸发出去。而内层水分转移的速度小于外层蒸发的速度，因而形成一个蒸发层。随着烘焙的进行，蒸发层逐渐向内推进，使面团内部温度不断升高，最后几乎达到沸点，使整个面团烤熟，成为面包成品。同时，由于蒸发内移，表皮水分的蒸发大于吸收，其动态平衡被打破，故外皮逐渐被烤透，最后形成一层焦黄色外皮。

2. 烘焙条件及其影响

要使烘焙后的产品比较理想，必须根据产品的种类、形状、配方、原料、烘焙状况

等因素选择适宜的烘焙条件。

烘焙条件的选择最主要的因素是温度、湿度及时间。

（1）温度。面包的烘焙，其温度通常应控制在180～230℃的范围内。炉温过高，面包表皮形成过早，会减弱烘焙急胀的作用，限制面包坯的膨胀，使面包体积小，内部组织有大的空洞，且过于紧密，尤其是高成分的面包内部及四边尚未烤熟，但表皮颜色已太深；同时，炉温过高，容易使表皮产生气泡。若炉温太低，酶的作用时间延长，面筋凝固的时间也随之推迟，而烘焙急胀作用则太大，使面包成品的体积超过正常情况，内部组织粗糙，颗粒太大；同时，炉温低，必然会延长烘焙时间，使得面包皮太厚，且表皮无法焦化充分，而显得颜色较浅；另一方面，增加了烘焙损耗，导致面包重量减轻。

（2）湿度。炉内湿度的选择与产品的类型、品种有关。一般主食面包（不带盖的）在烘焙时即使没有蒸汽，其湿度也已适宜。而法式面包的烘焙则必须输入蒸汽约10～12分钟，以保持较高的湿度，烘焙成真正的脆皮面包。若湿度过大，炉内蒸气过多，面包表皮容易结露和起气泡，影响食品品质；若湿度过小，表皮结皮太快，容易使面包表皮与内层分离，形成一层空壳，尤其是不带盖的主食面包更要注意。

（3）时间。烘焙的时间取决于烘焙的温度、面包的体积和重量、配方成分的高低等因素，一般范围为8～55分钟。原则上，炉温高，烘焙时间就短，反之则长；重量越重、体积越大、成分越高、质地越硬的面团烘焙温度低，烘焙时间也就越长；体积小、成分较低、质地较软的面团，烘焙温度高，烘焙时间也就短。总之，面包的烘焙在不烤焦的原则下，熟度要适当。烘焙过度或熟度不足都会影响到面包的品质与风味。

（六）面包的冷却处理

使烤好的面包热气尽快散发出来的方法称为"面包冷却方法"，它是面包生产中必不可少的程序。因热的面包质软，内部含有大量的水蒸气，无法进行切片和包装。若立即进行包装，则因面包温度过高而结露，出现水珠，导致面包容易发霉。所以为了提高生产速度，必须运用各种设备来加速面包的冷却，以达到产量需求。常见的冷却方法有自然冷却法、通风冷却法、空气调节冷却法、真空冷却法（见表2-1-16）。

1. 冷却方法

（1）自然冷却法。这是最简单的冷却方法，这种方法无须任何设备，节省资金，经济实惠，但却不能有效地控制冷却损耗，冷却时间长，受季节影响较大，尤其是盛夏。

（2）通风冷却法。也称空气对流冷却法，此法需要一个密封的冷却室，空气从底部吸入，由顶部排出。由于空气对流，热量被带走，水分被蒸发，面包得到冷却。这种方法比前法所需时间少得多，但仍不能控制水分的损失。

（3）空气调节冷却法。此法通过调节空气的温度和湿度使冷却时间减少，同时可控制面包水分的损耗。

（4）真空冷却法。即是在适当的温度、湿度条件下，使面包能在短时间内冷却的新式的冷却方法。

表 2 - 1 - 16　面包冷却方法比较

方法	优点	缺点
自然冷却法	经济方便	不能有效控制冷却损耗；时间长
通风冷却法	时间较短	不能有效控制冷却损耗
空气调节冷却法	时间短；冷却损耗得到一定控制	设备要求
真空冷却法	时间短；控制冷却损耗	设备要求

2. 冷却要求

任何面包若要进行切片或包装，均应看面包的冷却程度。标准的冷却温度是面包中心部位温度要降到 32℃ 以下，且面包水分含量为 38% ~ 44%，用手触摸时没有热的感觉。这样切片或包装不但能保持面包的外形，而且对其品质也有维护作用。

（七）面包包装

1. 包装的目的

面包经包装后可保持清洁卫生，避免污染。有包装的面包可以避免水分的过多损失，较长时间地保持新鲜度，有效地防止老化变硬，延长货架寿命。再者，经过包装的面包可提高产品的身价，包装本身就是一种增值手段。

2. 包装的方法

一般有手工包装、半机械化包装和自动化包装等方法。这里重点强调包装材料的选择，首先要符合食品卫生的要求；其次要求密闭性能好；最后要求材料价格适宜。在一定的成本范围内尽量提高包装质量。常用的包装材料有纸类、塑料类等。

低温发酵

低温发酵是近年来流行起来的一种制作面包的新方法。低温发酵法，又称冷藏面团发酵法，就是将面团放在冰箱中，让其在低温下（5℃左右）长时间慢慢发酵，给酵母以充足的时间去酝酿出更好的风味。较之于传统发酵法，经低温发酵的面包成品具有质地更细软、弹性更佳、香气更浓、货架寿命更长等特点。

冷藏面团特别适合于包饼连锁经营模式，所以，现已广泛应用于品牌连锁包饼企业。连锁包饼企业建立中央工厂，集中调制面团并冷藏于冰库，再用冷藏车配送至连锁门店。其优点是：通过规范的生产、统一的冷藏标准，保证面包的质量；掌控核心配方和工艺；降低门店生产面积；减少门店设备投资和人力资源的浪费。可以不需要为门店再配制面团搅拌机等设备，也节省了人工；面包房能根据销售需要合理安排生产时间，有效控制库存，减少损耗；顾客能随时品尝到新鲜出炉的面包。

冷藏面团还适合于时段消费型的超市。一般超市每天面包销售集中在中午及下午五六点钟这两个时段，可以采用冷藏面团将调制好或成形好的面团控制在这两个时段进行烘烤，新鲜上柜。

任务二 面包制作

任务目标

了解不同种类面包的基本特性

能熟练制作常用软质面包

能熟练制作常用硬质面包

能熟练制作常用脆皮面包

能熟练制作常用松质面包

面包花样繁多，按其本身的质感大体可分为软质面包、硬质面包、脆皮面包、松质面包四大类。这四种不同质地的面包是根据各自的品质特点，选用不同的材料和配方，采用相应的技术制作而成。

活动一　软质面包制作

一、软质面包的特性

软质面包的特性是组织松软且体轻、膨大，质地细腻而富有弹性。此类面包除了使用面粉、水、酵母、盐四大基本原材料外，还运用鸡蛋、糖、油脂等柔性材料及调配比率的变化，来影响面包的内部组织结构，促进其松软，同时适度增加水分用量更有助于面包的柔软可口，也可以延长面包的存放时间。

二、软质面包的生产工艺流程

面包生产的周期较长，从投料至成品出炉一般需 4~5 小时，最快也得 2~3 小时，通常要依次经过搅拌、基本发酵、整形、最后醒发、烘焙五个主要工序，软质面包的制作也不例外。

（1）搅拌。面团的搅拌是软质面包制作的第一个关键步骤，操作正确与否在很大程度上影响下面的工序，从而影响成品的质量。

搅拌就是将各种原料放入搅拌机（或手工操作）充分混合搅打，最终成为富有弹性、挺而柔软、表面光滑、细腻不黏手的面团。

（2）基本发酵。基本发酵是软质面包制作的第二个关键步骤。基本发酵是将搅拌而成的面团置于适当的温、湿度环境下，使酵母生长繁殖，释放出大量二氧化碳气体，使面团膨胀，形成膨松似海绵状的内部组织结构。

（3）整形。整形就是将发酵完成的软质面团加工成各种各样的形状，这一过程通常包括分割称量、滚圆、中间醒发、成形、装盘（入模）等工序，面包成品的基本外形便是由此确定的。

（4）最后醒发。最后醒发是烘焙前的又一关键步骤。最后醒发是将造型过的面团再次置于适宜的温、湿度环境下，使面团重新产生二氧化碳气体而膨松，以获得最终成品所需要的形状，使面包成品有正常的松软而富有弹性的品质。

（5）烘焙。烘焙是软质面包制作的最后一道工序，是将面团变成面包的一个关键阶段。烘焙就是将整形并完成最后醒发的面团（体积为原来的 2～3 倍为宜）送入预热的烤炉中，用适当的温度、经合适的时间烘烤至内部成熟、表面呈焦黄色。

三、软质面包制作实例

（一）白吐司面包 Toast Bread

1. 原料配方（见表 2－2－1）

表 2－2－1　白吐司面包的原料配方

原料	烘焙百分比（%）	数量（克）	原料	烘焙百分比（%）	数量（克）
高筋面粉	100	2000	无盐黄油（软化）	4	80
水	55～60	1160	奶粉	4	80
糖	4	80	速溶酵母	1.2	24
盐	2	40	改良剂	0.25	5

2. 制作过程

（1）搅拌。把糖、盐先放进搅拌缸内，然后倒入水，再按次序放入改良剂、奶粉、面粉和酵母。先用慢速搅拌 3 分钟左右，使缸内的干性原料和湿性原料全部搅匀，成为一个表面粗糙的面团；加入黄油，改为中速搅拌约 12 分钟，至面筋完全充分扩展即可。

（2）基本发酵。将搅拌好的面团送入醒发箱发酵。醒发箱的温度应为 32℃，相对湿度 75%，发酵时间为 2.5～3 小时（包括翻面的延长发酵）。

（3）分割—滚圆—中间醒发。首先，通过称量把面团分成所需重量的小面团（视吐司盒大小而定），有两种选择，一是选择整块面团整形，直接入盒，一是选择 2～4 块小面团分别整形，再组合入盒。每条吐司面团重量是成品重量加上烘烤损耗量（一般为 10%），分割要注意的是面团重量均匀一致；然后把分割得到的一定重量的面团，通过手工或特殊的机器——滚圆机搓成圆形；最后静置并进行中间醒发，15～20 分钟。

（4）造型。吐司的造型工序包括压薄及包卷。压薄是使面团的气体均匀分布，保证面包成品内部组织一致，从而确保面包成品的内部质量；包卷是把压薄后的面团薄块卷起成形，卷压时，一般要求将面团薄块卷至一定的圈数——两圈半。如选择多个小面团组合，则将每只小面团依同样方法分别造型，动作要迅速，以免每只面团发酵不均匀。造型时，不宜多撒干粉，如面团不干爽，可少许撒粉，以防成品内部有孔洞。最后将造型后的面团放入吐司盒（若使用无不粘层的吐司盒须事先刷油），接头朝下。

（5）最后醒发。即将入盒的面包再送入醒发箱（室）进行最后醒发，通常醒发温度为38℃，湿度为80%，醒发时间为55～65分钟。正常醒发完成的面团应为八至九成满。

（6）烘焙。送入烤箱烘焙（若做方形吐司，则在入烤箱前加盖），烘焙温度在200℃，时间为45分钟左右（根据面包盒大小适当调整）。出炉后，立即脱模，放在冷却架上散热（见图2-2-1）。

图2-2-1 吐司包

（二）甜餐包 Sweet Roll

1. 原料配方（见表2-2-2）

2. 生产过程

（1）搅拌。将面粉、糖、鸡蛋、酵母、盐、奶粉一起放入搅拌缸内，然后将水加入，慢速搅拌1～2分钟。至所有材料混合成团后，再将软化黄油加入，同时将搅拌速度调整到中速，搅拌大约12分钟，至面筋完全扩展即可。

（2）基本发酵。将搅拌好的面团取出，放入发酵缸送进醒发箱内，进行基本发酵，发酵温度32℃，相对湿度

表2-2-2 甜餐包的原料配方

原料	烘焙百分比（%）		数量（克）	
高筋面粉	85	100	1700	2000
低筋面粉	15		300	
砂糖	20		400	
鸡蛋	8		160	
盐	1		20	
速溶酵母	1.2		24	
奶粉	4		80	
改良剂	0.1		2	
水	50		1000	
无盐黄油（软化）	8		160	

75%，发酵时间1.5～2小时，待面团发至2～3倍量时，基本发酵完成。

（3）造型。将面团分割成小面团，重量为30～50克/只。立即进行滚圆，否则会影响其质量。滚圆完成后要进行15分钟左右的中间醒发。中间醒发完成后即可造型。小餐包的造型方法主要利用双手作圆转动，而面团在手掌内自然反向转动、挤压，使内部的气体消失，至面团紧致、表面光滑即可，动作越快越好。最后，整齐排入烤盘，注意保持足够的距离，以免最

图2-2-2 甜餐包

后醒发和烘焙时因体积膨大而相互粘连。

（4）最后醒发。将成形完毕的面团连同烤盘送入温度为36℃、相对湿度80%的醒发箱，进行最后醒发，时间为45～60分钟，待面团发至2～3倍大即可烘烤。

（5）烘焙。将最后醒发完成的面团表面刷上蛋液，送入已预热的烤箱中，烘烤成熟（见图2－2－2）。烘烤的温度在200℃，时间一般为10～12分钟（视面团大小而定）。

（三）北海道吐司面包 Hokkaido Toast

1. 原料配方（见表2－2－3）

表2－2－3　北海道吐司面包的原料配方

原料	烘焙百分比（%）	数量（克）	原料	烘焙百分比（%）	数量（克）
高筋面粉	100	2000	无盐黄油（软化）	8	160
牛奶	40	800	糖	13	260
淡奶油	22	440	盐	1	20
速溶酵母	1	20	鸡蛋	8	160

2. 生产过程

（1）搅拌。将所有材料混合搅拌成团（后油法），直到完全充分扩展，完成之后的面团可以拉出大片薄膜，且不易破裂。

（2）基本发酵。将面团送入醒发箱，发酵至2.5倍大（26～28℃、相对湿度75%、1.5～2小时）。

图2－2－3　北海道吐司

（3）造型。将基本发酵完成的面团分割（视吐司盒容量确定大小）、称量、滚圆；进行中间醒发20分钟；将面团擀压成长方形，两边折起，再压扁擀开（比吐司盒略窄），卷起，造型完成。放入吐司盒中，接头朝下。

（4）最后醒发。送入醒发箱，进行最后醒发（36℃、相对湿度80%、40～60分钟），直到八至九成满；

（5）烘焙。表面刷鸡蛋液，送入烤箱烘焙，上、下火180℃，烤50分钟（烘焙过程中看表面上色状况，适时加盖锡纸，以免表皮颜色过深），直至烤熟烤透，呈现焦黄色即可（见图2－2－3）。

（四）甜甜圈 Doughnut

1. 原料配方（见表2－2－4）

2. 生产过程

（1）搅拌。将所有材料混合搅拌成团（后油法），直到完全充分扩展。

表2-2-4 甜甜圈的原料配方

原料	烘焙百分比（%）		数量（克）	
高筋面粉	71	100	1200	1700
低筋面粉	29		500	
奶粉	6		100	
糖	21		350	
盐	1.2		20	
鸡蛋	15		250	
速溶酵母	1.8		30	
水	41		700	
无盐黄油（软化）	6		100	

图2-2-4 甜甜圈

（2）基本发酵。将面团送入醒发箱，发酵30分钟（32℃、相对湿度75%）。

（3）造型。将面团擀压成0.5厘米厚，用甜甜圈印子刻出圆圈形。

（4）最后醒发。送入醒发箱，进行最后醒发（36℃、相对湿度80%），直到2倍大。

（5）成熟。下160℃的油锅，炸至成熟，呈金黄色，捞出沥油。

（6）装饰。按需要进行装饰点缀（见图2-2-4）。

（五）菠萝包 Bread in Pineapple Shape

1. 原料配方（见表2-2-5）

2. 生产过程

（1）面团搅拌。将汤种的高筋面粉与水倒入厚底锅，充分搅匀至无颗粒，上小火加热，边加热边搅拌，呈糊状即可，加盖冷透，待用；将汤种与面团其他材料一起搅拌，至面筋充分扩展。

（2）基本发酵。将面团送入醒发箱，发酵至2.5倍大（26~28℃、相对湿度75%、1.5~2小时）。

（3）菠萝皮制作。将黄油与糖粉混合，搅打起泡（泛白），分次加入蛋黄，边加便搅打，加入过筛的低筋粉和奶粉，搅拌均匀，冷藏待用。

表2-2-5 菠萝包的原料配方

原料		烘焙百分比（%）	数量（克）	
面团	汤种*	44	700	
	高筋面粉	100	1000	1600
	低筋面粉		600	
	奶粉	9	150	
	糖	16	250	
	盐	0.8	12	
	鸡蛋	19	300	
	速溶酵母	2	30	
	水	25	400	
	无盐黄油（软化）	13	200	
*汤种标准：高筋面粉150克、水650克				
菠萝皮	①	无盐黄油（软化）		480
		糖粉		400
		蛋黄		200
	②	奶粉		100
		低筋粉		800

（4）面团整形。将基本发酵完成的面团分割成 50 克的小面团，滚圆，中间醒发 15～20 分钟，搓圆成形；将冷藏的菠萝皮面团分成 30 克的小面团，搓圆，案板上垫保鲜膜，将菠萝皮面团压扁，覆盖至面包面团上，用塑料刮板在菠萝皮表面压出交叉条纹。

（5）最后醒发。送入醒发箱，进行最后醒发（35℃、相对湿度 75%），至原来 2 倍大。

图 2-2-5　菠萝包

（6）烘焙。送入烤箱烘焙，上火 200℃、下火 180℃，烤 15～18 分钟（为便于上色，可事先刷蛋液），出炉（见图 2-2-5）。

活动二　硬质面包制作

一、硬质面包的特性

从质地上看，此类面包从外到里都硬实，吃时具有嚼劲，质地组织细密，且有越嚼越香的口感。在配方与制作工艺上，与正常面包有一定差异性。从配方上看，属于高成分面包，除了水分比例小外，配方中添加了一定量的鸡蛋、黄油、奶制品、糖等原料；从制作工艺上看，一是面团搅拌时间相对较短，面团质地较硬；二是不需要进行长时间正常发酵；三是整形结束后不需要二次醒发或进行短时间发酵；四是烘焙时，通常用低温长时间烘焙。

二、硬质面包制作实例

（一）菲律宾面包 Philippines Bread（硬质型）

1. 原料配方（见表 2-2-6）

2. 生产过程

（1）面团搅拌。将配方①、②、③放入搅拌缸，先慢速，后中速搅打成粗糙面团，再加入配方④搅拌成相对光滑的面团即告结束。搅拌好的面团理想温度是 27℃ 左右。

（2）造型。将搅拌好的面团直接分割称量，每个面团分成 1000～1500 克，

表 2-2-6　菲律宾面包（硬质型）的原料配方

原料		烘焙百分比（%）	数量（克）
①	老面团*	30	1350
	砂糖	20	900
	鸡蛋	12	540
	盐	1	45
	奶粉	4	180
	牛奶	5	225
	香草精	0.1	4.5
	泡打粉	2	90
②	高筋面粉	60	2700
	低筋面粉	40	1800
	速溶酵母	1.2	54
③	水	20	900
④	无盐黄油（软化）	8	360
*老面团：就是上次做该面包时留下的少量面团			

图2-2-6 菲律宾面包

用压面机反复压制（8~10次），直至呈现自然光泽即可；将擀压好的长方形面团（薄状）卷起，分割成需要的大小，滚圆，中间醒发20分钟（或直接造型），然后造型，如牛角形、梭形、棒形、开花形、动物形等。

（3）最后醒发。温度35℃、相对湿度80%、30~50分钟，约2倍大时，取出刷牛奶。

（4）烘焙。上火200℃、下火160℃，约烤15分钟，至金黄色，趁热刷上少许牛奶即可（见图2-2-6）。

（二）菲律宾面包（偏软型）

1. 原料配方（见表2-2-7）

2. 生产过程

（1）搅拌与发酵。将中种面团的原料低速搅拌3~5分钟，在25~26℃温度下自然发酵2~3小时；将主面团原料加入发酵好的中种面团中，先低速搅拌，再改为中速搅拌，直至面筋形成。

（2）造型。根据面包产品的成形需要，将面团切割成所需大小，直接进行整形，并排入烤盘。

（3）最后醒发。送入醒发箱醒发1.5~2.5小时。

（4）烘焙。刷上全蛋液，入炉烘烤，上火180℃，下火160℃，烤熟，呈金黄色。

表2-2-7 菲律宾面包（偏软型）的原料配方

	原料	烘焙百分比（%）	数量（克）
中种面团	高筋面粉	60	1200
	速溶酵母	1	20
	细砂糖	2	40
	水	55（1200克面包粉的55%）	660
主面团	高筋面粉	40	800
	盐	1.5	30
	细砂糖	14	280
	面包改良剂	0.5	10
	无盐黄油（软化）	6	120
	奶粉	4	80
	水	58	500（2000克的58%，即1160克减去中种面团中使用的660克水）

（三）罗宋面包 Russian Bread

1. 原料配方（见表2-2-8）

表2-2-8 罗宋面包的原料配方

原料	烘焙百分比（%）	数量（克）	原料	烘焙百分比（%）	数量（克）
老面团	18	540	奶粉	5	150
高筋面粉	60	1800	细砂糖	16	480
低筋面粉	40	1200	牛奶	38	1140
速溶酵母	1.5	45	鸡蛋	20	600
盐	0.8	24	无盐黄油（软化）	10	300

图 2 - 2 - 7　罗宋面包

2. 生产过程

（1）将所有材料（黄油除外）放入搅拌缸中混合均匀，搅拌 6 分钟左右，成为一个不黏手且无粉粒状态的面团。

（2）再将软化黄油加入搅拌至均匀且光滑的面团。

（3）案板上撒些高筋面粉，面团表面也撒些高筋面粉，用擀面杖慢慢将面团擀开成为一个方形大薄片。

（4）将面团三折，然后转 90 度再度擀开成为一个方形大薄片，再三折，重复擀开三折这个步骤至少 10 ~ 12 次，使得面皮变得非常细致光滑，最后将面皮三折，再切成 100 等份（每个面团约 60 克）。

（5）将面团的光滑面翻折出来，收口捏紧滚成圆形，在表面罩上保鲜膜，松弛醒发 20 ~ 30 分钟。

（6）将松弛好的小面团用手搓揉成为水滴形状，用手一面搓一面滚动，将面团搓揉成长约 15 厘米的锥形。

（7）用擀面杖将面团擀成薄形倒三角状（前端宽约 15 厘米），将面皮由上往下慢慢地紧密卷起。

（8）完成的面团间隔整齐地放置在烤盘上，表面喷少许水，送入醒发箱中，发酵 30 ~ 40 分钟。

（9）发酵完成前的 8 ~ 10 分钟，将烤盘从醒发箱中取出。烤箱预热至上火 180℃，下火 160℃。

（10）进烤箱前，在发好的面团上轻轻刷上一层全蛋液，用刀在面团中央顺长划切出一道深痕，两头浅一点，中间较深（约 1 厘米深）。

（11）在划痕处刷上无盐黄油，送入烤箱中，烘烤 10 分钟取出，再在面团表面刷上无盐黄油，放回烤箱继续烘烤 10 分钟。

（12）再度将烤盘取出，用耐热硅胶刷将烤盘上的黄油往面包划口处涂抹，再放回烤箱烘烤 10 ~ 12 分钟，至呈均匀金黄色即可。

（13）出炉冷却（见图 2 - 2 - 7）。

活动三　脆皮面包制作

一、脆皮面包的特性

脆皮面包表皮须具有薄脆酥香的特性，内部结构应细致，有不规则的孔洞而少颗粒，组织柔软有韧性但并不太强，吃起来表皮松脆芳香，具有浓馥的麦香原味。提到脆皮面包，不得不联想到法国面包。

二、法国面包的生产工艺流程

（一）搅拌

　　法国面包的配方较为单纯，仅含有面粉、水、酵母、盐，而目前新式的法包在配方中添加了少量的糖和油以帮助面团发酵。真正好的法国面包应采用连续中种发酵法来发酵，即先用配方中15%的面粉与全部的酵母以及与面粉同量的水混合搅拌，先发酵2～2.5小时；然后再使用配方中30%的面粉及与此面粉量同量的水加入第一次中种面团内作第二次搅拌，再发酵2～3小时；再将剩下的55%的面粉与其他原料一起加入中种面团内再度搅拌，并将面筋搅拌到扩展阶段，延续发酵20分钟至1小时（视面团膨胀情形而定），然后作造型处理。利用连续中种发酵法的结果是使面团在经过再次基本发酵之后，其酸度得到了加强，使烤出的面包味道更佳。但现代面包师为了简便，都不愿使用这种方法，多数采用直接发酵法。在使用直接发酵法做法国面包时，最好在基本发酵进行到2/3的时间时进行一次翻面。一般用直接发酵法时酵母的用量约为0.8%（速溶酵母），全部基本发酵时间为2.5～3小时，故翻面的时间在发酵后的2小时左右。法国面包面团搅拌后的理想温度应保持在24℃～25℃，较一般面包面团的温度稍低，以避免面团发酵过久。法国面包面团搅拌时，面筋必须充分扩展，但不可搅拌过头，否则面团造型时不但黏手而且形状不佳。相反，如果搅拌不足，则烤好的面包内部组织粗糙，有颗粒存在，形状也不好，从而影响面包的品质。

（二）发酵与造型

　　法国面包面团发酵的健全与否，不但影响到内部组织，而且对表皮的性质影响也很大。通常发酵的环境温度为32℃，相对湿度为65%。如发酵的时间不足，烤出的面包表皮颜色深且厚，并有极大的韧性，失去松脆的特质；如发酵的时间过长，则面包的外形不佳，表皮薄，甚至呈碎片剥落。故在制作法国面包时，发酵时间的控制极为重要。

　　法国面包如要保持良好的形状，分割后的中间发酵也很重要。如中间发酵不够，面团韧性太大，整形时容易破皮；如中间发酵太久，则面团内所产生的空气又太多，也得不到良好的形体。一般中间发酵需要注意防止面团表皮结干皮。整个中间发酵时间约为15分钟。

　　造型为制作法国面包的重要步骤之一，最要紧的须将面团卷得紧实，但不可将表皮弄破；同时底部接合之处须用手掌压紧，以免在烤炉内膨胀时破裂。折卷前面团压平

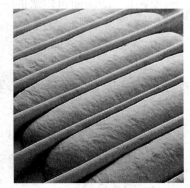

图2－2－8 成形面坯的排放

时无须像吐司面包似地将面团中的气体全部压出，因为法国面包的内部组织本是多孔的，面团中的气体可帮助面包膨大，并减少颗粒的存在，只要折卷时卷紧一点就可以了。法国面包的式样很多，既有1磅重长条形的，也有半磅重橄榄形的，还有手杖形的和椭圆形的等。整形好的面坯排放在撒过面粉的帆布上，注意每条之间留足距离，再将帆布拉成山棱形，使面坯处于"山坳"里（见图2－2－8）。

（三）最后醒发与烘烤

法国面包面坯的最后醒发（35℃，湿度55%～60%），大约发至八成即可。这是因为最后发酵的时间过长，面包就会失去向上支撑的力量，进炉后会向两边扩张，形成扁

图2－2－9 刀口的划法

平式样，形状极不理想。同时法国面包在进炉前须用锋利的刀片在顶部划数道刀口（见图2－2－9），如最后醒发过久，刀片划口后面团会随着压力塌下，无法得到饱满的形状。划口的目的是防止面包在烤炉中膨胀时从腰部或底部爆裂。划口的深浅可视最后醒发的程度而定，如最后醒发时间短，就划得深一点；如最后醒发时间久，则划得浅一点。划口时须用锋利的刀尖，同时动作要快。法国面包最后醒发的时间无法做确切的规定，一般须用手指测试面团的弹性而定，如手指按下去面团弹性不大即可准备进炉。

烘焙法国面包应用蒸汽烤炉，烘焙的初期应注入蒸汽，否则面包的表皮不会松脆。一方面由于蒸汽中的水分与面团外表的淀粉产生糊化反应，部分淀粉形成了糊精，一旦停止蒸汽的注入，糊精则会很快与面团中的糖结合，产生焦化作用，使之上色，进而形成薄、脆、亮的外表；另一方面，在烘焙早期，蒸汽的注入，可防止面团表皮过早形成，从而使面团快速而均衡地、最大限度地膨胀；同时蒸汽的注入也有利于烤箱温度的上升。

面包进炉时，炉温应在220℃以上，待面包表面开始产生焦黄颜色时，即可将炉内蒸汽停止。法国面包烘焙的时间也无法做明确的规定，一般在35～45分钟，用手指在面包顶部弹几下发出空空的声音则表示已经熟透可以出炉。出炉后的面包不可堆放在一起，应等到完全冷却后才可放在架上出售。

三、脆皮面包的制作实例

（一）法棍面包 Baguette（直接法）

1. 原料配方（见表2－2－9）

2. 制作过程

（1）搅拌。将配方①的原料放入搅拌缸

表2－2－9 法棍面包（直接法）的原料配方

	原料	百分比（%）	数量（克）
①	高筋面粉	100	10000
	水	58	5800
	酵母（新鲜）	2	200
	改良剂	0.25	25
	盐	2	200
	砂糖	2	200
②	无盐黄油（软化）	2	200

内慢速搅 2 分钟，中速搅 3 分钟；加入配方②的原料，慢速搅 2 分钟，中速搅约 12 分钟，至面筋充分扩展，搅拌完成。

图 2 - 2 - 10　法棍面包

（2）基本发酵。将搅拌完成的面团放入温度为 32℃、相对湿度为 65% 的醒发箱内进行基本发酵，至 2 小时左右翻面，再延续发酵 45 分钟。

（3）造型。将基本发酵完成的面团进行分割，350 克/只（或视情况而定）、滚圆，中间发酵 15 分钟后造型。

（4）最后醒发。将整形好的面团放入醒发箱内进行最后醒发，整个发酵时间大约需要 40 分钟，至八成时，取出，在表面划口数道。

（5）烘焙。送入 230℃ 的烤炉内，前 10 分钟带蒸汽烘焙，烘焙约 30 分钟，即告完成（见图 2 - 2 - 10）。

（二）法棍面包（中种法）

1. 原料配方（见表 2 - 2 - 10）

2. 生产过程

（1）将中种面团部分原料放入搅拌缸内慢速 2 分钟、中速 3 分钟搅拌成团，面团温度为 24℃。

（2）将中种面团放入醒发箱，发酵温度 26℃，相对湿度 75%，发酵时间约 3 ~ 4 小时。

（3）将主面团原料加入（2）中，慢速 2 分钟、中速 12 分钟，搅拌至面筋充分扩展，面团温度为 28℃。延续发酵 30 分钟后进行分割。

（4）后续操作程序同直接法。

表 2 - 2 - 10　法棍面包（中种法）的原料配方

	原料名称	百分比（%）	数量（克）
中种面团	高筋面粉	75	7500
	水 *	60	4500
	酵母	2	200
	改良剂	0.25	25
主面团	高筋面粉	25	2500
	水 *	58	1300
	糖	2	200
	盐	2	200
	无盐黄油（软化）	2	200

* 水的百分比是单独对应不同面团中面粉的量，其他原料是对应面粉总用量。

（三）维也纳面包 Vienna Bread（直接法）

1. 原料配方（见表 2 - 2 - 11）

表 2 - 2 - 11　维也纳面包（直接法）的原料配方

原料名称	百分比（%）	数量（克）	原料名称	百分比（%）	数量（克）
高筋面粉	100	10000	奶粉	3	300
水	60	6000	酵母	2	200
糖	3	300	盐	2	200
无盐黄油（软）	4	400	改良剂	0.25	25

2. 生产过程

（1）搅拌。将所有原料（油除外）放入搅拌缸内，用慢速搅拌2分钟，加入油，用中速搅拌至面筋充分扩展。面团理想温度为26℃。

（2）基本发酵。将搅拌完成的面团送入醒发箱内进行基本发酵，大约需2小时40分钟。

（3）造型。将基本发酵完成的面团进行分割、滚圆，中间发酵15分钟后造型。

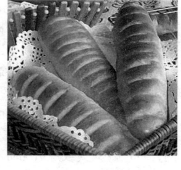

图2－2－11 维也纳面包

（4）最后醒发。送入温度为38℃、相对湿度为80%的醒发箱内，进行最后发酵，大约需40分钟。

（5）烘焙。在最后发酵好的面团横划数道刀口，送入205℃的烤炉中烘焙，前10分钟带蒸汽烘焙，整个烘焙35～40分钟，即告完成（见图2－2－11）。

（四）意大利面包 Italian Bread（直接法）

1. 原料配方（见表2－2－12）

表2－2－12 意大利面包（直接法）的原料配方

原料名称	百分比（%）	数量（克）	原料名称	百分比（%）	数量（克）
高筋面粉	100	10000	酵母	2	200
水	58	5800	面包改良剂	0.25	25
盐	2	200			

2. 生产过程

（1）搅拌。将所有原料放入搅拌缸用慢速搅拌2分钟，中速搅拌至面筋充分扩展，面团理想温度为26℃。

图2－2－12 意大利面包

（2）基本发酵。进行基本发酵2小时40分钟。

（3）整形。将基本发酵完成的面团进行分割、滚圆，中间发酵15分钟后整形。

（4）最后醒发。送入醒发箱内，进行最后发酵，约40分钟。

（5）烘焙。顺长将面团从头到尾划一刀口，送入205℃的烤箱中，前10分钟带蒸汽烘焙，整个烘焙35～40分钟，即告完成（见图2－2－12）。

 课堂思考

制作脆皮面包时，为什么在烘焙初期要向烤箱中注入蒸汽呢？

活动四　松质面包制作

一、松质面包的特性

松质面包因质地酥松、爽口，味道香醇，且富有层次感的外观而闻名。丹麦包属于一种成分较高、成本较贵的高级面包，其制作方法与一般面包不同，是以搅拌好的面团裹入油脂，然后经过压面擀薄、折叠的操作过程，再进行最后醒发、烘焙才能完成。

二、松质面包的生产工艺流程

松质面包生产工艺流程主要包括基本面团搅拌—基本面团发酵—分割称量—面团冷藏（冻）—裹油（涂油）—擀压与折叠—造型—第二次发酵—烘焙等一连串的过程。

（1）基本面团搅拌。松质面包的面团搅拌不宜过久，因为后面还有擀压折叠的工序要做，故面团不可过度搅拌，以面筋开始扩展为宜，时间约 5 ~ 8 分钟，搅拌好的面团的理想温度为 16℃，通常使用冰水来控制面团温度。

（2）面团基本发酵与分割。搅拌好的面团放入发酵缸中，置于温度为 28 ~ 30℃、相对湿度 75% 的醒发箱中，发酵 40 ~ 60 分钟，发酵完成后，按适当的分量分割（以利于操作为目的），面团的分量以 2000 克为适合。

（3）面团冷藏（冻）。将分割完成的面团滚圆，然后套上塑料袋（稍微有些空隙），放入 –10℃ 左右的冷库中进行冷冻（或在 0 ~ 5℃ 冰箱中冷藏 15 ~ 20 小时），面团冷冻时间为 2 小时左右。使用前，移入冷藏箱化冻，待面团恢复至适当的软硬度时进行下一个步骤。

图 2 – 2 – 13　裹油

（4）裹油。裹油即将冷黄油（或起酥油）敲打成边长 20 厘米的正方形。将冷藏好的面团取出，擀成 1 厘米左右厚度的正方形 25 厘米 × 25 厘米，裹入黄油，并将面团接头捏紧（见图 2 – 2 – 13），使面团平均包住整块黄油，这样才能使面团与黄油均匀融合，以利于下面的操作。

（5）擀压与折叠。面团包入黄油之后，其厚度较大，若直接用压面机一次压薄，有可能会将面团内的黄油推挤至一边，造成分布不均，故必须先用面棍在面团表面平均敲打，使面团扩展至适当厚度，再用压面机擀压。面团在经过压面机时不能一次压得太薄，以免造成损坏，应由厚至薄来回重复压擀，最后厚度不超过 0.6 厘米为佳。将面团压薄至 0.6 厘米时，其外形约是 60 厘米 × 20 厘米的长方形，此时即可将其折叠成三折

图 2-2-14 三折法

（见图 2-2-14），随后放入冷藏箱松弛 30 分钟（即为第一次折叠），然后，重复进行擀压和折叠，以相同的方法共计三折三次，即告结束。需要注意的是在整个裹油、擀压、折叠的过程中，必须注意面团与油脂的软硬度，只有两者的软硬度基本相同时，才能取得较理想的效果。

（6）造型。擀压、折叠、松弛完成的面团可根据具体的要求进行造型或包馅。一般包馅的松质面包面团擀压后的平均厚度在 0.3~0.5 厘米为适宜，最后发酵完成后放馅的厚度为 0.7~0.8 厘米为宜，而丹麦吐司面包平均厚度在 1.0~1.2 厘米左右。需要注意的是，整个造型工作应在冷气房中操作，且每次造型的分量不宜过多，否则会因面团的发酵前后不一，影响品质及造型困难。

（7）最后醒发。松质面包因内部含有大量的低温油脂，故其发酵的温度应低于一般面包。一般丹麦面包最后发酵环境是：醒发温度 28℃、相对湿度 65%，直接造型完成的小型松质面包发酵时间为 45 分钟左右；丹麦吐司因体积大，醒发时间为 70 分钟左右。若将造型好的松质面包冷冻一夜以上的，在烘焙前，必须事先由冷冻库转入冷藏库，放置 4~6 小时，化冻后再放在常温下给予充分回温，而后进行最后醒发为佳。

（8）烘烤。刷上全蛋液，送入事先预热的烤箱中进行烘焙。小型松质面包的烘焙温度为上火 220℃、下火 200℃，烘焙时间 10~15 分钟；丹麦吐司包一般是上、下火 170℃ 左右，烘焙时间 30~40 分钟。

三、松质面包面团的制作

（一）丹麦包面团 Danish Pastry Dough

1. 原料配方（见表 2-2-13）

2. 生产过程

（1）面团搅拌。丹麦面包的面团搅拌程度不宜过度，因还需要经过数次的压面、折叠擀薄过程，故面团的搅拌程度以面筋开始扩展为宜。搅拌好的面团的理想温度应为 16℃ 左右，通常利用冰水来控制面团温度。

（2）基本发酵与分割。搅拌好的面团进行基本发酵，醒发箱温度为

表 2-2-13　丹麦包面团的原料配方

	原料		烘焙百分比（%）	重量（克）
面团	①	高筋面粉	80	1600
		低筋面粉	20	400
		细砂糖	15	300
		食盐	1.5	30
		奶粉	5	100
		改良剂	0.2	4
		速溶酵母	1.5	30
		鸡蛋	15	300
	②	冰水	45	900
		无盐黄油（软）	8	160
裹入油		无盐黄油（或起酥油）	为面团重量的 20%~30%	

28℃，相对湿度为75％，基本发酵时间为40～60分钟，然后按适当的分量进行分割。

（3）面团冷冻（藏）。分割好的面团应先压成1～2厘米左右厚度的长方形，然后用塑料袋密封，放入–10℃左右的冰箱中进行冷冻，冷冻时间约为2小时左右，待面团已有适当的软硬度时再取出，进行下一个步骤。注意，若临时不用，此面团放置隔日操作也无妨，但必须事先取出放置于5℃的冷藏箱中解冻，使面团恢复到适当软硬度后，再进行下一步操作。

（4）裹油。将冷藏好的面团取出，擀成正方形（四角薄些，中间保持厚度）裹入黄油。

（5）擀压与折叠。先用面棍在面团表面平均敲打，使面团扩展至适当厚度，再用压面机压擀，至0.6～1厘米的厚度为佳，外形为60厘米×20厘米的长方形，将其折叠成三折，随后放入冷藏箱松弛30分钟，如此重复擀压、折叠，共计三折三次，待用。

（二）牛角包（可颂）面团 Croissant Dough

1. 原料配方（见表2–2–14）

2. 生产过程

（1）面团搅拌。将面团用所有原料放入搅拌缸，搅拌成光滑的面团，面团理想温度为16℃。

（2）基本发酵与冷藏。送入醒发箱，温度为28℃，相对湿度为65％，基本发酵时间为60分钟左右。然后进行分割，分割重量每块2000克。随后压成长方形（长是宽的3倍），保鲜膜封盖冷藏（冷藏时间为45～60分钟）。

表2–2–14　牛角包（可颂）面团的原料配方

	原料	烘焙百分比（％）	数量（克）
面团	面包粉	100	800
	牛奶	57	456
	即发干酵母	1.5	12
	细砂糖	4	32
	盐	2	16
	软化黄油（软）	10	80
裹入油	涂抹黄油（软）	50	400

（3）擀压与折叠。将冷藏好的面团取出，涂上黄油，涂抹面团的2/3面积，边缘留出1厘米空白。然后折叠三层，先将未涂抹黄油的1/3面皮折向中间，覆盖中部1/3涂黄油处，再将剩余涂黄油的1/3翻折上来。同样方法，重复擀压和折叠，共三次，每次放入冰箱冷藏，松弛15分钟。最后将操作完成的面团再擀压成所需要的厚度，进行各种样式的造型。

四、松质面包的制作实例

（一）奶油核桃包 Walnut & Butter Croissant

1. 面团

牛角包面团。

2. 制作方法

（1）将面团压成或擀成厚约0.4厘米、宽约30厘米的长方形。

（2）在擀好的面团表面均匀地涂上一层薄薄的黄油（事先软化好），然后再将核桃碎（事先烤熟）撒在面皮上，进行顺长三折，将其接头朝下放置，用面棍轻轻滚压几下，使其表面光滑整齐。

（3）将折叠好的面团切成三角形状，并排在烤盘中，进行最后发酵（发酵温度28℃，相对湿度65%，时间约45分钟）。

（4）待面团发至2倍大时，取出刷一层全蛋液后，送入上火220℃、下火200℃的烤箱中，烘烤8~12分钟取出，趁热涂上少许透明光亮剂（见附：透明光亮剂）即可。

附：透明光亮剂 Clear Glaze

1. 原料配方（见表2-2-15）

表2-2-15　透明光亮剂的原料配方

原料	百分比（%）	数量（克）
水	50	100
玉米糖浆	100	200
砂糖	50	100

2. 生产过程

（1）将水、玉米糖浆、砂糖放入煮锅中，边加热边搅拌，煮沸至糖完全溶解即可。

（2）趁热使用，或使用前重新加热。

（二）三角丹麦包（Danish Triangle）

1. 面团

丹麦包面团。

2. 制作方法

（1）将面团擀压至0.4厘米的厚度，用轮刀切割成10厘米×10厘米的正方形。

（2）将成形的面团一角切割两刀，深至底部，表面先涂刷些蛋水，然后把馅料放入面团中央（馅料可随意），将面片对折，裂口处朝上，同时将接头按紧。

（3）将造型完成的面团平均排放在烤盘中，表面刷上蛋水，进行最后发酵（发酵温度28℃，相对湿度65%，时间50分钟）。

（4）待发至2倍大时取出，送入上火220℃、下火200℃的烤炉中，烘烤8~12分钟，至金黄色，出炉后趁热刷上透明光亮剂。冷却后，将两端粘上熔化的黑（白）色巧克力即可。

（三）丹麦松卷 Danish Pastry Roll

1. 面团

丹麦包面团。

2. 制作方法

（1）将面团压至 0.3 厘米的厚度，然后切成三角形（高 12 厘米，底宽 4 厘米）。

（2）表面刷上少许蛋液后，将面团卷起，同时以边卷边拉长的方式卷成形，然后放入烤盘中，进行最后发酵（发酵温度 28℃，相对湿度 65%，时间 50 分钟）。

（3）待面团发酵至原来的 1.5～2 倍大时，刷上蛋液（可撒上少许切碎的芝士），送入上火 220℃、下火 200℃的烤炉中，烘烤 8～12 分钟，至金黄色即可。

（四）水蜜桃果排 Danish Peach Pastry

1. 面团

丹麦包面团。

2. 制作方法

（1）将面团压擀至 0.4 厘米厚，使用轮刀将面团分割成 40 厘米 ×8 厘米的长方形 2 片。

（2）将其中一片面片表面刷上全蛋液，将事先准备的馅料均匀铺放在上面（用卡仕达酱、水蜜桃做馅），面片周边各留出 1 厘米的空白，并刷上蛋液；同时用刀将另一片面团中间横向切割数道刀口，然后将切割后的面片覆盖在前面的面片上，并将周边压紧。同时用叉子在面团边缘划压成几道印痕（美化作用），进行最后发酵（发酵温度 28℃，相对湿度 65%，时间 45 分钟）。

（3）待发酵至 1.5～2 倍量时，表面刷上少许全蛋液，送入上火 200℃、下火 180℃的烤箱中，烘烤约 15～20 分钟至金黄色，趁热刷上透明光亮剂即可。

卡仕达酱（Custard Sauce）

1. 原料配方（见表 2－2－16）

表 2－2－16 卡仕达酱的原料配方

原料	百分比（%）	数量（克）
牛奶	100	500
砂糖	12.5	62.5
蛋黄	8	37.5
全蛋	11	55
玉米淀粉	8	37.5
砂糖	12.5	62.5

续表

原料	百分比（%）	数量（克）
黄油	6	30
香草精	1.5	7.5mL

2. 生产过程

（1）将糖放入牛奶中，加热至沸腾，糖溶解。

（2）将蛋黄和全蛋打在一个不锈钢盆里，用打蛋器加以搅拌。

（3）把玉米淀粉和糖一起加入经搅拌的鸡蛋混合物中，用打蛋器搅拌至光滑无颗粒。

（4）将煮沸的牛奶缓缓倒入（3）中并不断搅打，再放回煮锅中。

（5）用中小火加热至沸腾，同时不停地搅拌，熬至稍微黏稠至淀粉完全糊化，离火。

（6）最后拌入黄油和香草精，搅拌至黄油融化，并混合均匀即可。

（7）将其倒入干净、消毒的平底盘子里。用保鲜膜覆盖表面，以防结皮，或在表面撒少许糖，然后蒙上一层蜡纸，使其尽快冷却。

（五）牛角包 Croissants

1. 面团

牛角包面团。

2. 制作方法

图 2 - 2 - 15　牛角包

（1）将面团擀至 0.4 厘米厚度的长方形，用尺子和滚刀切割成高为 14 厘米、底宽为 7 厘米的三角形，在三角形的底边中间切一小口，把切口拉开，用手拉住面片的尖端，以边卷边拉的方式，将三角面皮卷起，再用双手稍稍搓动两端，三角形的尖端必须压在底下，最后做出弯曲的牛角形。

（2）最后醒发，温度为 28℃，相对湿度为 65%，醒发时间约为 45～60 分钟，刷蛋液，送入上火 220℃、下火 200℃ 的烤箱中，烤 10～12 分钟。

（3）烤好的面包趁热涂刷上一层透明光亮剂，以增加光泽（见图 2 - 2 - 15）。

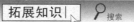
拓展知识　🔍搜索

面包品质的鉴定

因地区及制作工艺的不同，面包品质都不一样，消费者的适应性也有差异，所以要制定一个大众化标准的面包是一件很困难的事情。况且，面包的品质鉴定工作大多是依照个人的经验，没有科学仪器的帮助，很难做到百分之百的判断正确。但是不管面包的制作工艺如何不同，面包在质地上有何差异，其基本的制作方法如良好的原料配方、熟练的操作技术、正确的搅拌方法和健全的发酵过程，都是要按照一定规律去进行的。所以，正常生产出来的面包应合乎基本公认要求，根据这些要求，就可以设计基本的标准，参照这种标准，就可以确定一个品质鉴定的方法。目前，国际上大多数采用由美国烘焙学院 1973 年所设计的面包品质评价方法（见表 2 - 2 - 17），它把面包的评分定为 100 分，分为内、外两大部分，其中外表品质又分 5 项，共占 30 分，内部品质也有 5 项，共占 70 分。一个标准的面包很难达到 95 分以上，但最低不可低于 85 分。

表 2 - 2 - 17　面包品质鉴定评分标准

项目	评分部位	评分分数（100 分）
外表（30%）	体积	10
	表皮颜色	8
	式样	5
	烘焙均匀程度	4
	表皮质地	3
内部（70%）	颗粒	15
	内部颜色	10
	香味	10
	味道	20
	组织与结构	15

注：各项评分总分在 85 分以上才算合格

1. 外表评分

面包外表评分包括体积、表皮颜色、式样、烘焙均匀程度、表皮质地 5 项，共 30 分。

（1）体积（10 分）。面包是一种发酵食品，它的体积与使用原料的优劣、制作方法的正确与否有相当重要的关系。由生面团至烤熟的面包必须膨胀至一定的体积，并不是说体积越大越好，因为体积膨胀过大，会影响内部的组织，使面包多孔而过分松软；而如果体积膨胀不够，则会使组织紧密，颗粒粗糙，所以对体积有一定的规定。例如，在作烘焙实验时，多数采用美式不带盖的白吐司面包来作对比，一条标准的白吐司面包的体积，应是此面包重量的 6 倍，最低不可低于 4.5 倍，所以评定面包体积的得分，首先要订出这种面包合乎标准的体积比，即体积与重量之比，体积可用"面包体积测定器"来衡量。

（2）表皮颜色（8 分）。面包表皮颜色是由适当的烤炉温度和配方内糖的使用而产生的正常的表皮颜色——金黄色，顶部较深而周边较浅。不应该有黑白斑点的存在，正确的颜色不但使面包看起来漂亮，而且能产生焦香的香味。如果表皮颜色过深，可能是炉火温度太高，或是配方中使用的糖量太多，基本发酵不够，等等；如果颜色太浅，则多属于烘焙时间不够或是炉温太低，进炉时每盘之间没有间隔距离，配方中糖的用量过少或是面粉中糖化酶作用差，基本发酵时间太长等原因。所以面包表皮颜色的正确与否不但影响外形的美观，同时也反映面包的品质。

（3）外表式样（5 分）。正确的式样不仅是顾客选购的焦点，而且也是鉴定面包品质的重要依据之一。以主食白吐司为例，出炉后应方方正正，边缘部分稍呈圆形而不可过于尖锐，两头及中间应一样齐整，不可有高低不平或四角低垂等现象，两侧会因进炉后的膨胀而形成寸宽的裂痕，应呈丝状地连接顶部和侧面，不可断裂成盖子形状。其他各类面包均有一定的式样。

（4）烘焙均匀程度（4分）。这是指面包的全部颜色而言，上下及四边颜色必须均匀，一般顶部应较深，如果出炉后的面包上部黑而四周及底部呈白色，则这条面包一般是没有烤熟的。烘焙均匀程度主要反映烤炉工序使用的上、下火的温度及时间控制是否恰当。

（5）表皮质地（3分）。良好的面包表皮应该薄而柔软，不应该有粗糙破裂的现象，当然某些品种如法国面包、维也纳面包例外，配方中适当的油和糖的用量以及发酵时间的控制得当与否，均对表皮质地有很大的影响。一般而言，配方中油和糖的用量太少会使表皮厚而坚韧，发酵时间过久会产生灰白而破碎的表皮，发酵不够则产生深褐色、厚而坚韧的表皮。烤炉的温度也会影响表皮质地，温度过低造成面包表皮质地僵硬而无光泽；温度过高则表皮焦黑而龟裂。

（二）内部评分

面包内部评分包括颗粒状况、内部颜色、香味、味道、组织与结构五项，共占70分。

1. 颗粒状况（15分）。面包的颗粒是由面粉中的面筋经过搅拌扩展，和发酵时酵母所产生的二氧化碳气体的充气，形成很多网状结构，这种网状结构把面粉中的淀粉颗粒包在网状的薄膜中，经过烘焙后即变成颗粒的形状。颗粒状况不但影响面包的组织，而且影响面包的品质；如果面团在搅拌和发酵过程中操作得当，面筋所形成的网状结构较为细腻，烤熟后的面包内部的颗粒也较细小，且有弹性，柔软的面包在切片时不易碎落；如果使用的面粉筋度不足，或者搅拌和发酵不当，则面筋所形成的网状结构较为粗糙且无弹性，以致烤好后的面包形成的颗粒粗糙，一经切割会有很多碎屑落下。评定面包颗粒状况要看整个面包内部组织应细柔而无不规则的孔洞。大孔洞的形成多数是整体不当引起的，但松弛的颗粒则为面筋扩展不够，即搅拌、发酵不当引起的。

2. 内部颜色（10分）。面包内部颜色为洁白色或乳白色并有丝样的光泽，一般颜色的深浅多为面粉（材料）的本色，如果制作得法，则会产生丝样的光泽，这只有在正确的搅拌和健全的发酵状态下才能产生的。

3. 香味（10分）。面包的香味是由外皮和内部两个部分共同产生的。外表的香味是由面团表面经过烤焙过程所发生的焦化作用，与面粉本身的香，形成一种焦香的香味，所以烘焙面包时一定要使其周边产生金（褐）黄的颜色，否则面包表皮不能达到焦化程度就无法得到这种特有的香味；面包内部的香味是烘焙过程中所产生的乙醇、酯类以及其他化学变化，同时综合了面粉的麦香味及各种使用的材料所形成的面包香味。评定面包内部的香味，是将面包的横切面放在鼻前，用双手压迫面包，闻其发出的气味。正常的香味除了不能有过重的酸味外，还不可有霉味、油的酸败味或其他气味，另外，乏味一般说明面团的发酵不够，也是不正常的。

4. 味道（20分）。各种面包由于配方的不同，入口咀嚼时味道各不相同，但正常的面包咬入口内应很容易嚼碎，且不粘牙，不可有酸和霉的味道，有时面包入嘴遇到唾液会结成一团，产生这种现象是由于面包没有烤熟的缘故。

5. 组织与结构（15分）。这与面包的颗粒状况有关，一般来说，内部的组织结构应该均匀，切片时面包屑越少结构越好，如果用手触摸面包的切割面，感觉柔软细腻即为结构良好，反之触觉粗糙且硬即为组织结构不良。

❓ 思考与训练

一、课后练习

（一）填空题

1. 发酵面包诞生于公元前 3000 年前后的_____。

2. 按自身质地，面包分为_____、_____、_____、_____四类。

3. 面包生产的四大基本原料是_____、_____、_____和_____。

4. 面粉根据其蛋白质含量高低，可分为_____、_____和_____三种类型。

5. 面粉中含有多种蛋白质，其中_____、_____不溶于水，是形成面筋的主要成分。

6. 影响面团吸水量的主要因素有_____、_____、_____、_____及其他多糖类。

7. 酵母是制作面包必不可少的一种生物膨松剂，常见的酵母有_____、_____、_____以及_____等。

8. 影响酵母发酵的主要因素有_____、_____和_____三个方面。

9. 综合面包改良剂是由_____、_____和_____复合而成的。

10. 直接发酵法生产面包的五大工艺流程是_____、_____、_____、_____和_____。

（二）选择题

1. 制作面包的面粉，其蛋白质的含量应为(   )。
   A. 6%～7%　　　　B. 7%～8%　　　　C. 8%～9%　　　　D. 11%～13%

2. 盐在面包制作时的用量一般占面粉的(   )。
   A. 0.8%～2.2%　　B. 2.5%～3%　　　C. 4%～5%　　　　D. 6%～8%

3. 水是面包生产中的重要原料，可直接用于面包制作的是(   )。
   A. 地表水　　　　B. 地下水　　　　C. 自来水　　　　D. 雨水

4. 水在面包制作中使用量约占面粉重量的(   )。
   A. 10%～20%　　　B. 30%～40%　　　C. 50%～65%　　　D. 70%～80%

5. 选择面包用水，pH 值应在(   )。
   A. 1.5～2.5　　　B. 3～4　　　　　C. 4.5～5.5　　　D. 7.5～8

6. 酵母在面包制作中的理论使用量约占面粉重量的(   )。
   A. 1%　　　　　　B. 3%　　　　　　C. 5%　　　　　　D. 7%

7. 油脂的多少对面包生产有着一定的影响，一般情况下，油脂最适当的用量为面粉的(   )。
   A. 1%～3%　　　　B. 6%～10%　　　C. 15%～25%　　　D. 30%～50%

8. 蛋应用于面包制作时多以全蛋加入，一般甜面包较适合的含蛋量在(　　)。
   A. 3%～5%　　　　　B. 8%～16%　　　　　C. 20%～35%　　　　D. 40%～50%

9. 温度是影响面包面团发酵的主要因素之一，一般面团理想的温度为(　　)。
   A. 15℃　　　　　　B. 26℃　　　　　　C. 38℃　　　　　　D. 46℃

10. 中间醒发即是从滚圆后到整形前的这一段时间，一般不超过(　　)。
   A. 15 分钟　　　　　B. 25 分钟　　　　　C. 35 分钟　　　　　D. 45 分钟

（三）问答题

1. 酵母菌的生活习性怎样？

2. 盐在面包生产中的功用怎样？

3. 水在面包生产中的有何功用？

4. 酵母在面包生产中的作用有哪些？

5. 什么是烘焙百分比？与实际百分比有何不同？

6. 四大类型面包的特性是什么？

7. 如何判断面包面团是否搅拌至适当程度？

8. 面包整形时需注意哪些问题？

9. 糖对面包生产工艺及其制品有何影响？

10. 油脂对面包生产工艺有何影响？

11. 面团搅拌不当对面包品质有何影响？

12. 如何判断低筋面粉与高筋面粉？

13. 翻面的目的是什么？

14. 详述面包生产的工艺流程。

15. 试比较面包不同冷却方法的优劣。

二、　拓展训练

（一）根据面包发酵的基本原理，通过实验，分别说明面团的产气量与持气能力在不同状况下对基本发酵的影响。

（二）运用所学知识与技能，每个实训小组创制面包 2 款。

当班饼房

知识目标

了解饼房的基本工作任务，懂得蛋糕类、派与挞类、饼干类、冷冻甜品类及泡芙、布丁、舒芙蕾等常见品种的基本制作原理，熟悉饼房常用产品的工艺流程及其品质特点。

技能目标

能根据具体品种合理选择和使用原料；能运用制作原理，熟练制作出符合质量标准的蛋糕、派、挞、饼干、冷冻甜品、泡芙、布丁、舒芙蕾等常见饼房产品，并能进行简单的创新开发；胜任饼房岗位工作。

学习目的意义

饼房是包饼房两大基本岗位部门之一，每日承担除面包以外的各类糕饼、甜品等的生产制作。因其工艺特性，当班饼房是一个富有趣味性、艺术性、创造性的岗位工作。饼房产品种类多，工艺差别大，特殊性强，要求高，难度大，尤其对制作者的创意、造型和色彩搭配等艺术天赋有较高的要求。通过学习训练，学生不仅掌握除各类糕饼、甜品的制作基本技能，同时培养学生的创新能力和艺术表现力。

模块内容描述

本模块主要围绕饼房的工作任务展开，通过分析饼房岗位工作活动，提取该岗位的典型工作任务，以此作为本模块的教学内容，并将工作过程嫁接到具体教学过程中来。本模块主要学习各类糕饼、甜品等制作工艺，按"蛋糕类""派与挞类""饼干类""冷冻甜品类"及"泡芙、布丁、舒芙蕾"等饼房常用品种分别进行讲解、示范和实训。围绕五个工作任务的操作练习，熟练掌握其操作要领、制作工艺、装饰技术、成品质量标准。

任务一　蛋糕制作

任务二　派与挞制作

任务三　饼干制作

任务四　冷冻甜品制作

任务五　泡芙、布丁、舒芙蕾制作

案例

时尚而浪漫的婚礼甜品台

2015 年 1 月 17 日晚 9 点，周杰伦和昆凌在英国塞尔比教堂举办婚礼，昆凌的父亲牵着她走红毯，再将她的手交给周董。在两位牧师的见证下，两人互换戒指，交换誓约，完成了终身大事。

图 3 - 1 - 1　婚宴甜品展台

之后，两人结婚现场的照片陆续曝光。这场童话般的婚礼几乎满足了女生的所有幻想，让人不禁感叹这就是童话中王子和公主的婚礼。更值得一提的是婚礼现场的甜品展台。周董少女心，喜欢吃甜点，昆凌私下经常下厨做甜点，她做的他都喜欢吃，婚礼招待宾客的点心也是她精心挑选，以他最喜欢的粉红色为主色调，令人甜到心窝。婚礼现场的杯子蛋糕（cupcake）塔、马卡龙杯子蛋糕、花朵杯子蛋糕、翻糖杯子蛋糕、粉色系的多层翻糖蛋糕，让人陷入了梦幻之中。翻糖饼干上还用可食糖纸印制了两人的剪影以及 J & H 字样，想必在现场的氛围下，还没有吃到这些美味杯子蛋糕就已经被甜翻了（见图 3 - 1 - 1）。

周董爱好浪漫，在他 36 岁生日时兑现承诺完成了自己的终身大事。有人说，昆凌嫁给的不光是周杰伦而是很多人的青春，光从这些完美翻糖婚礼蛋糕、甜点上就可以看出这段爱情童话是多么的完美。

——资料来源：台湾《中国时报》

案例分析

1. 试分析婚宴甜品台在婚礼上的作用。
2. 谈谈婚宴甜品展台上品种的选择。

任务一　蛋糕制作

任务目标

掌握蛋糕制作的基本原理
能熟练制作海绵蛋糕和油脂蛋糕

能熟练制作常用风味蛋糕

能进行蛋糕创意设计并制作

活动一 认识基础蛋糕

蛋糕，英文名为"Cake"，是西点中最常见的品种之一，以鸡蛋、面粉、油脂、糖等为基本原料，可作为中、晚餐点心食用，又可做各种宴会的高级点心，也可做茶点。说到蛋糕，我们可能会列举出很多品种，现在来认识一下基础类蛋糕。根据用料、加工工艺及成品特性，基础蛋糕可分为两大类，即海绵类蛋糕和油脂类蛋糕。

一、海绵类蛋糕 Sponge Cake

海绵类蛋糕质地松软，内部组织似海绵状，因此得名（见图3-1-2）。使用的原料主要有面粉、糖、鸡蛋和盐，还有香料和适量的液体等。

由于所使用鸡蛋的成分不同，有些只用蛋清，有些用全蛋，有些又加重蛋黄的用量，由此，海绵类蛋糕又分为天使蛋糕和黄海绵蛋糕。

图3-1-2 海绵蛋糕

（一）黄海绵蛋糕

黄海绵蛋糕使用全蛋，有时使用柠檬汁做酸性配料。另外，还常常加入适量的液体，如牛奶或水。

黄海绵蛋糕是用整鸡蛋、糖和面粉等混合在一起制作的一种蛋糕。因为鸡蛋具有融合空气和膨大的双重作用，利用打泡的鸡蛋液再加上糖和面粉所制成的面糊，无论是蒸还是烘烤，都可以做出膨大松软的蛋糕。

因蛋糕面糊搅拌方法和成品口味要求的不同，配方中蛋和糖的比例也随之调整。基本海绵蛋糕仅含蛋、糖、面粉等原料，传统配方的比例为2:1:1，即鸡蛋量是糖或面粉的两倍，糖和面粉为等量。其中只有糖属于柔性原料，其他都属于韧性原料，因此常常适当添加油脂和泡打粉等柔性原料以调节蛋糕的柔软性。

巧克力海绵蛋糕是在黄海绵蛋糕的基础上，以适量的可可粉代替相应的面粉制成。

（二）天使蛋糕

天使蛋糕含三种基本配料：蛋清（占面糊重量额42%）、糖（42%）、面粉（15%），另加上少量的盐、香料等。

天使蛋糕应非常松软，几乎是膨松状。蛋糕内部组织细腻，壁薄，气孔分布均匀。天使蛋糕质地柔软，色泽洁白无瑕，"天使"之美誉便源于此。

二、油脂类蛋糕 Butter Cake

图 3 - 1 - 3　黄油蛋糕

欧美国家或地区早期的蛋糕配方是 1 份鸡蛋、1 份糖和 1 份面粉，属于低成分的海绵蛋糕，制作出来的蛋糕韧性很大，因为原料中面粉和鸡蛋都属于韧性原料。为了解决这一难题，就在配方中添加了属于柔性原料的黄油，这样做出来的蛋糕就松软可口了。制作这类蛋糕时，使用的面粉、糖、鸡蛋、黄油各为 1 磅，而且搅拌后盛装面糊的每只器具容纳的重量也是 1 磅，故又称作磅蛋糕（Pound Cake），在我国被称为"黄油蛋糕"或"布丁蛋糕"。

通常情况下，黄油是油脂类蛋糕常用的油脂，所以，也直接称其为黄油蛋糕（见图 3 - 1 - 3）。依据配方中添加的原料不同，黄油蛋糕包括普通黄油蛋糕、巧克力蛋糕、香料蛋糕、水果蛋糕等。

活动二　海绵蛋糕制作

一、海绵蛋糕原料的选用

（一）面粉

1. 面粉的选择

通常，用于制作蛋糕的面粉是软质面粉，一般由软质科小麦磨制而成。这种面粉的特点是蛋白质含量较低，一般为 7% ~9% ，灰分在 0.35% ~0.38% 。

软质面粉的粉粒度会影响蛋糕总的性质。理想的面粉在搅拌时所形成的面筋柔软，但又必须有足够的筋力来承受烘焙时的胀力，为形成蛋糕特有的海绵状组织起到骨架作用。蛋糕面粉要求粒度细，研究结果表明，粉粒度越细越均匀效果越好，因为这样的面粉能形成软而柔顺的面筋。

2. 面粉的功用

在蛋糕制作中，面粉的面筋构成蛋糕的骨架，且面粉起到填充作用，是蛋糕的主料。

（二）糖

1. 糖的选择

制作蛋糕使用较多的糖是白糖，以颗粒细小者为佳。因为颗粒大的白糖往往由于糖的使用量较高或搅拌时间短而不能完全溶化，蛋糕面糊完成后仍有糖颗粒，导致蛋糕的品质下降。在条件许可的情况下，最好使用细砂糖或白糖粉。在使用糖粉时，为了确保没有硬块存在，必须先过筛。选用细砂糖时，应以色白、干燥、无结块者为佳。

红糖含有高成分的转化糖、胶质和矿物质，颜色较深，并且有浓郁的焦糖香味，所以只适宜用来制作巧克力蛋糕、玉桂蛋糕和葡萄干蛋糕等。用等量红糖代替白糖制出的蛋糕内部组织较粗糙，体积也不够膨松。

在国外，还常使用转化糖浆、玉米糖浆、麦芽糖、蜂蜜等来改善蛋糕的风味和保鲜性质。蛋糕面糊中使用不同品种的糖浆会使烤好的产品外观与口味产生差异。例如，用蜂蜜制作的蛋糕保持水分的时间较长，这种蛋糕比用蔗糖制作的蛋糕的组织更紧密，因为糖晶体的锐利边缘在搅打阶段可将空气带入混合物中，这是糖浆无法实现的。

用适量的糖浆代替晶体糖使用，可以制出优质蛋糕，替代量是一份蜂蜜替代 125%的糖并减去 25%的水分。

2. 糖的功用

（1）增加甜度，改善风味。

（2）糖对面糊的面筋和鸡蛋的蛋白质有软化作用，而糖的用量越大，此作用越显著。但含糖量太多的面糊制出的蛋糕体积小，外皮显糖渍。

（3）糖具有吸湿性，可增加产品湿润度和柔软性，延长保鲜期。

（4）糖的焦化作用可改善蛋糕表面色泽。

（三）鸡蛋

鸡蛋是蛋糕制作的重要材料之一，占蛋糕原料的 40% ~50%。鸡蛋的新鲜程度对蛋糕的品质起着决定性的作用。

（1）膨大作用。蛋清在搅拌过程中能截留大量空气，在烘烤时完全受热膨胀，从而使蛋糕膨松后体积增大。

（2）定型作用。鸡蛋含有相当丰富的蛋白质，与面粉的面筋形成复杂的网状结构，从而构成蛋糕的基本组织；同时蛋白质受热凝固，使蛋糕的组织结构稳定。

（3）柔软作用。由于蛋黄中含有较丰富的卵磷脂，而卵磷脂是一种非常有效的乳化剂，促使水油的融合，从而增进蛋糕的柔软细腻。

（4）增进风味。主要表现在色、香、味等方面的改善。

（5）丰富营养。鸡蛋是一种营养非常丰富、价格相对低廉的常用食品。鸡蛋中含有大量的维生素、矿物质及高生物价值的蛋白质。对人而言，鸡蛋的蛋白质品质最佳，仅次于母乳。蛋糕中有大量鸡蛋，因此，蛋糕的营养价值得以大大提升。

二、海绵蛋糕膨松的基本原理

海绵蛋糕的膨松主要是通过物理膨松作用来实现的。鸡蛋（主要是蛋清）通过机械搅拌，截留大量空气，经加热，空气膨胀，使海绵蛋糕面糊体积不断膨大，当然，事实上，也有其他作用共同参与这类蛋糕的膨松过程。

（一）空气的作用

蛋的主要成分包括蛋黄和蛋清两部分。蛋清是具有黏稠性的胶体，具有起泡性，在搅拌时可将卷入的空气形成细小的气泡均匀地包在蛋清的薄膜内，受热后空气膨胀，薄膜凭借其强韧的胶黏性而不至于破裂。蛋糊内气泡膨胀至蛋清凝固为止，烘烤中的蛋糕体积因此而膨大。蛋黄因不具有蛋清的胶黏性，在搅拌时无法将空气截留，因此不能打发。如要制作体积较大的黄海绵蛋糕，可把蛋黄、蛋清分开搅拌，但这样会使成品质地较粗糙，可通过添加牛奶或水、油脂来增进细腻和柔软度。通常，海绵蛋糕的制作是用全蛋液搅拌起泡。在全蛋液搅拌过程中最好适当增加蛋黄的用量，使蛋糊中的蛋黄比例超过正常全蛋的蛋黄比例。但过量的蛋黄会使面糊过分稠黏，比重增大，使烤好后的蛋糕体积受到影响。一般蛋黄的用量占全蛋 20% ~30% 为宜。增加全蛋中的蛋黄用量，其理由是由于蛋黄的数量适当增加，在搅拌时很容易与蛋清及拌入的空气形成稠黏的乳状液，此乳状液在搅拌时同样可以保存拌入的空气，使蛋糕在烘烤中膨大。

（二）水蒸气的作用

海绵蛋糕面糊中含有水分，烘烤过程中便产生水蒸气，水蒸气蒸发过程中会顶发面糊，因此，在一定程度上也促使蛋糕体积的膨大。

（三）化学膨松剂的作用

传统工艺中一般不使用膨松剂，海绵蛋糕的膨松主要是通过物理膨松作用来实现的。但现在，泡打粉也比较普遍应用在海绵蛋糕的制作工艺中，无论是直接法还是戚风法，配方中均有少量泡打粉。泡打粉在潮湿的面糊中，由于烘烤受热而发生分解反应，释放出二氧化碳气体。因此，泡打粉和空气、水蒸气共同参与了蛋糕的膨松。

三、海绵蛋糕制作的工艺流程

（一）搅拌

搅拌，就是通过搅拌机高速运转使各种原料混合均匀，并充入空气。搅拌的方法与速度对蛋糕的配料分布和成品质量有显著影响。

1. 搅拌方法

海绵蛋糕的搅拌方法主要有蛋糖法、直接法、戚风法和天使法。蛋糖法和直接法均使用整鸡蛋，也称为全蛋法；戚风法是将蛋清、蛋黄分开搅拌，也称为分蛋法。

（1）蛋糖法。蛋糖搅拌法，即先将配方中的蛋和糖搅打起泡后，再加入其他的原料拌和均匀，也称海绵法。操作程序如下：①将配方中的蛋和糖一起放入搅拌机中，用搅拌帚快速搅打至呈乳白色稠糊状，用手指勾起蛋糊时呈弯曲的尖峰。②面粉过筛（若配方内使用可可粉，必须与面粉一起过筛），再慢慢地倒入已打发的蛋糊中，轻轻拌匀。③倒入色拉油（或清黄油）和奶水，拌匀即可。油脂加入面糊时，必须慢速搅拌，不可搅拌过久，否则会使面糊中的部分起泡溢出，影响蛋糕体积。但是，如果油与面糊搅拌不匀，烘烤后会沉淀在蛋糕底部，形成一块厚的硬皮。

（2）直接法。直接法，是将配方内的所有原料一起加入搅拌机搅打，操作简便，节省搅拌时间。直接搅拌法应使用搅拌帚，可使面糊内各种成分迅速拌匀，且易拌入较多的空气。蛋糕油的引入，为直接搅拌法提供了方便，更省时省力，且使制品质地更细腻柔软，因此这种搅拌法已广为采用。蛋糕油，又称蛋糕乳化剂、蛋糕起泡剂，它在蛋糕制作尤其海绵蛋糕制作中起着重要的作用。在搅打蛋糕面糊时，加入蛋糕油，它可吸附在空气—液体界面上，能使界面张力降低，液体和气体的接触面积增大，液膜的机械强度增加，有利于浆料的发泡和泡沫的稳定，从而使面糊的比重和密度降低，使烘焙出的成品体积增加，同时还能够使面糊中的气泡分布均匀，大气泡减少，使成品的组织结构变得更加细腻。

（3）戚风法。也称分蛋法，就是将蛋清、蛋黄分开，分别搅拌至合适程度，再混合到一起，完成面糊的搅拌。这种搅拌方法制得的蛋糕也称"戚风蛋糕"。操作步骤如下：①将蛋清、蛋黄分离。此环节应注意，蛋清蛋黄一定要分离干净，特别是蛋清中不能混入一滴蛋黄，否则，影响蛋清的打发气泡。②蛋黄与部分糖、盐搅打均匀，加入液体原料，搅匀，没有油水分离的现象；加入过筛的面粉和泡打粉，拌匀。③蛋清与糖搅打至硬性发泡，与蛋黄面糊混合拌匀。盛装蛋清的器皿及搅拌工具（搅拌缸和搅拌帚或蛋扦）最好事先烫洗擦干，否则，可能因工具器皿粘有油水而影响蛋清的起泡。另外，为了增强打发蛋清的稳定性，常在打发蛋清时，添加几滴柠檬汁或少量塔塔粉（酒石酸钾），来改变蛋清的酸碱度。因为蛋清偏碱性，pH 值达到 7.6，而蛋清在偏酸的环境下（pH 值在 4.6～4.8）才能形成膨松安定的泡沫，起发后才能添加大量的其他配料下去。没有添加柠檬汁或塔塔粉的蛋清虽然能打发，但如加入蛋黄面糊中去则会下陷，不能成形。所以可利用柠檬汁或塔塔粉的酸性来达到最佳效果。

（4）天使法。这种方法只使用蛋清，将蛋清打发后与其他材料混合。因为配方内没有蛋黄，只有蛋清，蛋糕内部呈洁白的颜色，所以这类蛋糕也称"天使蛋糕"。

2．搅拌的基本要求

（1）正确选料。海绵蛋糕应选用低筋粉，为使产品质地更加细腻，可用 10%～20% 的粟米粉代替相应量的面粉。

鸡蛋要新鲜，因为新鲜鸡蛋胶黏性好，保持空气的性能稳定。

（2）注意器具清洁。搅拌时必须认真检查器皿、工具的清洁卫生，确保不沾油污，以免影响鸡蛋的起泡。因为鸡蛋在搅拌过程中，尤其是在打发过程中，即使是微量的油脂也会破坏蛋清中的球蛋白和黏液蛋清的特性，使蛋清失去应有的黏性和凝固性，无法将其搅拌打起泡。

（3）掌握适宜的搅拌温度。搅拌前，原料要达到搅拌的最佳温度，以获得最好的搅拌效果和适宜的面糊温度。搅拌前或搅拌过程中，原料温度过高或过低都会明显影响面糊的搅拌效果，蛋糕成品也无法取得理想的体积和细腻的内部组织。一般情况下，蛋糕原料在混合前达到正常的室温（22℃左右）就可以获得较理想的混合面糊，并且能够大大缩短搅拌时间。但在冬季或夏季，室温太低或太高，就要对原料进行温热或降温处理。拌入海绵蛋糕中的油脂必须是液体油，如果使用黄油必须先熔化并保持在 40～50℃。若温度过低，黄油又会凝结，无法与面糊拌均匀。凡是油与面糊搅拌不匀，烤出来的蛋糕底部都会形成一层坚韧的硬皮。全蛋液在 25℃ 左右的温度下搅拌效果较为理想，能充分发挥其膨松和乳化作用。蛋黄的最佳搅拌效果是在 45℃ 的温度下，这时蛋黄的乳化作用最大，也易于膨发。蛋清在 17～22℃ 的情况下胶黏性维持在最佳状态。温度过高，蛋清变得很稀薄，胶黏性太差，无法保留空气；反之，如果温度过低，蛋清的胶黏性太大，在搅拌时不易带入空气。所以，在夏季，应先将蛋清置于冰箱中冷却；在冬季，宜放在热水中隔水加温，使其达到 17～22℃，才能取得良好效果。

（4）控制好搅拌程度。蛋糊搅拌得不能太充足，以免烤好的蛋糕内部组织气孔太大、太干燥；但也不可搅拌不足，否则烤出的蛋糕内部紧缩，体积过小。搅拌标准可以目测检查，可用手指把已打发的蛋糊钩起，若在手指上呈挺立尖峰状而不下坠，则表明搅拌过度；若悬挂于手指尖不易滑落，即搅拌恰到好处。

（二）定型（装盘入模）

蛋糕的大体定型通常要借助烤盘或模具，蛋糕原料经搅拌成面糊后，应立即装入烤盘或模具。

1. 烤盘或模具的选择

目前常用的烤盘或模具多使用铝合金材料，轻便耐用，而且多作特殊工艺处理，如阴阳极、不粘、硬膜处理等。其形状多样，有长方形、方形、圆形、心形等。此外，许多蛋糕盒活底设计，出盒方便，蛋糕形整完美，广受欢迎。

海绵蛋糕原料成分较低，组织松软，易于成熟，在烤盘选择上比较随意，一般以成品的要求来选择。如果制小圆蛋糕，就选择多连模，这种烤盘传热快，制出的小圆蛋糕形状和质地佳。若制瑞士卷则应用低边长方形烤盘。圆形蛋糕盒大都为制作生日蛋糕时使用。戚风蛋糕则选用阳极处理蛋糕盒，不刷油，利于烘烤过程中蛋糕面糊的攀升。天使蛋糕比重较轻，没有油脂，极易成熟，使用空心蛋糕盒较为理想。

2. 面糊充填量的控制

面糊的填充量是由烤盘或模具的容积决定的，一般以六至七成满为标准，过多或过少都会影响成品的形状及质量。

此外，蛋糊入模之前，应事先整理模具，确保干净卫生，并在烤盘或模具内刷油垫烘焙纸（戚风蛋糕除外），以防蛋糕黏附模具。

（三）烘烤

烘烤是蛋糕成熟的过程，是蛋糕制作工艺的关键。成品质量与烘烤温度及时间有着密切关系，面糊搅拌完成后应尽快装入烤盘或模具中进炉烘烤。不立即烘烤的蛋糕面糊在进入烤箱之前应连同烤盘一起冷藏，以降低面糊温度，从而减少气体的损失。

1. 烘烤前的准备

（1）了解蛋糕品种及特性。蛋糕的品种及特性决定了蛋糕烘烤的温度及时间。

（2）熟悉烤箱的性能，正确掌握烤箱的使用方法。

（3）烤箱预热。这一准备工作应在搅拌面糊前进行，确保蛋糕面糊入模的同时烤箱已达到相应的温度，以便立即进入烤箱。

2. 烤盘在烤箱中的排放

盛装蛋糕面糊的烤盘应尽可能地置于烤箱中央，多个烤盘同时进入烤箱时，烤盘之间、烤盘与烤箱壁之间应留有一定空间，以便使热气流能自由地沿每一烤盘循环流动，使面糊均匀受热。

3. 烘烤温度与时间的控制

影响蛋糕烘烤温度与时间的因素有很多，烘烤操作时应灵活掌握。蛋糕烘烤的温度和时间与面糊的配方密切相关。海绵蛋糕中，天使蛋糕比黄海绵蛋糕烘烤的温度要高，时间也较短；含糖量高的蛋糕，其烘烤温度要比标准配方的蛋糕温度要低；用糖浆和蜂蜜等制作的蛋糕比砂糖的温度要低，这类蛋糕在较低温度下就能烘烤上色。

相同配方的蛋糕，其大小或厚薄也影响烘烤的温度和时间，如大块蛋糕所需要的温度低于纸杯蛋糕或小模具蛋糕，时间要长。

一般情况下，海绵蛋糕的烘烤温度为 160～200℃，时间为 15～30 分钟（见表 3-1-1）。

表 3-1-1　海绵蛋糕烘烤温度及时间对照表

种类	形状大小	温度（℃）	时间（分钟）
天使蛋糕		200～210	25～30
黄海绵蛋糕	小模型蛋糕	200	10～15
	直径 <3 厘米圆模蛋糕	200	25～35
	空心烤盘蛋糕	177 左右	30
	薄片蛋糕	180	15～25
	蜂蜜、糖浆蛋糕	177	45～55
戚风蛋糕	8 英寸圆模蛋糕	150～160	50

4. 烘烤成熟检验

蛋糕烘烤至所需的基本时间后，应检验蛋糕是否已经成熟。测试蛋糕是否烤熟，简单易行的方法是用手指在蛋糕中央顶部轻轻触压，如果感觉硬、有弹性时，则表示蛋糕已经熟透。也可以用竹签等插入蛋糕中央，拔出时，若牙签上不黏附湿黏的面糊，则表明已经成熟，反之则未成熟。烘烤后的蛋糕应立即出炉，否则会造成蛋糕内部水分损耗太多，影响品质。

5. 烘烤与蛋糕的质量

烘烤温度及时间与蛋糕的品质有直接关系。

（1）烤炉温度对蛋糕品质的影响。温度太低，烤出的蛋糕会下陷，同时四周收缩并有残余面屑黏于烤盘周围。低温烤出的蛋糕比正常温度烤出的蛋糕松散，质地粗糙。温度太高，则蛋糕顶部隆起，并在中央部分裂开，四边向内收缩，但不会有面屑黏附烤盘边缘。

（2）烘烤时间对蛋糕品质的影响。烘烤时间不足，蛋糕顶部及周围呈现深红色条纹，内部组织发黏；烘烤时间过长，则组织干燥，蛋糕四周表层硬脆，如制作瑞士卷时，则难以卷成圆筒形，并出现断裂现象。

6. 蛋糕出炉处理

蛋糕取出烤箱后，应根据蛋糕的不同品质做相应的处理。

海绵蛋糕所含蛋白质的分量很多，蛋糕在炉内受热膨胀率很高，但出炉后温度剧变时会很快收缩，所以，出炉后，待稍许散热即倒扣在蛋糕冷却架上，揭去烘焙纸。

若须进行装饰的蛋糕，应待其充分冷却后用保鲜纸包严，置于 2～5℃的冰箱保存。

海绵蛋糕容易发霉和酸败，发霉变质的原因主要是环境污染所致，如使用不洁净的刀具切分蛋糕、蛋糕架上有油渍污垢等，这些都会使蛋糕受到霉菌感染。所以分切用的刀具等必须事先清洁消毒。放置蛋糕的板架每次使用后，都应清洗消毒干净，不能忽视。存放蛋糕的冰箱必须经常清洗，保持清洁无异味。

四、海绵蛋糕制作实例

（一）海绵蛋糕 Sponge Cake（蛋糖法）

1. 原料配方（400 毫米×600 毫米烤盘 1 盘或 8 英寸圆蛋糕盒 4 只）（见表 3－1－2）

2. 制作过程

（1）准备。烤箱预热，上下火 180℃；烤盘（或蛋糕盒）刷油后垫上烘焙纸；面粉、鹰粟粉混合，过筛。

（2）搅拌。将鸡蛋、糖一起倒入搅拌缸，上搅拌机，用搅拌帚快速搅打，至松泡，用手指挑起面糊，成弯曲的尖峰而不滑落，倒入过筛粉类，轻轻拌匀，随即倒入牛奶、油、香精拌匀，即成蛋糕面糊。

（3）装盘。将面糊倒入准备好的烤盘（或平均分入蛋糕盒），用塑料刮板将表面抹平，两手平拎烤盘（蛋糕盒），在工作台上轻摔两下。

（4）烘烤。立即送入烤炉中，烘烤至内部熟透、表面金黄（烤盘约 25 分钟，蛋糕盒 35 分钟），立即出炉。

（5）冷却。直接将烤盘连同蛋糕插入饼盘车，散热 10 分钟后，翻扣在金属网架上，取走烤盘（或脱模），揭去烘焙纸，冷却待用。

注：若做巧克力海绵蛋糕，则将面粉减至 300 克，鹰粟粉减至 100 克，另加 100 克可可粉，而制作方法相同。

表 3 - 1 - 2　海绵蛋糕（蛋糖法）的原料配方

	原料	百分比（%）	数量（克）
①	鸡蛋	200	1000
	细砂糖	100	500
②	低筋粉	100	340
	鹰粟粉		160
③	牛奶	20	100
	色拉油	10	50
	香草精	0.2	1

（二）海绵蛋糕 Sponge Cake（直接法）

1. 原料配方（400 毫米 ×600 毫米烤盘 1 盘或 8 英寸圆蛋糕盒 4 只）（见表 3 - 1 - 3）

表 3 - 1 - 3　海绵蛋糕（直接法）的原料配方

	原料	百分比（%）	数量（克）
①	鸡蛋	182	1000
	细砂糖	91	500
	蛋糕油	7	40
	盐	1	6
②	低筋粉（或低筋粉 + 可可粉）	100	550（或 475 + 75）
	牛奶	27	150
③	色拉油	36	200
	香草精	0.2	1

2. 制作过程

（1）准备。烤箱预热，上下火 180℃；烤盘（或蛋糕盒）刷油后垫上烘焙纸；面粉过筛。

（2）搅拌。将蛋、糖、盐、蛋糕油一起倒入搅拌缸，上搅拌机，用搅拌帚快速搅打至糖溶化，倒入面粉、牛奶，快速搅打至松泡，用手指挑起面糊，能挂住不滑落即可（见图 3 - 1 - 4），最后拌入色拉油、香草精，即得面糊。

（3）装盘。面糊倒入准备好的烤盘（或平均分入蛋糕盒），用塑料刮板将表面抹平，两手平拎烤盘（蛋糕盒），在工作台上轻摔两下。

（4）烘烤。立即送入烤炉中，烘烤至内部熟透、表面金黄（烤盘装约烤 25 分钟，蛋糕盒装约烤 35 分钟），立即出炉。

（5）冷却。直接将烤盘连同蛋糕插入饼盘车，散热 10 分钟后，翻扣在金属网架上，取走烤盘（或脱模），揭去烘焙纸，冷却待用。

注：若做巧克力海绵蛋糕，则以 75 克可可粉替换等量的面粉（见配方中括号），制作方法相同；因蛋糕油的作

图 3 - 1 - 4　完成面糊的状态

用，大大节省搅拌时间，且使成品质地细腻柔软，现已被饭店及街边的包饼屋普遍使用，但因蛋糕油是化学添加剂，应控制用量，一般西方人不提倡使用。

（三）戚风蛋糕 Chiffon Cake（戚风法）

1. 原料配方（8 英寸蛋糕盒 6 只）（见表 3 - 1 - 4）

2. 制作过程

（1）准备。鸡蛋提前从冰箱取出，将蛋清、蛋黄分离；低筋粉、泡打粉混合，过筛备用；将烤箱预热，上火 150 ℃，底火 140℃。

（2）搅拌。将配方①中蛋黄、糖、盐混合，搅拌均匀，然后分 3 ~ 4 次加入色拉油、牛奶（或橙汁），搅打至蛋黄液体均匀、浓稠，没有油、水分离的现象；加入配方②的面粉、泡打粉，切拌均匀，不能出现面粉颗粒；将配方③的蛋清、塔塔粉混合，上搅拌机，用搅拌帚搅打出鱼眼形的大泡，将糖分三次加入，边加边搅打，直到蛋清硬性发泡，用蛋扦挑起蛋清，呈挺

表 3 - 1 - 4　戚风蛋糕（戚风法）的原料配方

	原料	百分比（%）	数量（克）
①	蛋黄	89	480
	细砂糖	22	120
	橙汁或牛奶	67	360
	色拉油	56	300
	盐	2	9
②	低筋粉	100	540
	泡打粉	3	18
③	蛋清	178	960
	塔塔粉	1.5	8
	细砂糖	67	360

立尖刺状，不弯曲（见图 3 - 1 - 5）；取出 1/3 的蛋清和之前拌好的蛋黄糊混合，用橡胶刮刀切拌均匀，然后将混合好的面糊倒入 2/3 的蛋清中，迅速地搅拌均匀。

（3）装盘。将面糊平均分入蛋糕盒（不刷油垫纸，利于烘烤时面糊的攀升），用塑料刮板将表面抹平，两手平拎蛋糕盒，在工作台上轻摔两下。

（4）烘烤。立即送入烤箱烘烤，以上火 150℃，底火 140℃烤 50 分钟，出炉。

（5）冷却。蛋糕出炉后，马上在案板上轻摔几下，立即倒扣在冷却架上，待蛋糕彻底凉却后，方可脱模。

注：配方中的塔塔粉也可以用少许柠檬汁替代，使用方法同塔塔粉。

图 3 - 1 - 5　蛋清硬性发泡的状态

（三）天使蛋糕 Angels Cake（天使法）

1. 原料配方（8 英寸蛋糕盒 10 只）（见表 3 - 1 - 5）

2. 制作过程

（1）准备。烤箱预热，上火 160℃，底火 160℃；将②中的面粉与玉米淀粉一起过筛。

（2）搅拌。将蛋清与盐、塔塔粉一起搅打至出现鱼眼泡，分三次加入糖，边加边搅打，直到临近硬性发泡，用蛋扦挑起蛋清，稍稍呈弯曲状；轻轻拌入过筛的面粉和玉米淀粉。

（3）装盘。将面糊倒入蛋糕模中，抹平。

（4）烘烤。立即送入烤炉，烘烤至内部熟透、表面金黄（约35分钟），立即出炉。

表3－1－5　天使蛋糕（天使法）的原料配方

	原料	百分比（%）		数量（克）
①	蛋清	267		2000
	盐	1.3		10
	塔塔粉	2		15
	细砂糖	187		1400
	香草精	1.3		10
②	低筋粉	87	100	650
	玉米淀粉	13		100

（四）瑞士卷 Swiss Roll（直接法）

1. 原料配方（400毫米×600毫米烤盘2盘）（见表3－1－6）

2. 制作过程

（1）准备。烤箱预热，上火180℃，底火140℃；烤盘刷油后垫上烘焙纸；面粉过筛。

（2）搅拌。将蛋、糖、盐、蛋糕油搅打至糖溶化，倒入过筛的面粉、牛奶，快速搅打至松泡，用手指挑起面糊，能挂住不滑落即可，最后拌入色拉油、香草精，即得面糊。

（3）装盘。将面糊平均分入烤盘，用塑料刮板将表面刮平，两手平拎烤盘，在工作台上轻摔两下。

（4）烘烤。立即送入预热的烤炉，烘烤至内部熟透、表面金黄（约12分钟），立即出炉。

表3－1－6　瑞士卷（直接法）的原料配方

	原料	百分比（%）	数量（克）
①	鸡蛋	250	1000
	细砂糖	100	400
	盐	1.5	6
	蛋糕油	10	40
②	低筋粉（或低筋粉＋可可粉）	100	400（或345＋55）
	泡打粉	1.25	5
	牛奶	37.5	150
③	色拉油	50	200
	香草精	0.25	1
④	鲜奶油（打发）	37.5	150

（5）冷却。直接将烤盘连同蛋糕插入饼盘车，散热10分钟后，翻扣在金属网架上，取走烤盘，揭去烘焙纸，冷却待用。

图3－1－6　切片的瑞士卷

（6）成形。工作台上铺烘焙纸，将蛋糕等切为二，再将每片蛋糕放在纸上，刷酒糖水，抹一薄层打发的奶油，用擀面棍卷起纸边，将蛋糕卷成圆柱状（注意要卷紧，中间无空隙），入冰箱冷藏。食用前，取出切片（见图3－1－6）。

注：①若做巧克力味，则以55克可可粉替换等量的面粉（见配方中括号），也可以等量抹茶粉来制作抹茶味，制作方法相同。②酒糖水，

即将 1 份糖、1 份水、1 片柠檬一起煮沸，冷却后，加少许柑曼怡酒，混合均匀 即成。

（五）抹茶瑞士卷 Swiss Roll （戚风法）

1. 原料配方（400 毫米×600 毫米烤盘 3 盘）（见表 3 - 1 - 7）

2. 制作过程

（1）准备。鸡蛋提前从冰箱取出，将蛋清、蛋黄分离；低筋粉、抹茶粉和泡打粉混合，过筛备用；烤盘刷油垫纸；烤箱预热。上火 180℃，底火 140℃。

（2）搅拌。将配方①中蛋黄、糖、盐混合，搅打均匀，然后分 3～4 次加入色拉油、牛奶，搅打至蛋黄液体均匀、浓稠，没有油水分离的现象；轻轻加入面粉、抹茶粉、泡打粉，快速切拌均匀，不能出现面粉颗粒；将配方②中蛋清与塔塔粉用搅拌帚搅打出鱼眼形的大泡，分三次

表 3 - 1 - 7 抹茶瑞士卷（戚风法）的原料配方

原料		百分比（%）	数量（克）
①	蛋黄	83	500
	细砂糖	33	200
	盐	0.8	5
	牛奶	50	300
	色拉油	67	400
②	低筋粉	100	600
	抹茶粉	10	60
	泡打粉	1	6
③	蛋清	167	1000
	塔塔粉	1.7	10
	细砂糖	75	450

加入糖，边加边搅打，直到蛋白硬性发泡；取出 1/3 的蛋清和之前拌好的蛋黄糊混合，用橡胶刮刀切拌均匀，然后将混合好的面糊倒入 2/3 的蛋清中，迅速地搅拌均匀。

（3）装盘。将面糊平均分入烤盘，用塑料刮板将表面抹平，两手平拎烤盘，在工作台上轻摔两下。

图 3 - 1 - 7 抹茶瑞士卷

（4）烘烤。立即送入预热的烤炉，烘烤至内部熟透、表面金黄（约 12 分钟），立即出炉。

（5）冷却。直接将烤盘连同蛋糕插入饼盘车，散热 10 分钟后，翻扣在金属冷却架上，取走烤盘，揭去烘焙纸，冷却待用。

（6）成形。工作台上铺烘焙纸，将每盘蛋糕等切为二，再将每片蛋糕放在纸上，刷酒糖水，抹一薄层打发的奶油，用擀面棍卷起纸边，将蛋糕卷成圆柱状，送冰箱冷藏。食用前，取出切片（见图 3 - 1 - 7）。

活动三 油脂蛋糕制作

一、油脂蛋糕原料的选用

（一）面粉

面粉为制作蛋糕最主要的原料，它在蛋糕内的功能是形成蛋糕的组织结构。

黄油蛋糕所使用的面粉应为低筋粉，并以粉心面粉（小麦粒中精华部分制得，粉茸性好，口感佳，吸水性好于普通面粉）为佳，因为粉心面粉做出来的蛋糕组织均匀而细腻。蛋白质含量应为7%～9%，酸度为5.2，并经氯气漂白者为佳，因为氯气漂白的低筋粉可增强酸度，使蛋白质变得柔软而且无韧性，使蛋糕松软可口、体积膨大，同时可以在配方内增加糖、油和奶水的用量，做成高成分的奶黄油蛋糕，提高蛋糕品质。

（二）糖

糖在蛋糕内的功能除了提供应有的甜味外，还增加蛋糕的柔软性，因为糖能使面糊更为柔软和湿润。糖还能产生焦化作用，降低面糊的焦化点，虽然在很低的温度下也可使蛋糕外表产生金黄的色泽。蛋糕外表的颜色十之八九是面糊内糖的焦化作用产生的，尤其是使用单糖类的糖，如糖浆、果糖等。糖在面糊内须有适量的水分来溶解，经过烘烤后，溶解于水的糖成为液体的糖浆形态留在蛋糕内，可增加蛋糕的湿度，延长蛋糕的保存期。在糖的选择上，以颗粒细密者为佳，最好使用细砂糖。红糖含有高成分的转化糖、胶质和矿物质，颜色较深，并且有浓郁的焦糖香味，故只适宜用来制作巧克力蛋糕、玉桂蛋糕和葡萄干蛋糕等。

（三）油脂与乳化剂

1. 油脂

油脂的种类较多，一般在室内温度（26℃）呈流质叫油，呈固体状态的叫脂。在蛋糕内应用固脂为宜，其熔点应在38～42℃，具有良好的可塑性和融合性者为佳，过硬和过软的油都不适合制作黄油蛋糕，因缺乏可塑性，无法拌入大量空气，影响到蛋糕的膨胀。固体油脂包括黄油、氢化油、乳化油、人造黄油等数种。氢化油是用流体的植物油或植物油与动物油的混合物经过氢化处理而成的；乳化油则在氢化油中添加了乳化剂，使与水拌和时能产生乳化作用从而融合较多的水分，故使用乳化油时在蛋糕配方中可以添加较多的水分，这不但可以使蛋糕保存长久，而且能降低制作成本。

油脂用于黄油蛋糕中的功能表现在以下几个方面：

（1）使面粉的面筋和淀粉颗粒软化，使蛋糕柔软。

（2）在打成奶油状的过程中能截留空气，因而有助于面糊的膨发和增大蛋糕的体积。

（3）含有乳化剂的油脂更容易与水发生乳化作用，从而提高蛋糕面糊中糖与液体的用量，并促进面糊中脂肪的均匀分布。

（4）改善黄油蛋糕的口感，增加风味。

2. 乳化剂

在一般情况下油与水是无法相融的，但如果在盛有水与油的混合液体的试管中滴入少许乳化剂（单酸甘油酯），经摇振后，油和水能均匀地混合在一起，这种现象称为乳化作用。能使两种原来不能融合的液体（水和油）均匀地混合在一起的物质称为乳化剂或表面活性剂。

在蛋糕制作过程中添加适量的乳化剂，可降低面糊的比重，使蛋糕体积增加，蛋糕组织更加细腻柔软。

（四）鸡蛋

蛋类具有膨大的作用，为黄油蛋糕膨大的主要原料之一，也是组成蛋糕体积的主要成分。因蛋类含有75%的水分，添加鸡蛋可提高蛋糕水分的含量。蛋糕本身的香味和颜色大部分是由鸡蛋所产生的，故鸡蛋的品质好坏和使用多少将直接影响蛋糕的品质。在使用低等级的面粉时应提高鸡蛋的用量，相反，如果面粉筋度较强时应减少鸡蛋的用量。鸡蛋的主要功用见活动二的"海绵蛋糕制作"。

（1）黏结、凝固作用。鸡蛋含有相当丰富的蛋白质，这些蛋白质在搅拌过程中能捕集到大量的空气而形成泡沫，与面粉的面筋形成复杂的网状结构，从而构成蛋糕的基本组织。同时蛋白质会受热凝固，使蛋糕的组织结构稳定。

（2）膨发作用。已打发的蛋液内有大量的空气，这些空气在烘烤时受热膨胀，增加了蛋糕的体积；同时鸡蛋的蛋白质分布于整个面糊中，有助于保留泡打粉所产生的二氧化碳气体。

（3）柔软作用。由于蛋黄中含有丰富的油脂和卵磷脂，而卵磷脂是一种非常有效的乳化剂，因此鸡蛋是一种非常好的乳化剂。

此外，鸡蛋对蛋糕的颜色、香味以及营养价值等方面也有重要影响。

（五）乳品

牛奶在蛋糕配方中为提供水分的原料。牛奶因加工的程序不同有鲜奶、浓缩奶、奶粉等，故在使用时对于牛奶及其制品中含有的水分和固形物质应该有确切的了解（见表3-1-8），以便更准确地控制配方中的水量。

表3-1-8　乳品主要成分比较

品种	水分	固形物质	品种	水分	固形物质
鲜奶	80%	12%（含奶油3.5%）	脱脂奶粉	3%	97%
浓缩奶	70%	30%（含奶油8.5%）	全脂奶粉	3%	97%（含脂肪28%）

一般制作蛋糕时应使用脱脂奶粉为宜，在使用时可依照配方中奶水总量的10%为准，另调以90%的水，即奶粉与水的比例为1:9，混合均匀即成为与鲜奶成分相同的奶水。

牛奶具有极高的营养价值，奶粉有坚韧和干燥的两重特性，能组合面粉中的蛋白质从而增加面粉的韧性，使配方中使用多量的水；同时，奶粉中所含有的乳糖可以调节蛋糕外表的颜色，也可提高蛋糕的香味和保留蛋糕中的水分，延长蛋糕贮存的时间。

（六）化学膨松剂

添加于蛋糕中的化学膨松剂在蛋糕面糊进炉烘烤时释放出二氧化碳气体，发生膨大作用。主要的化学膨松剂有泡打粉和小苏打等。

泡打粉因采用的酸性反应剂不同，有快速、次快速和慢速三种，在黄油蛋糕的制作中以采用双重反应的次快速泡打粉为宜。泡打粉用量的多少与配方中油脂用量的多少、烤炉温度的高低都有直接的关系，高成分蛋糕配方泡打粉的用量要比低成分的用量少，这是因为油分含量高。另外，泡打粉用量多的面糊要用大火来烤，而泡打粉用量少的则应用较低的温度来烤。泡打粉的用量与工作地点的海拔高度也有密切关系。

（七）香料

香料的种类有很多，有油质、粉质、水质和片状的等多种，各种香料因浓度不同，所以在配方中很难定出一个用量的标准。不过，使用少量的高级香料，要比使用多量的劣质香料更为经济实惠。过多的香料会影响到蛋糕原有的香味，破坏蛋糕的品质，应予避免。不过，出于安全考虑，提倡使用天然香料。

（八）盐

盐在蛋糕中的功能是将面糊中其他原料特有的香味更明显地衬托出来，同时盐也可以调节蛋糕的甜度。一般蛋糕中都含有成分很高的糖，其目的是增加蛋糕的柔软性和保留蛋糕中的水分，可是太多的糖往往又使蛋糕过于甜腻，使人食而生畏，故只有使用盐才可以调节蛋糕的甜度。另外，盐也可以降低面糊的焦化作用，使蛋糕的外表在烘焙过程中产生宜人的颜色。

二、油脂蛋糕膨松的基本原理

（一）空气的作用

空气可通过过筛粉料、搅拌原料和加入搅打起泡的全蛋或蛋清时，进入蛋糕面糊中。在制作油脂蛋糕时，糖和油脂在搅拌中拌入大量空气。糖、油脂由搅拌引起的摩擦作用而产生气泡，这种气泡进炉受热后进一步膨胀，使蛋糕体积增大、膨松。黄油蛋糕，尤其是重黄油蛋糕主要是靠油脂拌入气体，因此，为了使蛋糕面糊在搅拌中能拌入大量的空气，在选择油脂时应注意以下特性：

（1）可塑性。可塑性好的油脂触摸时有胶黏的感觉，把油脂放在掌上可塑成各种形状。这类油脂与其他原料一起搅拌时，可以保存拌入的空气，从而使面糊有足够的空气使蛋糕膨胀。

（2）融合性。融合性好的油脂在搅拌时可在面糊中拌入大量的空气。油的融合性和可塑性是相互作用的，前者易于拌入空气，而后者易于保存空气，如任何一方品质不良，就会使面糊中不是拌入空气不够，就是拌入的空气易泄出。

为了在糖油搅拌时易于拌入空气，所用的糖必须干燥，一般细砂糖或糖粉最适合做重黄油蛋糕，干燥的糖及其晶体的形状易于产生摩擦力。

（二）膨松剂的作用

油脂蛋糕使用化学膨松剂，如碳酸氢钠（$NaHCO_3$）、碳酸氢铵（NH_4HCO_3）等，它们的反应最终产生二氧化碳或氨气，这些气体使蛋糕体积膨大。

通常使用的化学膨松剂是双重作用泡打粉，如碳酸氢钠，其快速作用的酸性成分是磷酸钙［$Ca_3（PO_4）_2$］，慢速作用的酸性成分是酸性焦磷酸钠（$Na_2H_2P_2O_7$），这两种酸性材料与碳酸氢钠相互作用可使面糊在搅拌和烘烤期间均有 CO_2 产生。

在烘焙制品时，若使用碳酸氢铵和碳酸氨等，制成品会膨大而没有残留的任何盐类，因为这类制品在烤炉内受热时放出 CO_2、氨气和水。在常温下，上述反应是很缓慢的，但温度升到60℃时，会非常迅速地完成反应放出气体。

但应指出的是，氨盐只适合于做曲奇饼、脆饼干等细小产品，以有利于氨气全部溢出，否则将会带有氨气味。

（三）水蒸气的作用

蛋糕在烤炉中产生大量的蒸汽，蒸汽与蛋糕中的空气和二氧化碳共同作用，促使蛋糕的体积膨大。有些烘焙制品，如薄脆空心松饼和泡芙几乎全靠烘焙时产生的蒸汽来增加其体积。

三、油脂蛋糕制作的工艺流程

（一）搅拌

搅拌是用搅拌工具（木勺、搅拌桨或搅拌帚）在盛有原料的盛器中作圆周运动，搅拌的根本目的是使混合物的配料均匀分布。搅拌的结果也能使混合物充入空气，而蛋糕膨大的主要因素是利用搅拌时在混合物中拌入的大量空气。因此搅拌的方法与速度对蛋糕配料的分布和成品质量有显著影响。蛋糕面糊有多种搅拌方法，可以依据配方中成分的高低与所需蛋糕体积的大小，以及蛋糕内部组织的松紧来选用。

1. 搅拌方法

（1）糖油搅拌法（乳化法）。黄油蛋糕大多采用糖油搅拌法。首先把配方中的糖和油放入搅拌缸内搅打，使糖和油在搅拌的过程中能充入大量的空气，再进一步把配方中的其他原料拌匀。采用这种搅拌法烘烤出来的蛋糕体积大、组织松软。其操作步骤为：

①将配方中所有的糖、盐和油脂倒入搅拌缸内，用搅拌桨中速搅打 10 分钟左右，直至所搅拌的糖和油膨松呈绒毛状，停止搅拌，把缸底未搅匀的油脂用刮刀拌匀，再进行搅拌。

②将鸡蛋分次慢慢加入已打发的糖油中。每次加鸡蛋时，必须将已加入的蛋打匀后再加第二次，缸底未搅匀的原料须停机后刮起来拌匀，直至将整个混合物搅拌均匀、细腻，没有颗粒物存在为止。

③面粉与泡打粉拌和过筛，与奶水分次交替加入，边加边低速搅匀。同时继续加入其他干性原料（干果、坚果等），用低速搅拌至均匀，然后关掉搅拌机，将搅拌缸周边及底部未搅拌到的面糊刮下拌匀。应注意的是，搅拌干性原料时，不宜快速，且避免过多搅拌，量少的话可用手工搅拌。

（2）直接法。直接法是将配方内的所有原料一次加入搅拌缸内，搅拌的时间与速度是影响面糊品质的主要因素。其特点是较其他搅拌法简单、方便、快捷，节省人工，缩短搅拌时间。直接法因拌和面糊的分量不同，搅拌的速度和时间很难确定统一的标准，实验结果表明，搅拌少量面糊（3000 克以下）的搅拌速度及时间为：

①30 秒钟低速度（50 转数/分）

②2～3 分钟高速度（125 转数/分）

③2 分钟中速度（90 转数/分）

用直接搅拌法应使用搅拌帚，这样易使面糊内的各种成分很快拌匀。因搅拌帚在搅拌过程中易拌和较多的空气，拌入空气对面糊有膨胀作用，所以配方内泡打粉的用量应比原定的数量减少 10%。使用直接搅拌法，应确定面粉为低筋粉，油脂的可塑性要好，否则不但面糊容易出筋，而且油呈颗粒状无法与其他原料充分拌匀，反而得不到理想的面糊。

（3）蛋糖搅拌法。蛋糖搅拌法是先将配方中的蛋和糖搅打起泡后，再加入其他原料拌和的一种方法。蛋糖搅拌法应用于黄油类蛋糕有两种方法。

第一种搅拌方法：

①将配方中的全蛋和糖放在一起，用搅拌帚先中速搅打 2 分钟，把蛋和糖搅匀后再改用快速将蛋糖搅打至呈乳白色，用手指钩起蛋糊时不会很快从手指上流下，此时再改用中速搅打数分钟。

②将面粉筛匀，若配方内有可可粉或泡打粉时，必须拌入面粉，与面粉一起过筛，再慢慢地倒入已打发的蛋糖中，并改用慢速拌匀面粉（也可用手工拌入面粉）。

③把液态的色拉油（或黄油）和奶水加入，拌匀即可。油加入面糊时，必须慢速搅拌，不可搅拌过久，否则会破坏面糊中的气泡，影响蛋糕体积。但是，如果油与面糊搅拌不匀，烘烤时会沉淀在蛋糕底部形成一块厚的油皮，操作时应注意这点。

第二种搅拌方法：

①先将蛋清放入干净的搅拌缸中，用搅拌帚中速（约 120 转数/分）将蛋清打至湿性发泡，即蛋清经搅拌后渐渐凝固起来，呈许多均匀的细小气泡，洁白而具有光泽。

②在湿性发泡的蛋清中加入占蛋清数量 2/3 的糖和盐继续用中速搅打，至硬性发泡，蛋清打至硬性发泡时无法看出气泡的组织，颜色雪白但无光泽，用手指钩起时呈坚硬的尖峰，即便将此尖峰平置也不会弯曲。与此同时，将蛋黄与配方内剩余的糖一起搅

拌，最好先将其稍微加热，继而用搅拌帚快速打至呈乳黄色；再改用中速搅拌，将液体油分数次倒入，每次加入时必须使其与蛋黄通过乳化作用完全混合，再继续添加，否则搅拌速度太快，或添加油脂太快，都会破坏乳化作用。

③蛋黄打好后，先取1/3的打发蛋清倒入打好的蛋黄内，轻轻用手拌匀，继而把剩余的蛋清加入拌匀。

④把面粉过筛，加入蛋糊中拌匀，牛奶或果汁随即加入拌匀。

用此法所做的蛋糕体积较大，组织弹性极佳，但必须作两次搅拌，操作程序比较复杂。

搅拌后面糊的温度对蛋糕的体积、组织和品质有很大的影响。面糊的温度过高，面糊则显得稀薄，烤好后的蛋糕体积不能达到标准，内部组织粗糙多碎粒，外表颜色较深，糕体松散且干燥。面糊的温度过低时，面糊则显得浓稠，流动性不佳，烤好后的蛋糕体积小，内部组织紧密。影响面糊温度的最大因素是气候变化，冬天做蛋糕的原料温度过低，须将配方中的液体和蛋加温；而夏天则须使用冰水来降低面糊的温度。

蛋糕面糊的标准温度应为22℃左右，这个温度的面糊所烤出来的蛋糕膨胀性最好，蛋糕的体积最大，内部组织细腻。为了能使面糊达到这一温度，我们可以根据当时的室内温度，利用下列公式来计算出标准的水温，再算出需要的冰量：

标准的水温 = （6 × 搅拌后面糊之温度）－（室内温度 + 面粉温度 + 糖温度 + 油温度 + 蛋温度 + 摩擦热温度）

摩擦热温度 = （6 × 搅拌后面糊之温度）－（室内温度 + 面粉温度 + 糖温度 + 油温度 + 蛋温度 + 水温）

$$冰的需要量 = \frac{配方中水的总量 × （实际水量 - 理想水温）}{实际水温 + 80}$$

（二）装盘、烘焙与冷却

1. 烤盘的准备

蛋糕烤盘的尺寸与所盛面糊的分量应有一定的比例，否则会影响蛋糕的品质；同样分量的面糊使用不同比例的烤盘所做出来的蛋糕体积、组织、颗粒都不尽相同，而且蛋糕的烤焙损耗也不一样。

蛋糕面糊因种类不同、配方不同、搅拌的方法不同，故装盘的数量也不尽相同，最标准的装盘数量要经过多次的烘焙试验才能得出。下面是计算面糊量的公式：

应装面糊数量 = 烤盘容积 × 7.96（克）

2. 烘烤温度

一般来讲，轻黄油蛋糕内含有化学膨松剂的数量较多，面糊比重较轻，故应该用高温来烤，烘烤温度为190~230℃；重黄油蛋糕因配方中所使用的成分较高，化学膨松剂的用量较少，面糊的比重较大，故烘烤的温度则较低，一般为170~190℃，具体应视蛋糕体积的大小来决定，大的蛋糕应用170℃的温度烘烤，时间在45~60分钟左右，小的蛋糕则用 190℃ 的温度，烤 15～20 分钟左右。

图 3－1－8　检查蛋糕成熟情况

水果蛋糕所含的水果有时超过蛋糕面糊的 4 倍，烘烤这种蛋糕除了降低烤炉温度、延长烘烤时间外，还须防止因长时间烘烤而产生过深的表皮颜色，所以要在烤炉内增加蒸汽的装置，以降低炉温，缓和蛋糕表皮的焦化。蒸气作用只限于蛋糕进烤炉的前 15 分钟，如果烤炉中无蒸汽设备时，则可在蛋糕盘下垫平烤盘一个，并在平烤盘内放水一杯，以增加炉内湿度，延缓蛋糕表面的焦化作用。

判断蛋糕是否烤熟，可用手指在蛋糕中央顶部轻轻触试，如感觉较实且呈固体状，压下去的部分马上弹回，则表明已烤熟；或者使用细竹签在蛋糕中央插入，待拔出时无湿黏的面糊则表示已熟（见图 3－1－8）。烤熟后的蛋糕应立即从烤炉中取出，否则因烘烤的时间过长，蛋糕内部的水分损耗太多，导致成品质地干硬。

总之，蛋糕的烘烤，应尽可能地根据它们的成分及特性，使用合适的温度，在确保成熟的前提下，尽量使用最短的烘烤时间，切忌烘烤太久，以免影响蛋糕品质。

3. 冷却与霜饰

蛋糕从烤炉中取出后，可继续留置在烤盘中约 10 分钟，等热量散发后，可把蛋糕从烤盘中取出，继续冷却 1～2 小时，然后再加装霜饰。

为了使蛋糕保持新鲜，一般重黄油蛋糕不作任何霜饰处理，可放在室温的橱窗中。如一次所烤的蛋糕数量较多，则可将蛋糕妥善包装后放在 0℃ 以下的冰箱内冷冻，可保存较长时间而不变质。

轻黄油蛋糕，一般厚度最好不要超过 5 厘米，常选用边高 2.5～4 厘米的烤盘。在霜饰时应把两个蛋糕相叠，中央夹心用奶油霜饰或果酱霜饰。夹心部分为了保持湿润，在霜饰前应先用刷子将稀糖水加朗姆酒或其他水果酒的酒糖水轻轻刷在蛋糕的夹心部位或表面。

夏天蛋糕容易发霉和酸败，为了避免工具不洁，最好是在工作台上放一个盛满开水的深罐子，饼刀在每次切割蛋糕后插入开水中浸烫一下再继续切割，这样可避免蛋糕受细菌的感染，延长蛋糕的保存时间。

四、黄油蛋糕制作实例

（一）轻黄油蛋糕 Light Butter Cake

1. 原料配方（8 英寸蛋糕盒 3 只）（见表 3－1－9）

2. 制作过程

（1）用糖油搅拌法，将配方①的原料倒入搅拌缸内，用搅拌桨以中速打至绒毛状。

（2）蛋分两次加入（1），每次加入须将搅拌机停止，把缸底黄油用橡胶刮刀刮匀，搅打均匀。

（3）将奶粉溶于水，面粉与泡打粉过筛。

（4）将奶水与面粉交替加入（2）中，边用慢速拌匀，即得蛋糕面糊。

（5）取 8 英寸烤盘 3 只，刷油垫纸，将面糊平均分装入，烤盘用塑料刮板刮平。

（6）送入烤炉，炉温 200℃，烤 30 分钟。

（7）冷却，出盒。

表 3 - 1 - 9　轻黄油蛋糕的原料配方

	原料	百分比（%）	数量（克）
①	细砂糖	100	500
	盐	1	5
	无盐黄油（软）	40	200
	乳化剂	2	10
②	蛋	44	220
③	奶粉	7	35
	水	64	320
	香草精		少许
④	低筋粉	100	500
	泡打粉	5	25
	合计	364	1820

表 3 - 1 - 10　低成分重黄油蛋糕的原料配方

	原料	百分比（%）	数量（克）
①	细砂糖	100	500
	盐	2	10
	白油	25	125
	无盐黄油（软）	25	125
	乳化剂	2	10
②	蛋	55	275
③	低筋粉	100	500
	泡打粉	2	10
	水	40	200
④	奶粉	5	25
	香草精		少许
	合计	356	1780

（二）低成分重黄油蛋糕

1. 原料配方（$8 \times 1\frac{1}{2}$ 英寸烤盘 3 只）（见表 3 - 1 - 10）

2. 制作过程

（1）用糖油搅拌法，将配方①中的原料打至绒毛状。

（2）依据"轻黄油蛋糕"的制法将面糊打好。

（3）将面糊平均装入 3 只烤盘。

（4）用 175℃ 炉温，烤 30 分钟左右。

（三）魔鬼蛋糕 Ghost Cake

1. 原料配方（用 $8 \times 1\frac{1}{2}$ 英寸烤盘 4 只）（见表 3 - 1 - 11）

2. 制作过程

（1）使用两步拌和法，将配方①的面

表 3 - 1 - 11　魔鬼蛋糕的原料配方

	原料	百分比（%）	数量（克）
①	低筋粉	100	470
	泡打粉	3.5	16
	小苏打	1.4	6.4
	可可粉	20	94
	细砂糖	120	564
	盐	3	14
	无盐黄油（软）	55	259
	乳化剂	3	14
	奶粉	9	42
	水	81	381
②	蛋	65	306
	合计	460.9	2166.4

粉、泡打粉、小苏打、可可粉过筛；奶粉溶于水中，和其他干性原料与油一起放入搅拌缸内，用慢速搅拌 1 分钟后改中速继续搅拌 5 分钟。

（2）将搅拌机停止，把缸底未拌匀的面糊用刮刀拌匀后，配方②中的蛋加入（1），用慢速拌匀后再改中速搅拌 5 分钟。

（3）将面糊平均分入烤盘。

（4）用 177℃ 炉温，烤 30 分钟左右。

（四）西班牙蛋糕 Spanish Cake

1. 原料配方（见表 3 - 1 - 12）

2. 制作过程

（1）使用两步拌和法，将配方①的原料用中速拌 3 分钟后，把机器停止，将缸底面糊用刮刀拌和均匀；再把配方②的原料加入，先用慢速拌 1 分钟，再用中速拌 3 分钟，停机，用刮刀将缸底未拌匀的面糊刮净，再继续用中速拌 3 分钟；最后加入蜂蜜搅匀。

（2）本配方可做小四方烤盘 2 盘（900 克/盘）或 $8 \times 1\frac{1}{2}$ 英寸圆烤盘 3 只（600 克/只）。

（3）用 175℃ 炉温，烤 30 分钟左右。

（4）蛋糕冷却后，用巧克力奶油霜饰或咖啡奶油霜饰作装饰。

表 3 - 1 - 12　西班牙蛋糕的原料配方

	原料	百分比（%）	数量（克）
①	低筋粉	100	500
	红糖	50	250
	细砂糖	40	200
	盐	2	10
	泡打粉	3	15
	小苏打	1	5
	玉桂粉	1	5
	丁香粉	0.5	2.5
	豆蔻粉	0.5	2.5
	白油	45	225
	奶粉	5	25
	水	60	300
	乳化剂	3	15
②	鸡蛋	50	250
③	蜂蜜	7	35
	合计	368	1840

（五）巧克力蛋糕 Chocolate Cake

1. 原料配方（见表 3 - 1 - 13）

2. 制作过程

（1）用糖油搅拌法，操作方法同实例（一）。

（2）将面糊装入小长方形黄油蛋糕盒（3 只，500 克/只）。

（3）用 170℃ 炉温，烤 45 分钟左右。

（4）本配方可与黄油蛋糕配方配合做大理石蛋糕。

（六）香蕉核果蛋糕 Banana & Walnut Cake

1. 原料配方（见表 3 - 1 - 14）

2. 制作过程

（1）用糖油搅拌法，将配方①的原料用中速拌松。

表 3 - 1 - 13　巧克力蛋糕的原料配方

	原料	百分比（%）	数量（克）
①	细砂糖	110	385
	无盐黄油（软）	70	245
	盐	2	7
	乳化剂	3	11
②	蛋	77	270
③	奶粉	7	25
	水	61	214
	香草精		适量
④	低筋粉	100	350
	可可粉	20	70
	小苏打	1.4	5
	合计	451.4	1582

表 3 - 1 - 14　香蕉核果蛋糕的原料配方

	原料	百分比（%）	数量（克）
①	熟香蕉	100	380
	细砂糖	85	323
	盐	2	8
	白油	40	152
	乳化剂	2	8
②	蛋	20	76
③	奶水	55	209
④	高筋粉	80	304
	低筋粉	20	76
	小苏打	1.5	5.7
	泡打粉	1.5	5.7
⑤	碎核桃	35	133
	合计	442	1672.4

（2）使用四方铝烤盘 4 个，每个面糊 400 克。

（3）面糊表面撒杏仁片或碎花生。

（4）用 175℃ 炉温，烤约 30 分钟。

（七）葡萄干黄油蛋糕 Raisin Butter Cake

1. 原料配方（见表 3 - 1 - 15）

2. 制作过程

（1）用糖油搅拌法，将配方①的原料打至松发。

（2）蛋分四五次加入，继续打匀，蛋在每次加入时须将缸底未拌匀的面糊刮匀。

（3）面粉与泡打粉过筛，慢速加入配方③和配方④中的原料。

（4）葡萄干先泡水 10 分钟后沥干，裹上一层高筋面粉（配方外）再用筛子筛去过多的面粉，加入搅拌缸内慢速搅匀。

（5）将面糊装入长方形蛋糕盒（3只，每只 550 克/只）。

（6）用 177℃ 的炉温，烤 35 ~ 40 分钟。

表 3 - 1 - 15　葡萄干黄油蛋糕的原料配方

	原料	百分比（%）	数量（克）
①	细砂糖	96	336
	盐	1.5	5
	奶粉	2	7
	低筋粉	8	28
	乳化剂	3	11
	无盐黄油（软）	40	140
	白油	40	140
②	蛋黄	48	168
	全蛋	48	168
③	水	8	28
	香草精	1	3
④	低筋粉	36	126
	高筋粉	56	196
	泡打粉	0.5	2
⑤	葡萄干	96	336
	合计	484	1694

（八）英式水果蛋糕 English Fruit Cake

1. 原料配方（英式水果蛋糕盒 12 只或 24 连马芬模烤盘 2 只）（见表 3 – 1 – 16）

2. 制作过程

（1）原料③混合，过筛；蛋糕盒内涂抹黄油，马芬模垫纸杯；烤箱预热，上下火 180℃。

（2）用糖油搅拌法，将配方①的原料倒入搅拌缸内，上搅拌机，用搅拌桨以中速打至绒毛状。

（3）将原料②鸡蛋逐个加入（2）中，并不停搅打，直至鸡蛋加完，搅打均匀。

（4）将过筛的原料③倒入，慢速搅匀。

表 3 – 1 – 16　英式水果蛋糕的原料配方

	原料	百分比（%）	数量（克）
①	细砂糖	90	900
	盐	0.5	5
	无盐黄油（软）	90	900
②	鸡蛋	90	900
③	低筋粉	100	1000
	泡打粉	0.8	8
④	牛奶	10	100
	核桃仁	10	100
	葡萄干	10	100

（5）倒入原料④，拌匀，即得蛋糕面糊。

（6）将面糊装入裱花袋，均匀挤入蛋糕盒或马芬模烤盘，以七成满为准，轻摔两下。

（7）烘烤。马芬模烤盘直接送入烤箱，烘烤 25 分钟即成熟，立即出炉（见图 3 – 1 – 9）；蛋糕盒盛装后放入烤盘，再送入烤箱，烘烤至表面开始上色时（约 12 分钟），拉出烤盘，将刀从蛋糕顶部垂直插入，从头到尾划一刀口，再推入烤箱，继续烘烤 25 分钟，检查表面色泽和成熟状况，出炉冷却（见图 3 – 1 – 10）。

图 3 – 1 – 9　小圆形黄油蛋糕

图 3 – 1 – 10　方块黄油蛋糕

（九）巧克力豆马芬 Chocolate Chips Muffin

1. 原料配方（24 连马芬模烤盘 1 只）（见表 3 – 1 – 17）

2. 制作过程

（1）原料③混合，过筛；马芬模垫纸杯；烤箱预热，上、下火 180℃。

（2）用糖油搅拌法，将配方①的原料倒入搅拌缸内，上搅拌机，用搅拌桨以中速打至绒毛状。

（3）将原料②混合，分两次加入（2）中，每次加入须将搅拌机停止，把缸底黄油用橡胶刮刀铲离，然后搅打均匀。

（4）将过筛的原料③倒入，慢速搅匀。

（5）倒入原料④，拌匀，即得蛋糕面糊。

（6）将面糊装入裱花袋，均匀填入马芬模烤盘，以八成满为准，轻摔两下。

（7）送入烤炉，烘烤至18分钟左右，此时表面已呈淡金黄色，拉出马芬模烤盘，在每只马芬顶部撒少许芝士碎，继续烤5分钟，出炉冷却（见图3-1-11）。

表3-1-17　巧克力豆马芬的原料配方

	原料	百分比（%）	数量（克）
①	细砂糖	56	400
	盐	0.8	6
	无盐黄油（软）	83	600
②	鸡蛋	33	240（4只）
	蛋黄	13	96（4只）
③	低筋粉	100	360
	高筋粉		360
	泡打粉	2	15
④	牛奶	14	100
	烘焙巧克力豆	17	120
⑤	马苏里拉芝士碎	28	200

图3-1-11　成熟马芬

（十）巧克力布朗尼 Chocolate Brownie

1. 原料配方（30毫米×30毫米活底蛋糕盒3只）（见表3-1-18）

2. 制作过程

（1）山核桃仁掰成葡萄干大小的粒状；蛋糕盒刷油垫烘焙纸，烤箱预热，上下火170℃。

（2）将①中的巧克力熔化，加入软化黄油，混合均匀。

（3）将②中的鸡蛋与砂糖混合，搅打至稍稍发白，分3次加入（2）中，边加边搅拌，至均匀。

表3-1-18　巧克力布朗尼的原料配方

	原料	百分比（%）	数量（克）
①	黑巧克力	100	500
	无盐黄油（软）	140	700
②	鸡蛋	120	600（10只）
	细砂糖	200	1000
③	低筋粉	100	500
④	山核桃仁	100	500
⑤	朗姆酒	4	20

（4）将面粉分 3 次筛入（3）中，每次搅拌匀。

（5）取 2/3 的山核桃粒与朗姆酒一起加入（4），拌匀，即得布朗尼面糊。

（6）将面糊均匀分入蛋糕盒，抹平，将剩余 1/3 的山核桃粒撒于表面。

（7）立即送入烤箱，烘烤 40 分钟出炉（见图 3 - 1 - 12）。冷却后，放入冰箱冷藏 2 小时以上，取出改刀。

图 3 - 1 - 12 巧克力布朗尼

活动四 风味蛋糕制作

风味蛋糕，是口味口感丰富、造型装饰独特的蛋糕的总称。近十多年来，随着烘焙业的迅猛发展，一些国际上广为流传的风味蛋糕渐渐被普通消费者所了解、接受。包饼师们锐意创新的精神和对新材料的运用，使更多的风味蛋糕出现在酒店和社会包饼屋的展示柜中，同时也赋予了蛋糕"风味"一词更深刻、更广阔的内涵。

一、风味蛋糕的分类

风味蛋糕因原料丰富、制作工艺复杂而风味多变，很难对其具体品种作出界定。本活动就先从所使用内坯和夹馅霜饰两个方面来了解风味蛋糕工艺状况。

（一）按蛋糕内坯基础来分

从所使用内部坯底的种类来看，风味蛋糕可以分为海绵蛋糕类、油脂蛋糕类、酥皮类、混酥类和其他类五个基本类型。

（1）海绵蛋糕类。即以海绵蛋糕作为内坯。这一类型的风味蛋糕目前市面上占有较大的比列。一般说来，这类蛋糕口感比较松软，迎合了绝大多数消费者的口味习惯。水果鲜奶油蛋糕、慕斯蛋糕、啫喱蛋糕、冰淇淋蛋糕、蔬菜蛋糕等都属于这一类型。海绵蛋糕坯制作时有不同的搅拌方式，通过调整各种材料的比例，形成硬、软、松、紧、干、湿、粗、细等不同质地的蛋糕坯。此类风味蛋糕制作时有两种方法：一是直接以海绵蛋糕为基础，加上口味不同的奶油馅料制作而成；二是用添加有各种特殊口味的辅料的蛋糕坯，加上与之相适配的奶油馅料组成。相同的原料因制作方式、夹馅和装饰不同，得到的成品蛋糕是风格迥异的。

（2）油脂蛋糕类。即以油脂蛋糕作为内坯，尤其是黄油蛋糕坯，其奶香浓郁、口感绵酥，且储存时间较长。在烘焙前可以拌入果仁、巧克力和水果等，得到口味丰富的各种蛋糕坯。油脂蛋糕类夹心和表面装饰时，采用黄油忌廉、巧克力等较多，而较少使用鲜奶油。

（3）酥皮类。即以烘烤成熟的酥皮为内坯。最具代表性的是拿破仑蛋糕，用烤熟的酥皮饼夹上黄油忌廉和蛋白核桃饼制成。酥松的口感、诱人的色泽、丰富的层次是此类蛋糕的主要特色。

（4）混酥类。即用烤熟的混酥饼作为内坯，或用生混酥面与馅料一起烘烤。此类蛋糕主要是慕斯蛋糕或类似于派的烘熟蛋糕。例如，用烤熟混酥饼做底的乳酪慕斯蛋糕和以生混酥做底的法国苹果杏仁蛋糕等。

（5）其他类。有些蛋糕虽然被称为"蛋糕"，但并未使用蛋糕坯。例如冷冻的松脆乳酪蛋糕，是用巧克力拌和粟米片做底的乳酪慕斯；再如舒芙蕾乳酪蛋糕兼有黄油蛋糕和海绵蛋糕做内坯的方法。

（二）按夹馅和霜饰材料来分

从所使用夹馅和霜饰材料的种类来看，风味蛋糕可以分为鲜奶油类、黄油忌廉类、巧克力类、蛋白糖霜类、风糖类五种基本类型。

（1）鲜奶油类。目前，国内流行的蛋糕品种有半数以上是用鲜奶油作为夹馅和霜饰主料的。鲜奶油以其色泽乳白、口感滑爽而不腻、使用方便的特点，被广泛用于海绵蛋糕类及冷冻西饼的制作和装饰，且常与水果、巧克力等搭配使用。

（2）黄油忌廉类。主要是以油脂蛋糕为内坯的风味蛋糕，如胡萝卜蛋糕、核桃蛋糕等，保质期限较鲜奶油类蛋糕要长。

（3）巧克力类。可称为"巧克力蛋糕"的风味蛋糕品种非常多，做法也各异。这类蛋糕往往具有典雅的外观、沉稳和谐的色感和高贵的品质。以巧克力为夹馅和霜饰主料的蛋糕非常受欢迎。

（4）蛋白糖霜类。以蛋白糖霜为夹心和霜饰的蛋糕已不多见，逐渐被鲜奶油代替。但是，蛋白糖霜有时还使用在一些蛋糕表面，入焗炉迅速焗成金黄色，以增进装饰效果。

（5）风糖类。许多传统的欧式蛋糕会在表面淋上各种色彩的风糖作为装饰，如拿破仑蛋糕和法式小点等。

二、风味蛋糕的装饰

（一）风味蛋糕装饰的基本原则及要求

（1）装饰材料与蛋糕内容在口感、口味上的统一。鲜奶油蛋糕可以与水果、巧克力、饼干等搭配，而糖果和一些果仁易吸湿，较少用于鲜奶油蛋糕表面的装饰；巧克力、咖啡等口味浓郁的蛋糕应采用本味材料或果仁等搭配，不宜用味重的材料与之冲突。

（2）装饰材料与蛋糕主体色彩的和谐。烘烤直接成形的蛋糕一般保留诱人的金黄色泽，可用糖霜、果仁、糖果等来烘托，摆放色泽艳丽的水果容易喧宾夺主。

（3）表面装饰与成品造型的结合。许多圆形蛋糕须切开出售或装盘，内部结构、色彩和层次也是完美装饰的一部分。表面装饰配色时要考虑到截面色彩的和谐。另外，同一蛋糕如做成便于出售的小份，装饰就较简洁；但若做成大份，整体造型的构思、装饰就复杂得多。

（4）根据蛋糕特性进行装饰。冰淇淋蛋糕表面必须先用奶油或巧克力抹盖严实，防止冰淇淋融化。一经装饰后必须立即售出，否则装饰物会因速冻储存后结冰、开裂。啫喱蛋糕晶亮透明的啫喱"镜面"光滑且易被污染，因此只能装饰一些附着力强的材料，且只能作简单装饰。

（二）风味蛋糕的基本装饰材料

（1）奶油。鲜奶油、淡奶油、混合脂奶油和黄油忌廉除用于风味蛋糕的夹馅和抹面外，还有大量用于蛋糕表面的装饰，通过裱挤和涂抹进行造型。

（2）水果。新鲜水果、罐装和糖渍水果被广泛运用于蛋糕装饰，通过切雕拼摆和其他处理方式，与蛋糕融为一体。新鲜水果摆放好后最好刷上一层水果光亮剂或啫喱水，以保持水分和增添光泽。

（3）巧克力。巧克力有各种形状，如巧克力棍、巧克力刨花、巧克力屑、巧克力卷和巧克力扇片等作为装饰主体的配角。质地上乘的巧克力制品口感滑润，色泽晶亮，色感沉稳，在装饰中的地位无可取代。

（4）杏仁膏。用于捏塑花朵、动物和巧克力蛋糕的裹面，一般使用在以油蛋糕为基础的风味蛋糕中，为西方人士所喜爱。

（5）果仁。常用的果仁有核桃仁、杏仁、榛子、胡桃和开心果仁等，往往作为配角使用。也可与糖等加工后作主体装饰，如焦糖核桃、杏仁糖片等。果仁的使用会使蛋糕产生不可抗拒的诱人魅力。

（6）焦糖片和糖花、糖丝。用砂糖熬制制得的焦糖片和拉制的糖花、糖丝，有亮丽的色泽，适合一些果仁蛋糕、重油蛋糕等。

（7）糖粉。直接撒于蛋糕表面，可做成各种花纹、图案。

（8）饼干。一般用于蛋糕的围边，如手指饼、佛罗棱曲奇等。

（9）水果啫喱冻。有各种味型、各种颜色，常用于啫喱蛋糕和慕斯蛋糕的表面装饰。

（10）镜面果胶。用于慕斯蛋糕的表面装饰。添加少许食用色素和果泥能增加蛋糕表面的光泽和表现力。亦有添加了食用金粉的成品，淋到蛋糕表面后，在灯光下光彩夺目。

三、复合口味风味蛋糕

甜点的真正"味觉盛宴"，是让每一款甜点拥有独特的口感、味道和香气，为消费者带来真正能够打动味蕾、心灵和记忆的美味。两种或两种以上的口味组成的风味蛋糕，正成为现代西点的流行趋势。这类蛋糕的每一层，单独品尝都是不同的风味，从上至下一起送入口中，舌尖传递着不断变化着的滋味。细细品尝，每一口都有不同的味蕾体验，这才是现代西点的独特魅力所在。

（一）复合口味的含义

两种或两种以上的蛋糕口味组合而成的蛋糕。底坯层、中间蛋糕坯、夹层蛋糕坯等，都可能呈现不同风味。一款蛋糕中，可能包含不同的蛋糕类型。最常见的有两类：一是冷藏类蛋糕（如慕斯、奶冻、水果啫喱等）不同口味的组合；二是焙烤类点心（如挞、纸杯蛋糕、泡芙等）和冷藏类点心的组合。

（二）复合口味的基本搭配原则

欧美尤其是法国的甜点界，认为每一位西点师都应该像个魔术师，以食材本身的特点为依托，在传统搭配的基础之上，尽展食材本身的天然特性。以一种突出的主味为主，各口味之间和谐搭配滋味互补，使甜点整体的口味丰满富有层次，产生奇妙的味觉感受。口味搭配没有定律，前辈们成功的配方往往能流传很广，得益于多次的尝试与改进。不同国家不同区域对甜点口味的偏好也是西点师们要考虑的重要因素。一般来说，主味食材的口味特点突出，如黑巧克力、抹茶、姜和香气特别的水果等，它们宜与口味柔和的食材进行配合，如白巧克力、香草、果仁和香气宜人的水果等，这种配和能提升蛋糕的层次感和丰富的余味，成为大众喜爱的口味。反之，浓烈口味之间的搭配，只能是小众市场或生命周期很短。总之，让人产生愉悦的感觉，是口味搭配的最高追求。

（三）复合口味的搭配实例分析

（1）2013年法国"西点世界杯"中国队参赛的巧克力蛋糕。由巧克力慕斯、焦糖奶油酱、热情果奶油酱、薄脆片和巧克力蛋糕坯组成，外层覆以巧克力淋酱。焦糖奶油酱丰富了巧克力的口味层次，热情果特殊的芬芳气息赋予巧克力蛋糕一种神秘的味觉体验。焦糖、榛子等口味与巧克力是常见搭配，热情果与巧克力的组合也是近年来流行的法式口味，薄脆片的加入增加了蛋糕入口的节奏感。

（2）白巧克力抹茶蛋糕。由两层抹茶海绵蛋糕坯、红豆慕斯和白巧克力慕斯组成，表面筛满抹茶蛋糕细屑或喷满绿色巧克力。红豆淡奶慕斯和抹茶海绵蛋糕是日式西点的经典搭配，加一层香草气息的白巧克力慕斯，使浓郁的抹茶味变得清淡、乳香增加，成为一款受众面更广的大众口味。

（3）香草慕斯苹果挞。这也是一款经典的法式搭配，用半圆形香草慕斯叠加在烤好的苹果挞上。香草慕斯由淡奶油、少许白巧克力、天然香草籽制成，脱模后淋上淡绿色果胶。苹果塔由法式挞底（加入杏仁粉增加口感）、法式杏仁奶油和黄油香草炒的苹果馅一起烤制而成。这款蛋糕口味搭配和谐，苹果特有的酸甜、香草的自然芬芳和淡奶油的乳香、杏仁奶油中的酒香融合在一起，更巧妙地把挞类产品粗糙偏干的口感和慕斯的滑爽细腻结合。表面的淡绿果胶装饰让人联想起青苹果的味道。

（4）焦糖杞果蛋糕。底层是榛子酱、烤杏仁碎和黄油饼干屑混合烤制的饼底，然后从下往上依次是太妃（焦糖奶油）慕斯、海绵蛋糕（浸渍柠檬糖水）、杞果椰果慕斯，表面是焦糖奶油淋面。丰富的多层次口感，突出了焦糖香、乳香和果仁的香气，杞果的芬芳又时时萦绕舌尖。

（5）蘸满焦糖或巧克力酱的夹馅小泡芙和焦糖蛋糕、榛子蛋糕、巧克力蛋糕等的搭配。用这类小泡芙装饰蛋糕时，不仅是形式上配合，也是口味和口感上的升华。夹馅和蘸酱的口味给了蛋糕更多的想象力。

四、风味蛋糕制作实例

（一）黑森林蛋糕 Black Forest Cake

1. 原料配方（见表3-1-19）

2. 制作方法

（1）罐头黑樱桃沥干切丁，将原汁加少许水和糖煮开，用适当鹰粟粉勾芡，拌入切成丁的黑樱桃。稍凉后拌入30毫升朗姆酒。将制好的黑樱桃酱凉透。

（2）巧克力海绵蛋糕批成均匀的3片，刷上剩下的酒，用粗圆口裱花嘴在第一层挤出螺旋形的鲜奶油线条，空隙处填满黑樱桃酱，盖上第二层蛋糕，与第一层同法制作，最后用鲜奶油抹面。

表3-1-19　黑森林蛋糕的原料配方

	原料名称	投料分量（克）
①	巧克力海绵蛋糕（10英寸）	1只
②	鲜奶油	400
	黑巧克力针	100
	巧克力刨花卷	50
	巧克力棒（或带枝酒渍樱桃）	10支
③	罐头黑樱桃（带汁）	300
	樱桃酒	50毫升
	糖	50
	鹰粟粉	适量

（3）蛋糕周围蘸上巧克力针，表面沿外边缘挤上10朵奶油花，摆上巧克力棒（或酒渍樱桃），中间撒巧克力刨花卷即可（见图3-1-13）。

注：黑森林蛋糕常见的夹馅：黑樱桃+打发奶油（黑樱桃一掰二，直接铺在蛋糕上使用）；黑樱桃啫喱+打发奶油（黑樱桃连同罐头糖水一起做成啫喱）；黑樱桃酱+打发奶油（本配方使用）等。

图3-1-13　黑森林蛋糕

（二）焦糖核桃蛋糕 Caramelized Walnut Cake

1. 原料配方（见表3-1-20）

2. 制作方法

（1）蛋糕坯。将面粉、可可粉、泡打粉一起过筛，与核桃碎、饼干屑、盐拌匀待用；

黄油化开；将蛋黄、蛋白分开，分别与 25 克糖打泡；再轻轻拌和在一起，加入蛋糕坯部分的其他所有原料，拌匀；装入 1 只 10 英寸圆模；炉温 180℃，烤约 35 分钟。

（2）装饰。将核桃仁 20 只烤熟，一半切成核桃碎，另一半待用；砂糖不加水熬成金黄色糖浆，加入 10 只整核桃仁，做成焦糖核桃；剩下的糖浆加适量的水煮沸，冷却后和黄油打发成焦糖奶油。

（3）组合。将蛋糕坯批成均匀的 3 片，夹入焦糖奶油，并用焦糖奶油抹面，挤上奶油花，放焦糖核桃、巧克力棒点缀，周围蘸上烤熟的核桃碎即可。

（三）慕斯蛋糕 Mousse Cake

1. 原料配方（见表 3 – 1 – 21）

2. 制作方法

（1）蛋糕垫于圆形蛋糕模底；鲜奶油打发至厚糊状待用。

（2）蛋黄、蛋清分开，蛋黄加糖粉 20 克打至浓稠状。

表 3 – 1 – 20 焦糖核桃蛋糕的原料配方

	原料名称	投料分量（克）
蛋糕坯	鸡蛋	3 只
	无盐黄油（软）	25
	饼干屑	30
	核桃碎	65
	糖	50
	白兰地	15 毫升
	泡打粉	8
	盐	2
	面粉	30
	可可粉	5
装饰	黄油	250
	核桃仁	20 只
	砂糖	150
	巧克力细棒	50

表 3 – 1 – 21 慕斯蛋糕的原料配方

	原料名称	投料分量（克）
①	10 英寸海绵蛋糕（厚 1 厘米）	1 片
②	鲜奶油	100
	鸡蛋	2 只
	糖粉	40
	鱼胶片	10
	牛奶	100

（3）鱼胶片用冷水泡软，放入热牛奶中化开，倒入（2）中，搅匀。

（4）奶油稍稍打发，加入（3）中，拌匀。

（5）蛋清加糖粉 20 克打泡，拌入（4）中。

（6）倒入模具，入冰箱冷藏 2 小时以上。

注：此法可用来制作各种不同的慕斯蛋糕。

（四）草莓啫喱蛋糕 Strawberry Jelly Cake

1. 原料配方（见表 3 – 1 – 22）

2. 制作方法

（1）蛋糕垫于圆形蛋糕模底。

（2）草莓洗净沥干切片（每只切 4 片）。

（3）鱼胶粉用少许开水化开，待凉。

（4）牛奶与糖烧开，用吉士粉勾芡，加入蛋黄、黄油及化开的鱼胶水，趁热倒入蛋糕上，冷却后，将鲜草莓片铺于其上，入冰箱冷藏半小时。

（5）草莓啫喱粉与开水混合，制成草莓啫喱液。

（6）倒1/3的啫喱溶液入模，入冰箱1小时。再将剩下的啫喱溶液倒入模内，进冰箱待其冷凝。

（7）用鲜奶油、水果等作简单装饰。

表 3 - 1 - 22   草莓啫喱蛋糕的原料配方

	原料名称	投料分量（克）
①	10英寸海绵蛋糕（厚1厘米）	1片
②	牛奶	200
	糖	30
	蛋黄	1只
	吉士粉	20
	黄油	10
	鱼胶粉	5
	鲜草莓	200
	草莓啫喱粉	50
	开水	200

（五）巧克力冰淇淋蛋糕 Chocolate Ice Cream Cake

1. 原料配方（见表 3 - 1 - 23）

2. 制作方法

（1）巧克力海绵蛋糕一片垫入圆形蛋糕模底部，冰淇淋稍软后倒入，刮平，盖上另一片蛋糕。盖上保鲜膜入 -10℃冰柜保存。

（2）将鲜奶油打发，加可可酱和酒拌匀，给蛋糕抹面，入冰箱。

（3）巧克力熔化，淋满整个蛋糕，冷却待用。

（4）用新鲜水果、巧克力装饰片、果仁、杏仁糕等作装饰。

表 3 - 1 - 23   巧克力冰淇淋蛋糕的原料配方

	原料名称	投料分量（克）
①	巧克力海绵蛋糕	2片
②	巧克力冰淇淋（软）	300克
③	鲜奶油	150克
	黑巧克力	150克
	可可酱	20克
	朗姆酒	30毫升
④	新鲜水果或烤果仁	适量

（六）胡萝卜蛋糕 Carrot Cake

1. 原料配方（见表 3 - 1 - 24）

表 3 - 1 - 24   胡萝卜蛋糕的原料配方

原料名称	投料分量（克）	原料名称	投料分量（克）
色拉油	210	面包糠	50
糖	210	胡萝卜碎	225
盐	少许	核桃碎	50
鸡蛋	125	提子干	30
低筋粉	190	黄油忌廉	250
苏打粉	5	橘红色杏仁糕	50
玉桂粉	少许		

2. 制作方法

（1）将色拉油、糖、盐快速搅拌 12 分钟，然后逐只加入鸡蛋打泡。

（2）将面粉、苏打粉、盐、玉桂粉混合，过筛后加入蛋糊中，拌匀。

（3）将面包糠、胡萝卜碎、核桃碎和提子干一起拌入面糊中。

（4）入模烘烤，炉温 180℃，时间约 40 分钟。

（5）出模冷透，平批成 3 片，夹抹黄油忌廉，挤奶油花，用杏仁糕做成胡萝卜为装饰。

（七）梨味乳酪蛋糕 Pear Cheese Cake

1. 原料配方（见表 3 - 1 - 25）

2. 制作方法

（1）混酥面团制成后（见任务二"派与挞的制作"），放冰箱松弛半个小时，取出擀成 0.3 厘米厚，针车轮打孔，铺入派底，入烤箱烤熟，冷却待用。

（2）梨沥干水分，整齐排列如（1）中。

（3）将乳酪、糖、柠檬汁、梨原汁水一起搅拌均匀，鱼胶泡软、熔化后加入，拌匀，倒入（2）中，入冰箱冷凝待用。

（4）鲜奶油加细黄砂糖打发，抹在乳酪上，挤奶油花，以软啫喱冻作装饰。

表 3 - 1 - 25　梨味乳酪蛋糕的原料配方

原料名称		投料分量（克）
混酥面团	无盐黄油	60
	糖粉	30
	蛋黄	1 只
	低筋粉	125
	盐	少许
馅料	罐装梨	1 听
	奶油芝士	250
	糖	150
	鱼胶片	4 片
	柠檬（挤汁）	1 只
	鲜奶油	150
	细黄砂糖	20
	软啫喱冻	适量

（八）松脆桑莓蛋糕 Crispy Mulberry Cake

1. 原料配方（见表 3 - 1 - 26）

表 3 - 1 - 26　松脆桑莓蛋糕的原料配方

原料名称	投料分量（克）	原料名称	投料分量（克）
酥皮面团	450	砂糖	30
桑葚（速冻或鲜果）	300	樱桃白兰地	5 毫升
意大利软乳酪	250	鱼胶片	15
鲜奶油	250	糖粉	适量

2. 制作方法

（1）酥皮面团擀制成 2 片直径分别为 25 厘米的圆饼，用针车轮打孔。

（2）取一片用刀刃压出八等分刀印（切口不能太深，不能切开面饼），与另一片一起入炉烤熟，冷却后，将有八等分刀印的一片分切成八等份（扇形），撒糖粉后待用。

（3）将意大利软乳酪、砂糖和白兰地搅拌均匀，鱼胶熔化，桑葚（留 50 克）粉碎，鲜奶油打至厚糊状，一起混合均匀，入冰箱冷凝，成夹心材料。

（4）把夹心材料抹在另一块酥皮上，八片扇形酥皮斜插表面。

（5）剩余的桑葚摆放在蛋糕中央，以薄荷叶点缀。

（九）舒芙蕾乳酪蛋糕 Soufflé Cheese Cake

1. 原料配方（见表 3 – 1 – 27）

表 3 – 1 – 27　舒芙蕾乳酪蛋糕的原料配方

原料名称	投料分量（克）	原料名称	投料分量（克）
奶油芝士（软）	350	牛奶	100
无盐黄油（软）	80	低筋面粉	40
鸡蛋	4 只	柠檬	1 只
糖粉	70		

2. 制作方法

（1）将蛋黄、蛋清分开。

（2）奶油芝士、黄油和 30 克糖粉一起搅拌均匀，逐只加入蛋黄打匀，然后拌入牛奶、面粉、柠檬汁和柠檬皮末。

（3）蛋清加 40 克糖粉打泡，分 3 次轻轻拌入面糊中。

（4）取 10 英寸圆活动底蛋糕模，刷油垫纸，倒入面糊。

（5）用锡纸将蛋糕盒包严，以防从底部进水，入烤箱，180℃炉温，水浴法烤约 90 分钟，出炉。

（6）凉透后撒糖粉，以薄荷叶或陈皮作装饰。

（十）松脆乳酪蛋糕 Crispy Cheese Cake

1. 原料配方（见表 3 – 1 – 28）

2. 制作方法

（1）巧克力与黄油一起熔化，拌入粟米片，倒入 10 英寸圆模中压实（留少量待用），入冰箱冻硬。

（2）酸樱桃吸干水分，铺于巧克力粟米片上。

（3）蛋黄、糖、芝士一起拌匀，加入柠檬汁与鲜奶油混合，鱼胶熔化后拌匀，成乳酪馅料。倒入（2），入冰箱冷凝。

（4）以奶油花、巧克力粟米片作装饰。

表 3 – 1 – 28　松脆乳酪蛋糕的原料配方

	原料名称	投料分量（克）
巧克力粟米片	黑巧克力	150
	黄油	200
	粟米片	200
乳酪馅	奶油芝士（软）	400
	蛋黄	3 只
	砂糖	150
	鱼胶片	5 片
	柠檬	1 只
	鲜奶油	200
	酸樱桃	400

拓展知识 🔍搜索

酒在风味蛋糕中的应用

"在舌尖上绽放""味蕾的旅行""味觉盛宴"，这一类的词现在充斥于各种媒体上，无一不体现了食物的最大诱惑："味道"。好的蛋糕就像美酒一样回味无穷，又像香水一样，既要有前调、中调，也要有尾调"余味"。在现代烘焙中，这一点被甜点师们发挥得淋漓尽致。酒与甜点的结合，是真正的奇妙味觉之旅。

白兰地酒、朗姆酒、各种利口酒、啤酒和葡萄酒等巧妙地运用，能增加蛋糕的独特风味，是使蛋糕充满奇趣味觉诱惑的秘诀。这里介绍几款受国人喜爱的蛋糕用酒。

1. 白兰地 Brandy

起源于法国，通过对葡萄酒的再次蒸馏、置于橡木桶中酿制而成，充满了橡木香气和各种果味（果味类型来自于酿造所用水果自有的香气）。水果白兰地，例如苹果白兰地和樱桃白兰地，是由命名的水果酿造，既保留了原有果味且使滋味更加丰满。法国干邑地区生产的"干邑白兰地Cognac"闻名世界，尤以"人头马"最为著名。

我国久负盛名的"金奖白兰地"，是制作西点性价比较高的白兰地品种。如果想获得更好的味觉体验，人头马干邑无疑是绝佳选择。人头马集团的西点专用版"人头马干邑"，融合了顶级干邑（XO和路易十三）的特色，充满了浓烈的林木香气及醉人的花香，是制作夹心巧克力、巧克力蛋糕、焦糖风味蛋糕和咖啡风味蛋糕的绝佳调味酒。干邑白兰地与巧克力的结合，会提升巧克力的香气，让巧克力味道更加饱满丰富。尤其与醇黑巧克力的搭配，让巧克力爱好者如痴如醉。与焦糖酱相配，让焦糖味的前调体验前伸，中调明显，余味趋于饱满圆润。与咖啡一起，咖啡味更香醇，余味更丰满。同时，用它腌制的干果果脯制作的蛋糕香气诱人。

使用比例：巧克力类、焦糖类和咖啡类等味道较厚重的蛋糕，人头马干邑使用量为总量的2%～3%；口味清淡的蛋糕减半。

2. 君度酒 Cointreau

国内习惯称之为"君度橙酒"，是一种用三种不同柑橘皮酿制的透明甜橙味酒，产于法国的昂热。最早用于咖啡、饮料和鸡尾酒中，后来法国甜点师们发现君度酒在甜点中能增添大家喜爱的橙香芬芳和清新气息，慢慢被广泛使用在法式布雷（Brulée）、慕斯、甜点内馅、冰淇淋及各类烘焙点心中。

在淡奶油中，加入1%～2%的君度酒，能获得中国人喜爱的淡橙香味淡奶油，既提升了奶油的乳香，又使奶油味变得清新不甜腻。君度酒制作的淡糖浆，用于浸渍水果慕斯的海绵蛋糕坯，可使慕斯口味更加迷人。

君度酒非常适合与红浆果（草莓）、柑橘类、干果、天然香草、咖啡、焦糖、巧克力、杏仁糖等各种口味搭配，余味中带有淡淡橙香，是中国人非常喜爱的口味。

3. 朗姆酒 Rum

原产于古巴，用甘蔗渣发酵蒸馏，在橡木桶中酿造。通常西点中使用的是黑朗姆，呈琥珀色，酒香和糖蜜香浓郁，味辛而醇厚。市面常见的品牌中，法国的圣约翰朗姆酒、牙买加的摩根船长朗姆酒，酒精度（40°左右）和香气更适合西点使用。

朗姆酒是法式甜点中最常使用的烈酒，可单独用于卡仕达奶馅（Custard Cream）、穆斯林奶馅（Mousselime Cream）、杏仁奶油（Almond Cream）和蛋白糖霜（Meringue）这些基础配方中，为甜点增添了独特的芬芳气味。在烤制的挞类、烘焙蛋糕等中，烘烤后酒精挥发，留下独特的朗姆芬芳，丰富了产品的味觉层次感。以加入朗姆酒的法式杏仁奶油为内馅的传统法式挞类产品，是广受欢迎的法式点心代表之作。在夹心巧克力和巧克力蛋糕中，朗姆酒与巧克力的搭配被视为经典。在提拉米苏的咖啡糖浆中，加入朗姆酒和咖啡利口酒（Kahlua），会使咖啡的香味更加醇香饱满，同时让马斯卡芝士（Mascarpone）的乳香四溢。

圣约翰朗姆酒颜色较摩根船长淡，非常适合于制作巧克力甘那许（Chocolate Ganache，法式糕点中常用的巧克力淋面酱，以巧克力和淡奶油为主料制成）、腌制果料及冰淇淋中葡萄干和果脯的调味。此外，它也能与热带水果（菠萝、香蕉、杧果、椰子等）、干果、香料（香草、肉桂、姜）和咖啡进行搭配，既突出主味，又余味芳香。

朗姆酒的用量通常视产品类型而定，一般占总量的 1%~3%。

4. 百利甜酒 Baileys Irish Cream

用新鲜爱尔兰奶油、爱尔兰威士忌以及天然香草和天然可可豆等酿造，融合了奶油、威士忌、香草和可可的香气，口感顺滑独特，广受女性的喜爱。

国内的甜点师，常把百利甜酒与红豆类甜点、乳酪慕斯等搭配，增添产品的风味。亦可用于泡芙的内馅和蛋糕的夹馅，被越来越多的顾客所喜爱。添加量约为总量的 2%~3%，淡淡的余味尽显这款调和酒的独特魅力。

5. 咖啡利口酒 Kahlua

以咖啡豆、蒸馏酒、糖和香料等为原料制作的调和酒，咖啡香味浓郁，主要用来制作咖啡味蛋糕，最具代表性的是意大利提拉米苏。

6. 各种果味酒

樱桃酒（kirsch，传统黑森林蛋糕的用酒，现在逐渐被朗姆酒替代）、柑曼怡酒（Grand Marnier）和意大利苦杏酒（Amaretto）、覆盆子酒、草莓酒、黑加仑酒等，常见于国内高档酒店、高端饼店，用于某些独特地域特色的风味蛋糕中，不为一般顾客所知。

7. 葡萄酒 Wine

随着国内葡萄酒文化的兴起，葡萄酒风味蛋糕也越来越为人们喜爱。酿造的干葡萄酒用于马卡龙的夹心，其中的酸味可以中和甜腻。在煮制水果类馅料时加少许葡萄酒，可以增加风味。传统的红酒煮梨，既是一道甜点，也可以做成风味蛋糕。

8. 啤酒 Beer

普通啤酒通常会用来腌制传统西点的果料，增加果料的风味。黑啤酒与黑巧克力搭配，会产生令人迷醉的气息，著名的黑啤酒巧克力蛋糕是巧克力蛋糕中最具另类风味的。

活动五 创意蛋糕制作

一、创意蛋糕的发展与分类

（一）创意蛋糕的变革

十多年前，一提到蛋糕装饰，人们会自然想到奶油裱花蛋糕，用的是植物油为主料的植物奶油。这十几年来，国际烘焙市场欣欣向荣，带动了国内行业水平迅速提高。互联网的极大普及，让蛋糕技艺的传播变得简单和快速，国界之间的风格区别越来越小。越来越多的中国烘焙师从欧美蛋糕的新发展中得到启发，大胆尝试，使国内蛋糕的装饰材料和造型手法日新月异，并慢慢形成兼容并蓄的中国风格。更有众多来自不同行业的烘焙爱好者，尤其是一些设计师、工艺美术师们，以不同的视角和对烘焙的独特理解，跨界创新，从形式上、口味上对传统进行了颠覆，给国内的蛋糕装饰带来了勃勃生机。款式和风格流行之快，让传统从业者始料未及，今天的创意蛋糕就是明日的普通款式。可以说，这十几年中国蛋糕业的发展，超越了过去所有。蛋糕装饰，无论是材料应用、工艺风格，还是文化艺术性和观念都有了质的飞跃。

（1）蛋糕的内坯从单一的传统海绵蛋糕过渡到戚风蛋糕、黄油蛋糕、泡芙、马卡龙及各种形式西点并存，美的、时尚的即是创意的。

（2）蛋白糖霜和人造黄油忌廉作为曾经的装饰主料逐渐退出了历史舞台，只留下蛋白糖霜作为部分产品的特殊用途而存在。取而代之的是淡奶油、鲜奶油、杏仁膏、巧克力、水果、翻糖、鲜花等。

（3）蛋糕创意从用色素奶油（食用色素调制的鲜奶油、人造黄油）裱花造型，发展到用水果、巧克力、鲜花、糖艺等装饰以及立体造型、平面喷绘、捏塑、巧克力雕塑和糖艺雕塑等多种手法。

（4）蛋糕装饰材料的变革带动了整个食品加工设备的创造和零售行业的发展，国外品牌材料大量涌入，国内材料生产厂家茁壮成长，许多厂家和代理商拥有高水平的研发和产品展示队伍，推动了蛋糕装饰材料的应用，提高了行业整体水平。

（5）创意蛋糕的应用从最初狭隘的生日蛋糕范畴脱离出来，演变成人们表达欢乐、增进相互情感的一种方式，多场合应用的局面使创意主题有了更深刻的文化内涵。

（6）通过国际国内的比赛、原料厂商、代理商高频率的产品发布展示会、国际国内的烘焙博览会和互联网及专业原料电商等形式，中外专业人员之间的交流日益广泛，融合中西文化精粹的作品受到越来越多的消费者的推崇。

（7）由于蛋糕售卖方式的变化，现场制作、个性化定制、顾客的现场亲身 DIY 体验、网络蛋糕店和实体蛋糕店外卖等形式，使得售卖形式更为直观、灵活，方便了消费，增进了交流。蛋糕师的艺术创造过程得以展现，满足了消费者对蛋糕创意艺术的观赏和求知欲望，蛋糕师对潮流把握的要求也越来越高。

（二）创意蛋糕的分类

1. 从装饰的主料来区分

（1）奶油创意蛋糕。即使用淡奶油、鲜奶油为抹面、裱花和塑形的基础材料，辅以水果、巧克力、果仁果饯、糖果、果酱果馅等为点缀的蛋糕。制作速度比较快，新鲜度高，口感好，是日常使用最多的一类蛋糕。尤其是淡奶油蛋糕，具有奶香自然、清爽不甜腻和新鲜装饰食材亲和性好的特点，符合现代消费者的健康理念。这类蛋糕在国内从

2013 年起异军突起，市场份额逐年增大。

（2）翻糖蛋糕。即在黄油类蛋糕的表面涂抹一层薄薄的黄油忌廉作为黏结材料，再覆以一层翻糖皮，最后在表面进行立体装饰的蛋糕。翻糖蛋糕多种技巧同时运用，如捏塑、喷绘、吹制及拼接和裱挤等，耗时长，但造型形象逼真，艺术性强，文化内涵丰富。原先的糖面蛋糕工艺难度大，普及性不强，所以主要用于饼屋展示、婚礼、庆典等重要场合。近几年随着翻糖材料工艺的突破，翻糖面可操作性很强，加上翻糖工具的发展，吸引了一大批有艺术功底的从业人员去研究翻糖工艺，翻糖工艺技巧的普及成为可能，使得翻糖蛋糕市场空前繁荣。如今，翻糖的用途日益广泛，各种实物造型、写意造型蛋糕都可以通过翻糖材料来实现，最大限度地满足了人们对蛋糕的想象。连以前对翻糖材料不屑一顾的法国蛋糕师们，也将翻糖小花朵作为小蛋糕的装饰元素了。

拓展知识　🔍搜索

翻糖蛋糕的起源与发展

据说，翻糖蛋糕源自于英国的艺术蛋糕。20 世纪 70 年代，澳大利亚人发明了糖皮，并应用于蛋糕表面的装饰。传入英国后，这种糖皮在蛋糕装饰上得以广泛使用，但在当时，这种蛋糕仅限于王室的婚礼，因而被视为贵族的象征。后来，英国专业蛋糕师用这种材料制作出花卉、动物、人物等造型，并装饰在蛋糕上，赋予蛋糕独特的创意和感染力。随着翻糖的出现，糖皮被迅速取代。翻糖具有极好的延展性和可塑性，能塑造各种栩栩如生的形态，艺术性无与伦比，充分体现了个性与艺术的完美结合，因此成为当今蛋糕装饰的主流。

翻糖蛋糕犹如工艺品一般精致、华丽，凭借其华丽精美以及别具一格的时尚元素，被广泛应用于各种喜庆场合。

---

2. 从用途来区分

可分为生日创意、节日创意、婚礼创意、庆典创意、特殊纪念日创意等的创意蛋糕。蛋糕的用途对创意、构思和材料有直接影响，也决定了不同的创作手法。

3. 从蛋糕内坯的品种、口味来区分

常见的有水果蛋糕、巧克力蛋糕、慕斯蛋糕、乳酪蛋糕、果仁黄油蛋糕、巧克力蛋糕、蔬菜蛋糕等。目前大多数饼屋都据此来售卖蛋糕，也根据顾客的不同需要来进行创意制作。

二、常用装饰材料

近年来，食品加工技术有了长足的进步，许多高档原料由于价格降低得以推广应用，琳琅满目的装饰材料赋予蛋糕师们广阔的想象空间。

（1）植物性鲜奶油。亦称"植脂奶油""植脂忌廉"等，主要成分是水、氢化棕榈

油、玉米糖浆、糖和少量乳化剂、防腐剂、色素和香料等。由于其色泽洁白、口感滑爽而不腻、使用方便，已被广泛运用到普通创意蛋糕中。以慢速搅拌植物奶油（气温较高时需在搅拌桶下垫冰块），打发后坚挺而细腻，适合用花嘴裱挤各种造型。目前，市场上的饼屋多采用这一方法进行动物、人物及花卉的造型，创造出立体的装饰效果。

（2）动物性淡奶油。又称作"乳脂奶油"，是乳制品厂家从天然新鲜牛奶中提取主料，加入其他原料制作而成。通常不含糖，制作产品时根据需要加入一定比例的糖。淡奶油奶香自然浓郁，和水果蛋糕、乳酪蛋糕、巧克力蛋糕等亲和性好，比植物奶油更营养，因此现在已成为中高档蛋糕的主要装饰材料，更是小块蛋糕装饰的上选。它的缺点是打发性和稳定性比植物奶油差，贮存要求高，对温度的敏感性强。如果蛋糕产品售卖周期短，售卖温度条件好，对口感要求高，亦可采用淡奶油加鱼胶片提高稳定性的方式裱花，即每瓶淡奶油取 100 毫升烧开，加入 5 克熔化鱼胶搅匀，凉透后放入冷藏冰箱一夜，然后与剩下的淡奶油一起打发即可裱花。这种方法也是法国甜点师们所常用的。现在很多小蛋糕坊和工作室以使用动物性奶油作为卖点，片面宣传其纯天然性，其实动物性奶油都含有添加成分，否则不仅无法打发，也难以运输和保存。由于奶源和生产工艺的限制，国产动物性奶油的生产工艺很不成熟，因此，市面的动物性淡奶油主要依赖于进口。

拓展知识 | 🔍 搜索

动物性奶油与植物性奶油

奶油在烘焙行业有着广泛的应用，根据其性状，奶油主要有动物性奶油和植物性奶油两大类。那么，它们有什么不同之处呢？

1. 什么是动物性奶油？

它是将从全脂牛奶中分离得来的乳脂肪经特殊工艺生产出来的，脂肪含量一般在 35% ~40%，营养价值介于全脂牛奶和黄油之间。它的最常见用途是用来制作糕点和糖果，也用来添加于咖啡和茶中。从动物奶油的成分表中可以发现它是没有糖分的，因此也称为淡奶油。其主要成分是乳脂肪、奶蛋白、增稠剂等。

2. 什么是植物性奶油？

它是由美国人维益在 1945 年发明，作为淡奶油的替代品出现的，主要是以氢化植物油来取代乳脂肪。较之于动物性奶油，植物性奶油更易于保管和使用，稳定性强，价格也便宜，所以广受中低档包饼房和甜品屋的欢迎。植物性奶油的成分为氢化棕榈油、玉米糖浆、白砂糖、食用香精、水、盐、添加剂等。由此可见，植物性奶油并不含丝毫乳脂。其中的氢化棕榈油，就是常说的"氢化油"，可以用来制作植物奶精、起酥油、植物黄油等产品。但是，传统的植物性奶油中含有反式脂肪酸，它不易被人体代谢，会对人的心血管产生一定的危害。当然，现在很多厂家解决了这一工艺难题，不含反式脂肪酸的植物性奶油已经面世。

3. 如何鉴别动物、植物性奶油？

简单而有效的方法是通过颜色、风味、稳定性等方面来鉴别（见表 3-1-29）。

表 3 - 1 - 29　动物性奶油与植物性奶油的鉴别

品种 项目	动物性奶油	植物性奶油
颜色	因含大量乳脂肪，所以是天然乳黄色的。	不含乳脂，颜色雪白
风味	含大量乳脂，因此乳香浓郁。 不含糖，无甜味，需要在打发时添加砂糖等。	添加了合成香精，闻起来比较"清香"。 添加了合成糖浆，所以吃多了会有甜腻的感觉。
稳定性	直接打发后不够坚挺，无法用来给蛋糕外表塑形，即使是裱挤最简单的花纹，纹理也不够清晰，保持时间短。可通过鱼胶增强其稳定性。	由于不含乳脂成分，融点比较高，稳定性强，不仅可以给蛋糕裱挤各种花饰，也能用于立体塑型，而且保持时间长。

4. 实际应用中有何区别？

实际应用中，两者在储存方法、打发温度和打发率方面都有着明显的差异，因此需区别对待（见表 3 - 1 - 30）。

表 3 - 1 - 30　动物性奶油与植物性奶油在应用中的区别

品种 项目	动物性奶油	植物性奶油
储存方法	冷藏，在 0℃ 到 5℃ 之间。不得冷冻，否则就会油水分离而报废；不能忽冷忽热，否则会变成凝乳状。	长时间保存用冷冻法，短时间保存则可冷藏。
打发温度	打发前的奶油温度不能高于 10℃，但低于 7℃ 也会影响奶油稳定性和打发量。在夏天搅打时，最好室内开足冷气，外加垫冰水。	取出解冻后，奶油温度在 -2℃ 到 8℃ 之间，就可以打发。
打发率（即奶油经过高速搅拌后，体积的膨胀率）	通常为 1:1.5 的打发率，也就是说，体积 1 升的奶油，经过搅打，体积达到 1.5 升。	1:3 的膨胀率，如果打发温度恰当，也可能更高。

（3）混合脂奶油。为了解决动物性奶油打发性和稳定性差而导致无法正常操作裱花的问题，很多乳脂厂商推出了混合脂奶油，即在乳脂奶油中加入 10% ~ 15% 的植物性奶油。作为新产品，混合脂奶油虽然不如植物性奶油稳定性好，但比淡奶油更适合于简单裱花和小点装饰。

（4）黄油忌廉 Butter Cream。用黄油、糖浆和蛋白打发成的黄油忌廉目前较少作为主料装饰，一般加入其他风味原料，如巧克力、焦糖、酒等，在一些传统的蛋糕抹面时使用，或者作为蛋糕的风味夹心。但从 2014 年起，韩国人发明了"韩式裱花"，将黄油忌廉配方中一部分或大部分黄油置换成白油，加入着色丰富的进口色膏，做成"韩式裱花奶油"。这种裱花技法类似传统的黄油忌廉裱花，但色彩表现力和裱花手法完全是创新的。它在美国 willton 公司裱花技法上加以改进，使用 willton 裱花嘴，裱花忌廉的调色偏灰暗调，色彩搭配上讲究自然和谐，重点表现花朵的绚丽多姿，迎合了当今对插花艺术的审美眼光。技艺高超的韩式裱花师，对于色彩的搭配有着很深的理解，使得它在一些以女性为对象的生日蛋糕、婚礼甜品台和婚礼蛋糕上，有特殊的表现效果，受到很多女性顾客的欢迎。

（5）巧克力 Chocolate。巧克力以自然高贵的气质、细腻光滑的质感，极其广泛地被应用在中高档创意蛋糕的装饰造型中。各种巧克力酱做的蛋糕淋面，赋予蛋糕诱人的质感。市场上有各种小件巧克力饰品出售，人们也可根据自己的构思设计更具感染力的巧克力图案造型，这些巧克力产品巧妙地装饰在蛋糕上，渐渐成为潮流。巧克力可以作为主角出现在装饰中，一件好的巧克力雕塑作品往往要花上一周或更长时间，它所展示的艺术魅力可与任何雕塑相媲美。这类作品的艺术表现力是一流的。

（6）杏仁膏 Marzipan。用杏仁粉、糖粉和淀粉调制而成。它曾经大量被应用在翻糖蛋糕的裹面内层和捏塑上，现在是制作捏塑作品的材料之一。和翻糖相比，捏塑时的可操作性和营养口感上更胜一筹；缺点是调和颜色后较灰暗，因为一般产品本身的颜色是乳黄色，表现厚度较薄的作品时坚挺度差一点，成本也比翻糖高很多。

（7）翻糖 Fondant。翻糖的主要成分是糖粉，加入少量的食用胶体和油脂制成。翻糖蛋糕起源于英国，已有100多年的历史。近年来由于翻糖面团工艺的革新，使得翻糖蛋糕迅速普及开来。翻糖在立体造型上的卓越表现力，让蛋糕师们的想象力得到充分体现。可以说，西点原料中，没有任何一种可以超越翻糖在造型装饰上的表现力和操作性。在烘焙业发达的国家，除了法国，几乎都有对翻糖蛋糕痴迷的蛋糕师。近几年，法国蛋糕师们也开始尝试用小件翻糖装饰来制作小西点。

（8）翻糖蕾丝料 Lace Fondant。通常有软面团状和粉状两种，市售品基本是从美国和英国进口的。主要成分为糖粉、蛋白粉、鱼胶粉、浓缩泰勒粉等。其中，浓缩泰勒粉具有高度增稠能力，在常温下能保持较好的凝胶性。和翻糖相比，具有晾干时间快、有弹性抗拉扯、脱模不易断的特点。配合蕾丝模使用，可以做出和衣服上蕾丝一样的镂空效果，比手工裱制的糖霜蕾丝操作更简单，成功率和美观性极高，通常用来装饰翻糖小点、翻糖饼干，也用于大型翻糖蛋糕的局部装饰。在婚礼主题和生日主题甜点台中，是一种时尚的装饰材料。

（9）皇家糖霜 Royal Icing。用糖粉和蛋清或蛋白粉制作而成。它成本低廉，便于造型，成品可以长时间常温保存不变质。缺点是不能沾水，不能放在奶油上。可制作翻糖蛋糕配件、糕点装饰等。

（10）水果 Fresh Fruit。应时鲜果是奶油类创意蛋糕必不可少的点缀，其自然诱人的色泽永远是人们的至爱。

（11）果仁 Nuts。香脆而营养丰富的果仁，如杏仁、山核桃、开心果等，与巧克力调配后能增加创意蛋糕风味的诱惑力。

（12）糖粉 Icing Sugar。糖面蛋糕的主料。用它制成的翻糖面团用作蛋糕的盖面和捏塑造型，具有平滑的质感、洁白的色泽和立体的效果；用它制成的皇家糖霜具有与鲜奶油同样的用途。由于这两种糖粉制品会变干发硬，因此，成品可以保留较长时间。

（13）明胶、水果上光剂 Glace。明胶加糖粉在面团中可增加韧性，也能在慕斯蛋糕表面创造镜面效果。水果上光剂刷在水果表面，营造瓷器般的光泽，并能延长水果的保鲜期。

（14）各种糖果 Candy。金银糖珠、七彩糖珠，动物或水果形糖果等用于蛋糕表面的点缀，和装饰主角相互映衬，增加了色彩的层次感和构图的平衡感。

（15）果胶、果酱 Jelly。在构图中进行大面积的图案造色，其晶亮的光泽深受人们的喜爱，是平面卡通图案必不可少的填充材料。

（16）砂糖与塑糖。将砂糖熬成糖浆，经调色、冷却可吹拉成各种花卉水果、动物等造型。吹糖工艺品色彩绚丽夺目，形象生动传神，具有光亮的质感，无论作为主角或配角都会使创意蛋糕陡然增辉。掌握吹糖工艺必须有高超的捏塑技巧和对实物形象特征的深刻把握能力。

（17）纸质或绸质缎带。主要装饰在糖面蛋糕的侧面顶部，增强装饰的层次感和动感。

（18）金箔和金粉。用于某些特殊的点缀，营造华贵的气氛。

（19）各式饼干。与巧克力搭配后围边，也可搭建小屋、栅栏等。

（20）鲜花。直接用于蛋糕表面装饰，源于自然的构思和搭配能烘托出热烈欢快的气氛。

三、蛋糕内坯选用

创意蛋糕不仅讲究形式美、色彩美，而且注重口味香醇、质地上乘。在制作普通创意蛋糕时，口味口感尤为重要。能用作蛋糕内坯的品种很多，除了狭义上所指的蛋糕外，各种西点也开始登堂入室。蛋糕内坯的制作对质地、口味和营养的要求有一定的标准，对形状的要求要视创意构思而定。

（1）戚风蛋糕。组织松软，水分充足，不易干燥，不油腻，入口即化。适合用鲜奶油装饰。

（2）海绵蛋糕。包括普通海绵蛋糕、速发油海绵蛋糕、各种果味海绵蛋糕、咖啡海绵蛋糕，巧克力海绵蛋糕等。柔软富有弹性，风味各具。

（3）慕斯蛋糕。以海绵蛋糕为底、上面覆一层慕斯的蛋糕。常见的有水果慕斯蛋糕、巧克力慕斯蛋糕、咖啡慕斯蛋糕等，质地细腻，风味独特。

（4）冰淇淋蛋糕。两片海绵蛋糕之间夹一层冰淇淋或两层冰淇淋，表面覆以奶油或巧克力淋酱，再饰以巧克力小件饰品、水果、果仁和其他装饰料，最适宜夏季食用。耐冷冻的硅胶模可以将软化的冰淇淋冻成特别形状，然后在表面喷上巧克力。这种方法可以制作异形冰淇淋蛋糕。

（5）蔬菜蛋糕。以蔬菜为原料的蛋糕品种很多，制作方法也不尽相同。具有蔬菜的清香，酥软不腻，营养丰富，宜用黄油忌廉夹心和抹面。代表性的有胡萝卜蛋糕、南瓜蛋糕等。

（6）英式水果蛋糕、黄油蛋糕和布朗尼蛋糕。适宜制作糖面创意蛋糕。

（7）其他类型的蛋糕内坯。①乳酪蛋糕：乳酪香味浓郁，松软细腻。②泡芙：用泡芙（见任务五活动一）做婚礼蛋糕是法国的传统做法。

四、常见装饰品的基本制作技巧

（一）水果和鲜花的处理方法

1. 新鲜水果的处理方法

（1）直接拼摆。水果洗净吸干水分后，按构思直接分切，摆放于蛋糕表面。

（2）上光剂的使用。可将鱼胶水或市面上出售的水果光亮剂稀释后，刷在水果表面。既能保持新鲜度，又能凸显水果自然诱人的光泽。

（3）粘巧克力法。新鲜水果如草莓、大樱桃、杏、葡萄等，洗净吸干水分后，粘上一半熔化的黑巧克力或白巧克力，增强色彩的对比效果，提高水果的装饰品位。

（4）裹细砂糖法。新鲜水果如草莓等先粘一层蛋白，然后裹上一层细砂糖，目的是淡化水果色彩，制造朦胧效果，以与主题装饰配色和谐。

2. 鲜花的处理方法

（1）裹细砂糖。适用于单层花瓣的花朵，方法与水果裹细砂糖法相同。

（2）直接摆放。所选鲜花，花朵本身必须无毒性，例如玫瑰、杨兰、百合、康乃馨、牡丹等，洗净吸干水分，在蛋糕表面先铺塑料花纸，再摆放鲜花或放于蛋糕底部四周，多见与鲜奶油搭配。在翻糖蛋糕装饰花朵时，现在也有很多采用鲜花与翻糖花朵相结合的方法，装饰效果更加自然。

（3）将小花朵做入啫喱冻里，用于某些特别口味的蛋糕中，例如樱花、桂花等。

（二）巧克力装饰品的制作

1. 巧克力淋面（酱）

淡奶油（150 毫升）小火烧开，加入黑巧克力碎（175 克）、葡萄糖浆（15 克）一起熔化。过筛待凉后淋于巧克力蛋糕或巧克力海绵蛋糕面上。其表面光滑，光泽感强，可代替奶油作为巧克力蛋糕表面的装饰料。宜用巧克力装饰件及吹糖制品等搭配装饰。

2. 巧克力熔化方法

（1）熔炉熔化。温度宜设在 50℃以下。

（2）隔热水熔化。水温不能过高（不超过 50℃），须防止水珠溅入。

（3）电磁炉直接熔化。小火、慢慢熔化。

（4）微波炉熔化。低功率，短时间，多次搅拌至熔化。

无论采用何种方法，熔化巧克力的温度均应在 32～40℃，视巧克力品牌和品质的不同而有所差异。

3. 巧克力装饰小件的制作

在制作任何巧克力装饰前，巧克力必须降温，具体方法是：

取一半熔化的巧克力倒在大理石上，用铲刀不断搅拌，当巧克力的温度降至 28 ~ 29℃（用温度计或嘴唇试）时，铲回到另一半巧克力中搅匀，此时温度约为 30℃。

（1）巧克力装饰片。取一块幻灯胶片，黑白巧克力熔化后降温。先在胶片表面淋和裱挤各种花纹，待其凝固后，抹上另一种颜色的巧克力，入冷藏冰箱放 1 小时以上。脱下幻灯胶片，放在室温下待稍回软后，用刻模刻出各种形状（刻模必须预热）。

（2）巧克力叶子。挑选叶脉纹路清晰、表面光滑、大小适宜的树叶，洗净擦干后，在其表面淋一层熔化的巧克力，并去除多余的巧克力，入冷藏冰箱放半小时以上。撕下树叶，即成富有光泽、形象逼真的巧克力树叶。用于搭配鲜果或直接点缀。

（3）巧克力棒和巧克力刨花。

①巧克力熔化后，倒在一个光滑的平面上，如大理石台面，用刀抹平。

②待巧克力刚凝固但还未起硬时，用一把锋利长刀沿 45 度角方向贴紧巧克力，用力削推，即可得到巧克力长棒。

③如果巧克力开始发硬，得到的是大巧克力刨花。

④用水果刨皮器刮室温下的巧克力，可得到小巧克力刨花。

（4）模制巧克力。

①制作人物肖像、大型动物。巧克力熔化、降温处理后，用画笔蘸少许黑色或白色巧克力在所需部位描画，待其凝固后，用画笔蘸另一种颜色的巧克力涂满模子内壁。然后倒入同色的巧克力摇晃均匀，放在架子上让多余的巧克力自然溢出，如此重复三次。放室温一夜或冷藏冰箱 2 小时左右，出模。

②制作小模子时，只需淋 2 次。

③如果要做出彩色效果，可用可可脂加色素化开，灌入喷枪中，在模内所需部位进行喷涂，等可可脂凝固过后再进行其他操作。

（5）裱挤巧克力图案。在一张烘焙纸上直接裱挤巧克力成各种图案，起硬后撤去烘焙纸。此法也可裱出各种平面卡通图案。

（6）巧克力缎带和巧克力盒的制作。

①准备。取一张幻灯胶片，截成 9 条，长度适宜。另准备一张大的幻灯胶片和几只裱花纸袋。黑白巧克力化开，降温待用。

②制作巧克力缎带。在 9 条胶片条上分别用白巧克力裱挤些随意的点状、带状花纹，待其凝固后，均匀抹上一层黑巧克力。待其刚开始凝固时两端向内对折，用手捏紧一会儿，让其粘在一起，入冷藏箱 1 小时以上。

③巧克力盒制作。在幻灯胶片上先挤上随意的点和线的白巧克力花纹，待其凝固后，均匀抹一层黑巧克力，再待其开始凝固时用热刀切成所需形状。入冷藏冰箱 1 小时

后取出，用热刀完全割开，脱去胶片，拼成所需盒子的形状，黏合处用黑巧克力填补。须先分别切出底和盖子，4 个或多个侧面分别黏合。

④组合。9 条巧克力缎带脱去胶片，刀在火上烧热。先在盒盖中央挤一些巧克力，巧克力缎带迅速在热刀上烫成端部呈 60 度的尖角，粘在盒盖上一圈。第一层需 4 条缎带，以盒盖中心点为圆心，向四周呈辐射状摆放。第二层以同样方法烫成尖角，用 3 条缎带摆放，角度稍稍立起。第三层为 2 条，角度完全立起，用巧克力黏合。

4. 小型巧克力雕塑的制作

巧克力雕塑是巧克力制作技法中的巅峰，融合了最基础的巧克力技法和造型艺术的技巧，是最体现巧克力师技艺、艺术修养和创作意图的载体。通常巧克力雕塑作品会运用到多种巧克力制作手法，但作品最耀眼的部分是巧克力技法和艺术的完美融合。小型雕塑作品一般不会很复杂，以动物、卡通人物为主，放置在蛋糕上作为蛋糕主题的体现。

（1）通常 20℃左右的室内环境温度、55% 的环境湿度，是制作巧克力雕塑的最佳环境。在制作前，巧克力师对作品的设计必须详尽，做好设计图，对各部分的衔接和承重有深刻理解。哪一部分采取何种方法以保证成功率，事先必须做好详细计划。

（2）将用模具制作的部件和小件做好。

图 3-1-14　巧克力雕塑

（3）雕塑巧克力。将巧克力切碎，用平刀口的大功率粉碎机，利用刀片高速旋转时产生的高温，将巧克力碎融合成软硬适中的巧克力团。快速将巧克力团堆成所需要的轮廓形状。然后用雕塑刀进行雕塑。完成后，将表面修平整，喷上巧克力，让整体外观有一致质感和颜色。

（4）组合。多数小型巧克力雕塑是将各种颜色的模制巧克力部件粘在一起，加上少许手工制作的部件组合而成。而采用雕塑手法制作的巧克力部件，通常是整个作品的主体，黏合时要先把主体粘稳在底托上，再依次粘好各个部件（见图 3-1-14）。

（三）杏仁膏和魔术糖的捏塑技巧

1. 杏仁膏

市面有售，只需兑色素调配即可。杏仁膏比较软，且干燥速度慢，不适宜捏塑较大型的装饰物。

2. 魔术糖

魔术糖的原料配方如表 3-1-31 所示。

表 3-1-31　魔术糖的原料配方

	原料名称	投料分量（克）
①	鱼胶	10
	热水	50
②	蛋清	90
	糖粉	400
③	糖粉	200
	杏仁粉	200

将①中原料混合化开,成鱼胶水;将②中原料混合搅打至白色糊状,拌入鱼胶水;加入原料③,揉匀成光滑团状,加入所需色素调色。魔术糖较硬,能支撑一定高度的物体,一般两三天即可干透。

在捏塑前,应先掌握对象的主要抽象特征,合理使用对象各部分的比例。还应注意色彩的搭配,如眼睛等显著部位宜采用对比度强的色彩。

(四) 翻糖蛋糕的装饰制作基本技巧

1. 翻糖的制作

翻糖的原料配方如表 3 – 1 – 32 所示。将①中原料一起小火煮化,煮开后沸腾 2 分钟至 105℃;待糖浆内无气泡时加入泡软的鱼胶,拌匀,加入糖粉,搅匀;将超细糖粉倒在工作台上,与糖浆一起用手揉匀;加植物白油,揉至光滑;用保鲜膜密封待用。无

表 3 – 1 – 32　翻糖的原料配方

	原料名称	投料分量（克）
①	砂糖	220
	葡萄糖浆	250
	水	110
②	鱼胶（泡软）	10
③	糖粉	500
④	超细糖粉	500
⑤	植物白油	22

植物白油时,可用白色人造黄油或进口猪油代替。翻糖团如果太硬,可加热后使用。

如果时间和精力有限,使用市售的翻糖团是不错的选择。进口翻糖比较柔软、色泽洁白,国产翻糖比较实惠。这些工厂化的产品,在使用的便捷性方面比自制的更有优势。

2. 覆盖蛋糕的基本方法

(1) 蛋糕内坯切割成形、夹馅完成后,在其表面均匀刷上一层软黄油。取出翻糖揉光滑,擀薄,盖在蛋糕上。

(2) 用平滑的刮板或翻糖抹平器,从中间向四周、从上至下,排除空气,压平糖面。遇小气泡可用细针排出空气。

3. 糖花制作

(1) 皇家糖霜

表 3 – 1 – 33　皇家糖霜的原料配方

原料	分量（克）	原料	分量（克）
糖粉	200	醋精	少许
蛋清	1 只	色素	少许

皇家糖霜的原料配方如表 3 – 1 – 33 所示。将糖粉与蛋清、少量醋精、色素搅打均匀即成。

皇家糖霜适用于裱挤糖花。裱挤花朵时,需在一个光滑表面上,如幻灯胶片、大理石、不锈钢表面或烘焙纸上面。干燥环境中晾两天以上,方可取下。

(2) 翻糖

翻糖适合刻制和捏塑糖花用。制作糖花,一般是将花瓣一片片分别擀压成形,然后黏合在一起,置于圆形底托中,留好插花蕊的小孔。待花瓣干硬后穿上铁丝花蕊。

4. 模制肖像和动物

（1）肖像。准备肖像模具。将翻糖用力压进模具内（可事先在模内拍一层玉米粉，然后敲掉），压平，去除多余翻糖，待其稍干后去模，在肖像脸颊部位拍上粉红色拍粉，用画笔蘸色素水描出脸面五官。身体部位从两腿分别插入两根竹签。然后头、身体、腿和手臂黏合在一起，待用。用翻糖加色素擀成衣服，贴在身体和手臂上，将手臂和身体粘牢。干透后，用腿上的竹签插进蛋糕中。

（2）动物。相同方法压出轮廓，描出五官等，干透后使用。

5. 浇注图案

（1）准备。取皇家糖霜一半加几滴水调制，做浇注填充图案用，同时可兑入各种色素。另一半用于裱挤图案轮廓。

（2）浇注。图案纸平铺在桌面上，压上一块透明玻璃，把没有折痕的蜡纸展开铺在玻璃上，固定好。先用裱挤糖霜挤出轮廓，再将浇注糖霜填入。放入无灰尘且干燥处晾干，小心揭下蜡纸，仔细保管。

6. 房舍等建筑物制作

（1）设计制样。事先做好建筑物每一面的设计测量，制成与实物装饰同比例的纸板图样。如果是非平面造型，应用相应的模具。

（2）依样制作。大块的墙面、屋面等可用翻糖擀开，依纸板图样切成；小块的且有镂空图案的可用翻糖制作，配合刻制方法；大的柱子、装饰物等可采用搓制、模制、浇注等多种方法制得。所有糖片必须置于光滑平整的表面上，让其完全干燥。

（3）组装。用裱挤糖花的糖霜将各部分黏合起来。细的装饰线条可在组装后进行裱挤。

（4）美化。可采用镶嵌、喷绘等方法再次进行修饰点缀。

7. 彩带镶嵌技巧

彩带镶嵌一般用于翻糖蛋糕的侧面，与裱挤线条一起配合使用，效果非凡。

（1）取一张与蛋糕等高的烘焙纸，绕蛋糕一圈。用胶带粘住两端从蛋糕上取下。

（2）把纸环压平，顺长用笔画出中央线，再在中央线上方和下方各画一条平行线，与中央线条的间距正好是彩带宽度的一半多1毫米。用尺量出等分点，并用笔标出。

（3）纸环套回蛋糕，用大头针戳出等分点的对应点。取下纸环条，用小刀把上下对应点连成线，划出缝，这样就可以插入彩带了。

（五）蛋糕表面卡通图案制作

（1）直接用熔化的巧克力裱挤出卡通图案轮廓，然后填充各色果胶或奶油。要求蛋糕师具有很好的素描功底。

（2）用牙签在表面轻轻勾勒出简单轮廓，然后根据图样用巧克力裱挤。缺点是有时牙签划痕无法遮掩，显得毛糙。

（3）在烘焙纸上用铅笔画出图案，然后轻轻贴在平整的薄板上。用巧克力沿铅笔线条画出图案，待其完全凝固后，取下并覆在蛋糕表面，最后进行填充。

（4）用卡通蛋糕专用模型或投影机来临摹。

（六）数码摄像蛋糕的制作

数码摄像蛋糕设备是由电脑控制系统、扫描仪和食用数码材料打印设备组成。根据客人提供的图片、卡通、油画等，通过扫描后，输入电脑制图系统中进行设计，再使用可食性油墨，由专用打印机打印在可食用性材质上，然后覆在蛋糕表面，最后进行周边的装饰。它的优点是任何平面图都可以复制，而且清晰度高，色彩还原性好。顾客再也不用为蛋糕师的技术担心了。

新一代的食用数码图像打印机，可以用可食性油墨直接将图案喷绘在饼干、马卡龙及各种表面平滑的蛋糕上。

由于设备自动化程度高，蛋糕师只需根据蛋糕的形状和大小来安排影像图案的尺寸，然后在装饰时注意色彩搭配和谐。

数码影像蛋糕制作技术为创意蛋糕的装饰开辟了一个崭新的天地，顾客也能作为主角来参与创意构思。

（七）其他装饰技巧

一些常用的美术手法，如抹面、喷绘、油画等，也被嫁接到创意蛋糕的制作中。这些技法要求蛋糕师具有相当的绘画功底。寻找可食性原料进行蛋糕装饰的创意制作，这是蛋糕大师们的共同追求。比如，用食用色膏在处理过的糖面蛋糕上绘制最后的晚餐，用色素奶油模仿中国画的手法描画景物，用调色鲜奶油喷绘各种抽象派的画作。可以说，与其他艺术门类一样，蛋糕创意的最高境界也是人类情感的再现。

五、创意构图的基础知识

作为一名合格的蛋糕师，要全面学习色彩的基础原理、图案的构图技巧和素描等各个方面的知识。如何把美术原理运用到自己的日常创作，只有在平时的实践中领悟和积累。

（一）构图基本原理

（1）色彩。美的色彩组合能够激起人们的食欲。色彩感觉是依靠眼睛的作用、透过感觉的冲击力来影响人的心理，也就是说，色彩在不知不觉中左右我们的精神、情绪和行动。色彩调动与搭配的标准并非一成不变，而是靠经验灵活运用的。色彩的主体色泽一般是白色，比较容易映衬出装饰物的特点。色彩的明暗度决定了视觉的效果，有时需要有同一色调进行组合，这样比较柔和；有时则要使色调对比强烈，非常醒目。装饰主角的颜色一般应是突出的，可采用鲜艳的颜色，或大面积的冷色。强调对比色一同使用时，通过调整色彩的面积或降低某一色彩的纯度，也能达到和谐。装饰配角非常鲜艳时，面积不易过大，否则会喧宾夺主。

（2）层次。在装饰主角较高大的情况下，层次容易摆布。但当主角是平面或低矮时，可通过调整配角的高低位置来衬托主角。摆布过程中，装饰主体应是显而易见的，决定各个装饰物的位置关系应符合人们一般的审美习惯。

（3）疏密与对称。蛋糕表面的装饰物可能有很多，通常以对称的手法来分布装饰小件，在突出的位置安放装饰主体。装饰物的大小、色调的明暗决定了疏密的程度，有时留出空白也是为了求得画面的平衡。

（二）主题的表现

（1）形状。蛋糕除了圆形或方形两种基本形状外，也可以做成各种物体抽象的轮廓，心形代表感情和爱情，卡通形象代表活泼，阿拉伯数字型、字母型则可以直接表现主题构思。有时设计成奇怪的物体形象，如抽水马桶，让人拍案叫绝。

（2）装饰品的不同制作技巧应用。普通创意蛋糕由于制作时间和原料成本的因素，都采用简单工艺，如裱花、水果和巧克力饰品拼摆、捏塑等，耗时短且新鲜自然。而大型婚宴，庆典上的创意蛋糕由于体积较大，有充足的时间运用各种材料进行装饰。

（3）同一装饰品由于所用技法不同而效果不同。工艺难度决定了装饰品的质感和品位。例如一朵玫瑰花，可用奶油裱、翻糖捏塑、吹糖和巧克力雕塑等，由于所需时间和原材料、操作难度的差异，体现的艺术价值也各有千秋。蛋糕师只有扬长避短，运用自己所擅长的手法来表现，才能达到与创意主题完美结合的效果。

六、创意的思路

（一）普通创意中卡通图案的广泛应用

谈起卡通，大多数人都会感到趣味十足。长久以来，许多造型特殊、可爱的代表性卡通人物、动物被运用到商品包装、品牌上，以招徕客人。卡通图案能表现各种主题，形式活泼，制作工艺比较简单，能取得平面或立体的效果。卡通图案如果与鲜果、糖果和巧克力饰品结合使用，更显得兴趣盎然，香艳诱人。

（二）各种主题创意的设计思路

1. 生日主题

（1）儿童。可选择一些平面或立体的卡通形象和生肖图案。用巧克力或饼干制作成小房子、捏塑动物、玩具，能让孩子们欢天喜地（见图3－1－15）。

（2）青少年。选用卡通形象展开文体活动，利用青少年喜爱的时髦事物及星座等（见图3－1－16）。

图 3－1－15　小熊卡通造型

图 3－1－16　赛车造型

（3）成人。根据其个人喜好来选择创意主题，表现成人生活内容的图案、个人的兴趣爱好、体育娱乐活动、时尚热点等题材都颇受欢迎。配上别具一格的简单文字也充满情趣。时尚的题材越来越受现代人的喜爱，各种时尚产品、时尚话题，新颖的造型手法配合流行的蛋糕口味，永远是大家的最爱（见图 3－1－17）。

图 3－1－17　成人蛋糕造型

（4）老人。一般生日可选择一些轻松、充满朝气的图案，且不失庄重，让他们觉得充满年轻活力。重大生日宴会的蛋糕有两类主题及形象：一是寿桃、松树、仙鹤、龙凤等传统图案，用立体裱挤、立体捏塑或平面浮雕手法来表现；二是采用色彩简单又不失艳丽的花朵、水果等表现热烈的气氛和儿孙满堂的喜悦（见图 3－1－18）。

图 3－1－18　老人蛋糕造型

2. 节日主题

（1）圣诞节。圣诞节有一些传统图案，如冬青叶、圣诞红、红浆里、雪花、圣诞老人、小鹿、树根、袜筒、蜡烛、雪橇、铃铛、圣诞树、天使和圣诞花环等。大多使用杏仁膏、糖粉面团和皇家糖霜进行制作。可存放于整个圣诞节期间。

（2）新年和春节。表现节日欢快气氛和新年生肖图案，配上传统的祝福贺语，也很富有亲切感。

（3）情人节。主要是以心形蛋糕为主，采用大量的粉红色调和巧克力来诠释浓情蜜意。玫瑰花、各种巧克力心形图案、调皮可爱的丘比特肖像及能表现男女之间两情相悦的图案均广受欢迎。另外，对情侣双方具有纪念意义的饰物也不同凡响。须注意的是，此类蛋糕不能太大。

（4）母亲节。伟大母亲的形象可与烛光、果实、鲜花和乐谱等联系在一起。

3. 婚礼主题

婚礼蛋糕已成为时尚婚礼不可或缺的一部分，烘托婚礼气氛，能足够吸引眼球，颠覆了传统观念对婚宴蛋糕的理解。

（1）婚礼蛋糕的色调和主题取决于新人的个人喜好。预订蛋糕时要与新人们充分沟通。

（2）婚礼蛋糕的主题色往往要与婚礼现场布置的风格相和谐。白色是百搭的颜色，但不够吸引眼球，偏复古的色彩和构图已成为时尚。

（3）婚礼蛋糕的主题更加多彩，或简洁或华美。一类是翻糖蛋糕，利用翻糖的造型特点将婚礼蛋糕打造成华贵的艺术品；另一类是鲜花水果装饰的蛋糕，裸蛋糕的异军突起，更把其中的自然气息渲染得淋漓尽致。

4. 庆典与特殊纪念日主题

公司庆典、结婚纪念、升迁志喜等主题应选取与之密切相关的饰物，如公司的标志店徽、结婚信物、房舍、象征权力的宝剑等。

5. 生活情趣主题

在日常生活中礼尚往来，赠送蛋糕早已成为时尚，着重选取表现友情、亲情、生活、消遣、娱乐活动等方面的图案，同时要注重蛋糕的口味。

6. 主题甜品台

近几年开始流行的甜品台，由一个或多个主题蛋糕、若干品种装饰丰富的小点组成。主题小点以能够在常温存放的曲奇、翻糖曲奇、马卡龙、小块蛋糕、杯装慕斯蛋糕、小块巧克力产品、糖果和杯装蛋糕为主。主题甜品台主要有以下几种。

（1）商务甜品台。用于公司庆典等，大蛋糕的主题往往以公司 logo、公司产品形象为主。再配以与主色调搭配的主题小点，偏商务性的茶歇风格（见图3-1-19）。

图3-1-19 商务甜品台蛋糕

图 3 - 1 - 20　生日甜品台蛋糕

（2）生日甛品台。以儿童和女性成人为主。如果生日现场有主题布置，需与布置风格相协调，兼顾客人的喜好。通常由主蛋糕和各种小点组成。儿童生日主题甛品台，粉色、淡蓝或其他明快的色调，搭配儿童喜闻乐见的卡通形象。小点的形式要活泼多样，杯装小西点、杯子蛋糕、棒棒糖、曲奇、奇趣糖果等，少用块状蛋糕，方便儿童取食。女性生日甛品台，以客人喜好为主，可以选择时尚元素和个人爱好，突出个性是每个女人的愿望（见图 3 - 1 - 20）。

（3）婚礼甛品台。一般现代婚礼都有主题布置，从主蛋糕到小点，色调、风格和主题要与现场布置呼应。个性兼时尚、华美大方是现代婚礼的要求。主蛋糕力求夺人眼球，小点心要把时尚元素、新人喜好贯穿其中（见图 3 - 1 - 21）。

图 3 - 1 - 21　婚礼蛋糕

拓展知识 🔍搜索

小蛋糕大世界

　　一般认为，欧洲是蛋糕的主要发源地。但据史料记载，古埃及人开发了早期烤炉和烘烤技术，第一个熟练的烘焙师应该是早期的埃及人，通过烤炉，他们制作各种各样的面包、蛋糕。古埃及一幅绘画展示了公元前 1175 年底比斯城的宫廷烘焙场面，就有面包和蛋糕的制作场景。

　　后来，面包、蛋糕制作技术传到了古代希腊和罗马，渐渐传遍欧美各国。英国、法国、西班牙、德国、意大利、奥地利、俄罗斯等国家蛋糕的制作已经历相当长的历史，并在发展中取得显著成就，形成各自特色（见表 3 - 1 - 34）。

　　在法国，蛋糕一词为 Gateaux，指用最好的材料制成的精致蛋糕。它轻盈，充满奶油夹心和水果，加之精美的装饰，精致、浪漫、有品位。

　　在英国，蛋糕一词为 cake。在英国，"家庭烘焙"是珍贵蛋糕的标签。英国水果蛋糕，传统而经典，家喻户晓，风味独特，因其重油，能长时间保存。

　　在德国，蛋糕称为 Torte，具有和法国 Gateaux、英国 cake 类似特性。多层和带有水果装饰的德国蛋糕，最为著名的就是黑森林蛋糕，特别接近法国的 Gateaux。

序号	蛋糕名称	国家或地区
1	黑森林蛋糕 Schwarzwälder Kirschtorte	德国
2	慕斯蛋糕 Mousse Cake	法国
3	糖浆马芬 Syrup Muffin	英国
4	歌剧院蛋糕 Opera	法国
5	提拉米苏 Tiramisu	意大利
6	乳酪蛋糕 Cheese Cake	阿拉伯
7	波士顿派 Boston Pie	美国
8	沙卡蛋糕 Sachertorte	奥地利
9	果仁糖蛋糕 Praline	西班牙
10	长崎蜂蜜蛋糕 Nagasaki Castella	日本

表 3 - 1 - 34　各国著名蛋糕

❓ 思考与训练

一、 课后练习

（一）填空题

1. 蛋糕是西点中最常见的品种之一，以 _____、_____、_____、_____等为主要原料。蛋糕的品种很多，根据用料、加工工艺及成品特性可分为 _____蛋糕、_____蛋糕两大类。

2. 配方中的 _____、_____、_____、_____各为 1 磅，而且搅拌后盛装面糊的每只器具容纳的重量也是 1 磅，故又称作 _____，在我国被称作为"黄油蛋糕"或"布丁蛋糕"。

3. 现在，泡打粉也比较普遍应用在海绵蛋糕的制作工艺中，因此，泡打粉和 _____、_____共同参与了蛋糕的膨松，其中，_____是海绵蛋糕膨松的主要作用。

4. 海绵蛋糕的搅拌方法主要有 _____、_____、_____和 _____。

5. 从所使用内部坯底的种类来看，风味蛋糕可以分为 _____、_____、_____、_____和其他类五个基本类型。

（二）选择题

1. 制作海绵蛋糕时，为能充分发挥膨松作用和乳化作用，全蛋液搅拌效果较为理想的温度为（　　）。

　　A. 5℃左右 　　　B. 15℃左右 　　　C. 25℃左右 　　　D. 35℃左右

2. 蛋糕面糊的填充量是由烤盘或模具的容积决定的，一般标准填充量为（　　）。

　　A. 三成 　　　　B. 五成 　　　　C. 七八成 　　　　D. 十成

3. 恰当温度的面糊所烤出来的黄油蛋糕膨胀性最好、体积最大、内部组织细腻，
蛋糕面糊的标准温度应为（　　）。

    A. 12℃左右　　　　B. 22℃左右　　　　C. 32℃左右　　　　D. 42℃左右

4. 动物性奶油储存的方法是冷藏，温度范围是（　　）。

    A. 0~5℃　　　　　B. 6~9℃　　　　　C. 10~15℃　　　　D. 16~20℃

5. 法式甜点中最常使用的烈酒是（　　）。

    A. 君度酒　　　　　B. 朗姆酒　　　　　C. 杜松子酒　　　　D. 啤酒

（三）问答题

1. 海绵蛋糕面糊搅拌有哪些基本要求？
2. 如何判断海绵蛋糕、黄油蛋糕是否已烘烤成熟？
3. 风味蛋糕装饰的基本原则及要求有哪些？
4. 动物性奶油与植物性奶油有何区别？
5. 蛋糕创意设计的思路有哪些？

二、拓展训练

（一）运用所学原理和技能，每个实训小组创制风味蛋糕1款。

（二）调研市场，了解翻糖蛋糕的流行趋势。

任务二　派与挞制作

任务目标

掌握派与挞制作的基本工艺

能熟练制作常用的派

能熟练制作常用的挞

能对成品进行质量分析和鉴定

活动一　认识派与挞

派，英文 Pie 的音译，我国台湾和大陆译作派，我国香港则译作批。是一种以油酥面团做皮，经烘烤而成的馅饼。馅料种类多样，例如肉类、蔬菜、水果等。按馅料的口味，派可分咸味（如野味派、猪肉派等）、甜味（如苹果派、巧克力派等）两大种类，咸味派一般用作开胃头盘，甜味派则通常用作甜品。从外形看，又有上皮派（如德式苹果派）、下皮派（如巧克力派、柠檬派、核桃派、南瓜派等）、双皮派（如苹果派、国王

派等）之分。一般每只可供 8～10 人食用，也有供 1 人食用的小型派，一般用于快餐。

挞，英文 Tart 的英译，台湾又译作"塔"。是以油酥面皮做底，借助模具成形，经烘烤、填馅、装饰等工艺制作而成的一种开口馅饼。根据馅的口味，挞也分咸味和甜味两大种类：甜口味挞比较常见，如鲜果挞、蛋挞、奶油芝士挞等；咸口味挞，熟知的有德国洋葱挞、瑞士芝士挞等。现今的挞常常以水果味型馅为基料。另有一种小型挞，称为挞仔（Tartlet），形状因模具不同而异，有圆形、船形、梅花形等，广为大家熟知的葡式蛋挞便是典型的代表。

派与挞，没有明显的区别。若一定要作区分的话，那么，挞一定是开口的，而派则有开口和带盖的，多见的是带盖的；另外，通常情况下，挞因其硬皮厚馅，可以不需借助外物支撑而自立，常常边缘外侧是垂直的，而派往往因为皮软、馅松散而需依靠派模定型，边缘外侧是倾斜的。

活动二 原料选用

底皮和馅料是派或挞的两大基本部分，两者的制作相对独立，通常分开准备。派或挞通常都以油酥面团做底皮，那么，什么是油酥面团呢？简单地说就是以油脂和面粉作为主要原料调制而成的面团，因面团中含有大量的油脂，经烘烤成熟的成品具有酥松的质地而得名。油酥面团，又包括混酥面团和酥皮面团。混酥面团，就是将油脂和面粉等原料直接混合而成的面团；酥皮面团，则是用水油面团或水调面团包裹油脂或油面团，经过反复擀叠、冷冻等工艺而制成的面团。本次活动，就是认识油酥面团的常用原料，它们是面粉、油脂、液体、盐、糖等。

一、面粉

面粉是油酥类面团最基本的原料。

对于混酥面团，中筋面粉、低筋面粉是其首选。面粉蛋白质含量以 10% 左右为佳，如果面粉筋度太高，则在搅拌和整形过程中易上劲，导致在烘烤时面皮发生胶缩现象，使成品板硬，失去应有的酥松品质。

对于酥皮面团，为了使制品具有理想的体积和形状，最好选用高筋粉或是高低筋面粉的混合。因为酥皮面团在制作过程中，面团搅拌后需要裹入面粉量 80%～95% 的较高熔点的油脂，如果面粉筋度不够，油脂裹入时，性硬的油脂会穿破面皮的层次而将面皮和油的层次破坏掉，以致烤好的成品体积无法膨大，形状歪斜；由于高筋粉所含面筋较强，质地良好，弹性大，韧性好，可以随烘焙过程中水汽所产生的张力，使每一层的面皮都有很好的弹性而利于胀大，不致把面皮胀破使水汽外溢。

二、油脂

油脂不仅决定着烤出的制品的成层性或粉状性结构，也会影响其风味和色泽。混酥制品不仅具有良好的酥脆性，还要有完美的形状。要保持制品良好的酥性和形状，应选用熔点高的硬油脂。黄油和人造黄油（两者含脂量略高于80%）是理想的起酥油。流体油脂即熔点较低的油脂，也可用于混酥面团的制作，但面团擀制时发黏，整形困难，经烘烤的产品虽然具有较好的酥性，但由于难以产生酥性面皮的小片结构，而只能是粉状，因此难以保持产品的形状；另外，如果使用量过大，产品很容易破裂，甚至难以从烤盘中取出。

猪油也是很好的起酥油，不仅因其塑性好（成层状的需要），而且有较好的起酥能力，烘烤后能产生诱人的特殊香味。但是，烘焙行业中应用并不广泛。

酥皮面团配方内的油脂包括两部分，一部分在包裹油脂的面团中，其作用是润滑面团，使面团酥软，并且在裹油折叠时减少面筋的韧性，此部分油脂可使用一般性油脂，用量为面粉量的5%~20%，具体视产品种类而定。如果在面团中所用油量较少，则产品质地较脆，体积也大；反之，则产品质地较酥，体积较小。另一部分油脂是裹入面团内的隔离面皮层的油脂，这部分油脂对于产品品质影响很大。裹入用油脂必须满足两个基本条件：首先，油脂熔点要高。一般常用油脂熔点在38℃~40℃之间，不太适宜用来制作酥皮。因为熔点低，油脂在折叠、擀制等操作过程中容易软化或熔化而从面皮隔层间渗出，进炉烘烤时很快熔化，不待湿面筋发生水汽膨力已从隔层中渗出或深入面皮中，使产品失去膨松性，面皮失去隔离作用。其次，可塑性要好。所谓可塑性好就是油脂的软硬度要适中，在操作时，可将其塑造成不同形状。这种油脂裹入面团内在折叠过程中可以像面皮一样薄，夹在每一层面皮之间，均匀地伸展在面皮隔层的每一部分，不让面皮相互粘贴。可塑性的好坏，直接影响到酥皮的膨胀，实践中应充分重视这一点。酥皮裹入用油通常使用黄油、人造黄油、起酥油，因为这类油脂中含有一定水分，在烘烤过程中可产生水蒸气来帮助产品的膨胀。但是，水分含量太多时，在烘烤过程中无法全部蒸发完，多余的水分就会残留在面皮内，使烘烤后的酥皮成品内夹着不熟的胶质，严重影响产品品质。所以，在制作酥皮时，必须了解所用油脂的含水量，一般油脂的水分含量不应超过18%。

三、液体

对于混酥面团来说，一定量的水使面团中的淀粉和面筋蛋白发生作用，也是使面团膨胀所必需的，水在面团制作中起到加强韧性的作用。面团原料配方中的用水量是不固定的，它随面粉蛋白质含量以及调和方法而有所变化。水太少制品松散易碎，太多则使面团黏稠、坚韧，使烤出的制品失去应有的酥性。用水以冰水为佳，因为冰水可以使在搅拌过程中已经开始熔化的油脂再度凝固起来，易于整形。

若使用牛奶，可以增加面团的风味，并且使其烘烤时易于上色，但会降低面皮的脆度。

鸡蛋有与水相似的功能，起韧性作用，有助于形成面团，另外，以鸡蛋代替水可增加产品色泽和香气，也大大提高产品的营养价值，因此，在配方中可以等量的蛋液代替水来使用，这样的制品成本较高，但风味较佳。另外，全蛋液或加上一定比例水的蛋液，常用于涂刷在烘烤前的面皮表面，易改善成品表面色泽。

不管是水、牛奶还是鸡蛋，最好低温使用，4℃为佳，以保持面团适度的低温。

对于酥皮面团而言，柔软度、面筋的充分扩展、面团具有良好的伸展性和弹性都要靠水来调节。酥皮面团的用水量约为面粉量的50%～55%。水以冰水为佳，其好处是：面团与油脂的硬度容易保持一致；搅拌好的面团不粘手，便于操作整形；面团内能充分吸收水分。

四、盐

盐用于改善和增进制品的风味。在制作混酥面团时，盐应先溶解于水中，再与其他原料混合，否则难以溶解而以颗粒状保留在面团中。制作酥皮面团时，盐具有增强面筋筋力的作用。通常盐的用量为面粉量的1.5%，但若包裹用油脂含盐分，那么面团内则不需用盐或减少用量。

五、糖

在混酥面团中，通常有两种不同的配方比例。一种是糖的用量较大，为面粉的30%～50%，以增加制品的甜味和色泽；一种是糖的用量小，不到面粉的3%，少量加糖的目的在于帮助面皮在烘烤时产生悦目的金黄色泽。配方中用糖以细砂糖和绵糖为好，糖的晶体颗粒不能粗，否则在搅拌中，甚至在面团烘烤时也不易溶化，从而影响制品品质。

而对于酥皮面团，用糖量很少，甚至不用。一般糖的用量为面粉的3%～5%。用糖的目的在于促使成品获得诱人的色泽。

六、添加剂

对于混酥面团，有时也加入化学膨松剂，以增大产品体积，还可增加制品的酥松度。常用的化学膨松剂有苏打粉和泡打粉。

对于酥皮面团，则不使用化学膨松剂。为了降低操作时的韧性，可酌量在配方中添加少量的酸性材料，如塔塔粉（酒石酸钾）、柠檬汁等。

活动三 派与挞制作

派或挞是极其相似的两款烘焙产品，其制作过程基本相同，都包括制底、调馅、组合、烘烤等工艺。这几道工艺的顺序会因具体品种而略有差异，主要表现为先组合后烘烤、先烘烤后组合及先烘烤后组合再烘烤三种情况。

一、底皮的制作

（一）底皮的种类

派或挞底皮主要有面团底和饼干底两大类，其中面团底又包括混酥和酥皮面团两种。

1. 面团底

（1）混酥面团 Short Dough。

①大片状混酥面团。此类面团应使用熔点高的油脂（40℃左右），并先把油脂切成蚕豆般大小的大片状，然后与面粉、盐、糖等干性材料均匀混合，再加入水或鸡蛋搅拌均匀，待所有的水分全部被吸收后即可，最好擀压并折叠几次，以产生简单的层次。湿面团切忌搅拌过久，更不能揉搓，以防面粉产生筋力。

②小片状混酥面团。此类面团的混合搅拌程序与大片状面团基本相同，不同的是与面粉搅拌时所用的油脂须切成黄豆般大小，这样烤出的面皮才会产生一层层的小片状酥性。

③粉末状混酥面团。此类面团可使用熔点较低的油脂，并选用筋度很低的面粉。其搅拌方法为：先将配方中的一半面粉与全部油脂置于搅拌缸内搅拌，使其成为油面；然后将剩下的一半面粉倒入，改用慢速搅拌；随即将冰水倒入，搅拌均匀即可。如少量制作，可用手将油脂与干面粉一起搓成粉状，再加冰水，拌匀，捏成面团即可。这类面团的制作要求全部油脂完全渗透到面粉之中，这样才能使烘烤后的产品具有黏状的酥性特点，表面平整光滑。

（2）酥皮面团 Puff Pastry Dough。此类面团是由水面团包裹黄油或起酥油，经过多次擀压、折叠而成，由于面皮与黄油隔离而产生许多层次，其特性表现为油脂与面皮呈片状层次性结构，这些有规律的层次必须在烘烤过程中发生膨胀作用时才会明显地呈现出来，使产品膨松、柔软，因此，酥皮制品通常也称为千层酥。酥皮面团的基本工艺流程为：制水面团、包裹油脂、擀平折叠。

①包油。包油的方法主要有两种，即法式包油法和英式包油法。

第一种方法——法式包油法，首先将面粉、盐、水和面团用油等材料混合搅拌，制成水面团，搅拌方法与面包面团的搅拌方法相同。因酥皮产品烘烤后需要膨大的体积，所以面团必须搅拌至稍使扩展。搅拌好的面团先要揉制、滚圆，然后用刀在面团顶部划"十"字刀口，刀口深度为面团高度的1/2，放在工作台上用湿布盖上，使之松弛20～30分钟。面团经松弛后，刀口向四边扩张，使原来的面团变成四方形，再用擀面杖在刀口处沿四角向外擀压，中央部分较厚，展开的四角较薄，每个角展开面皮厚度约为中央部分的1/4。然后把裹入用油脂修整成正方形，其大小约

图3-2-1　油脂放面皮中央

为面皮的1/2。如果天冷或刚从冰箱内取出，油脂较硬，可先用保鲜膜将油脂包裹，用擀面杖反复敲打至软，再整形；也可将黄油与面粉量5%的干面粉一起搅匀，再整形。扫净面皮上多余干粉，将整过形的油脂放在展开的面皮中央（见图3-2-1），再将面皮四角依次包向中央，交接处捏紧捏牢，必须完全覆盖油脂。用保鲜膜覆盖，静置20～30分钟（天热时，最好送入冰箱2～10分钟）后，再进行擀平、折叠操作。

第二种方法——英式包油法。也需要先制成水面团，然后将面团滚圆，在顶部划"十"字刀口，刀口深度为面团高度的1/2，放在工作台上用湿布盖上，使之松弛20～30分钟。待刀口向四边扩张，面团成四方形时，用擀面杖将面团擀成长方形。其厚度至少要有2厘米，如果太薄，包油擀制时夹层内的油脂会使面皮破裂；长度应为宽度的3倍。面团擀制完成后，扫净多余干粉，将裹入用油脂捏成乒乓球大小圆球形，在离面皮边缘1厘米处开始将油脂圆球平排在面皮2/3的面积上，待油脂全部排完后，将面皮1/3无油脂的部分翻起来，叠盖在铺过油脂的面皮上，再将裸露的铺过油脂的1/3面皮部分翻起，叠盖在此空白面皮上，最后，将四周面皮捏紧捏牢，这样就完成了包裹油脂的操作，此块包油的面团已有三层面皮和两层油脂。用湿布覆盖，静置20～30分钟（天热时，最好送入冰箱2～10分钟）后，再进行擀平、折叠操作。

②折叠。油脂包裹完成后，下一步就是折叠。折叠的方法主要有两种，即三折法和四折法。

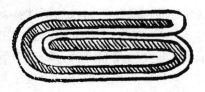

图3-2-2　三折法

第一种方法——三折法。包油面团经过20～30分钟的静置松弛后，就可进行折叠。折叠时先把松弛好的面团放在撒过干面粉的木案上，用擀面杖从面团中央向左右两边擀开，保证厚薄一致（最好用双向压面机操作），长度与宽度的比例为3∶2，厚度为1厘米，形状保持长方形。擀好后将表面多余的干粉扫净，否则，干面粉夹在中间，会影响产品品质，使质地变得脆硬。擀好后，先从面皮长的1/3处折叠一次，接着再将另一端的1/3部分折叠上来，这样就完成了面团的第一次折叠操作，共有三层，所以叫三折法（见图3-2-2）。然后包上保鲜膜，送入冷藏冰箱，静置20～30分

钟，让面筋松弛。重复上述擀压、折叠操作工序 2~3 次（视产品要求而定），每次折叠后都需将面团静置 20~30 分钟。

第二种方法——四折法。将松弛过的面团擀压成长方形，长度为宽度的 2 倍，厚度为 2 厘米。扫净表面多余的干粉，将面皮两端折向中线，再沿中线对折起来，这样就完成了第一次折叠，共有四层，所以叫四折法（见图 3-2-3）。然后包上保鲜膜，送入冷藏冰箱，静置 20~30 分钟，让面筋松弛。重复上述擀压、折叠操作工序 2~3 次（视产品要求而定），每次折叠后都需将面团静置 20~30 分钟。

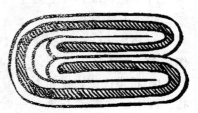

图 3-2-3 四折法

完成折叠工序的面团用保鲜膜包裹好，送入冷藏冰箱，静置 30 分钟后就可以取出成形了。实际工作中，通常一次性会准备较大量的酥皮面团，分割成适当大小，包裹好速冻保存，每次取出需要量的面团化冻后再进行整形。

2. 饼干底

用饼干碎屑与熔化黄油拌合而成，其标准用量比例为 2∶1。因风味诱人、制作简单，这类底当前颇为流行。制作时通常选用全麦饼干、巧克力饼干等，有时，也可加入少量的核桃、花生、杏仁等碎末，以增加风味。

（二）底皮的制作

1. 基本派皮面团

（1）原料配方（见表 3-2-1）。

（2）制作过程。

a. 将配方①中所有原料过筛在木面工作台上。

b. 将黄油倒在面粉上，用刮板切成黄豆大小的粒状，混合，然后围筑成面粉墙。

c. 将配方③中原料一起混合，搅拌至糖、盐溶化，倒入粉墙中央，用手慢慢从中间向边缘将其混合，用刮板按压成团，然后用双手推揉，至面团刚好粘手即可。

d. 用保鲜膜包裹，静置待用（30 分钟以上）。

表 3-2-1 基本派皮面团的原料配方

原料		百分比（%）	数量（克）
①	低筋粉	100	340
	高筋粉		150
②	无盐黄油	73	360
③	细砂糖	5	25
	盐	2	10
	冰水	31	150

2. 咸味派皮面团

（1）原料配方（见表 3-2-2）。

（2）制作过程（参见基本派皮面团）

表 3-2-2 咸味派皮面团的原料配方

原料		百分比（%）	数量（克）
①	低筋粉	100	500
②	无盐黄油	68	340
③	细砂糖	3	15
	盐	2	8
	冰水	32	160

3. 基本挞皮面团

（1）原料配方（见表3-2-3）。

（2）制作过程。

a. 将配方①中所有原料过筛在木面工作台上。

b. 将黄油倒在面粉上，用刮板切成粒状，再用手将黄油与面粉一起搓散搓匀，然后围筑成面粉墙。

c. 将③中原料混合均匀，倒入粉墙中央，用手慢慢从中间向边缘将其混合，轻揉成团。

d. 用保鲜膜包裹，静置待用（30分钟以上）。

表3-2-3　基本挞皮面团的原料配方

	原料	百分比（%）	数量（克）
①	低筋粉	100	800
	糖粉	35	280
	奶粉	4	30
②	无盐黄油	60	480
③	盐	0.5	4
	鸡蛋	5	40
	蛋黄	5	40
	牛奶	15	120

4. 酥皮面团

（1）原料配方（法式包油法/四折法）（见表3-2-4）。

（2）制作过程。

a. 将面粉过筛于工作台，围筑成面粉墙。

b. 糖、盐、水混合，倒入面粉墙中央，揉成面团。

c. 加入软化黄油，反复搓揉，成光滑的面团，用保鲜膜包好，放进冰箱冷藏松弛30分钟。

表3-2-4　酥皮面团的原料配方

	原料	百分比（%）	数量（克）
①	高筋粉	100	700
	低筋粉		300
	细砂糖	1.5	15
	盐	0.6	6
	水	16	160
	无盐黄油（软化）	45	450
②	无盐黄油（裹入用）	80	800

d. 把裹入用的黄油切成小片，放入保鲜袋排好，用擀面杖把黄油压成厚薄均匀的薄方片。

e. 把松弛好的面团取出来，木案上撒一层面粉，把面团放在案板上，顶部画十字刀口，擀成正方形的面皮，约为黄油薄片的2倍大。

f. 揭去包裹黄油片的保鲜袋，把黄油片放在面皮中央，把面皮的四个角拉向中央，将黄油薄片包裹起来，面皮接头处捏紧。

g. 撒面粉，用擀面杖将面皮擀压成长方形，将面皮的两端分别折向中线，再沿中线对折，完成四折（见图3-2-4），用保鲜膜包好，松弛30分钟（气温高的话放入冰箱冷藏）。

图3-2-4　酥皮面团制作

h. 揭去保鲜膜，重复步骤 g 两轮，一共进行 3 轮，用保鲜膜包裹，送入冰箱，待用。

5. 饼干底

（1）原料配方（见表 3 - 2 - 5）。

（2）制作过程。

a. 将消化饼干装入保鲜袋，用擀面杖将其擀碎，过筛，加入糖粉、杏仁角，混合均匀。

表 3 - 2 - 5　饼干底的原料配方

	原料	百分比（%）	数量（克）
①	消化饼干	100	100
	糖粉	15	15
	杏仁角	10	10
②	软化黄油	50	50

b. 将黄油加热熔化，与饼干屑混合均匀，应立即使用。

二、馅料的制作

派与挞的馅料采用的原料很多，制作方法各异，所以，馅料的种类也是多种多样。但是，应用比较广泛的有水果基料馅、蛋奶布丁基料馅、奶油布丁基料馅和戚风馅等。

（一）水果基料馅 Fruit Base Filling

这是以水果为基本原料调制成的馅，通常由水果片与少司结合而成。少司是由果汁、糖、酒、香料和淀粉制作而成，玉米淀粉、藕粉则是常用淀粉种类。少司的作用是将水果片结合在一起，同时也使香料、糖、酒的风味结合为一体，还使馅料色泽光亮，诱人食欲。

水果是水果类馅料的主体部分，所以，无论制作何种水果馅，固体水果的量应该占馅料总量的 70% 以上。最常用的水果应该是新鲜水果，高品质的派或挞都选用新鲜果品。冷冻水果因其品质与新鲜水果品质基本一致，又不受季节限制，也被广泛使用。另外，罐装水果、干制水果（果干）因其保管简单、使用方便，也常有应用。苹果派、樱桃派等是这类馅的典型代表。

使用新鲜水果做馅，最好在水果盛产期间，其时不但水果品质好而且价格便宜。制派馅用的新鲜水果以成熟和坚实者为佳。在制作时应先将水果洗净，并将果皮及核削去，切成需要的厚度，然后取 1/3 放在水内加糖煮烂，呈稀糊状，此步骤中所使用水的量为水果重量的 65% ~75%，糖的用量为水重量的一半。然后再加适量的玉米淀粉勾芡，最后将剩余的 2/3 的切块水果加入拌匀，离火即可使用。

使用罐装水果做馅的调制工艺：将罐内所有果汁滤出；将玉米淀粉溶于少量的果汁中（淀粉使用量为水果重量的 4% ~8%）；将糖倒入滤出的果汁中（糖为水果重量的 50% ~60%），上火煮沸；将调开的玉米淀粉倒入煮开的糖水中，不断地搅动，直至胶黏和透明，离火；把水果加入拌匀即可；将水果馅冷却至 25℃，即可使用。

（二）蛋奶布丁基料馅 Custard Base Filling

鸡蛋、牛奶按一定比例混合，受热凝结，就是最基本的蛋奶布丁。有些派、挞，烘烤前需要加入蛋奶混合液，烘烤过程中蛋白质受热渐渐凝固，使内馅凝结定型。因此使用蛋奶混合液作为凝结剂的这类馅被称作蛋奶布丁馅。有时蛋奶混合液中还兑入少量淀粉，如吉士粉、玉米淀粉、杏仁粉等，但其凝固不是由于玉米淀粉等，而主要依赖于鸡蛋。

蛋挞、洛林派等，就是使用这类馅料的代表。

蛋奶布丁基料馅的调制：

1. 原料配方（见表 3 - 2 - 6）

表 3 - 2 - 6 蛋奶布丁基料馅的原料配方

原料名称	百分比（%）	原料名称	百分比（%）
鸡蛋	40 ~ 50	盐	0.5 ~ 1
糖	20 ~ 30	香料	0 ~ 1
牛奶	100		

除以上基本原料外，可添加其他瓜果类作为各种不同的蛋奶布丁馅。

2. 调制过程

将所有材料混合均匀，过滤待用。

（三）奶油布丁基料馅 Pastry Cream Base Filling

以蛋黄、糖、淀粉、牛奶等煮制而成的浓稠酱状混合物称为主厨酱，也称卡仕达酱、蛋乳泥等，也有人称之为"奶油布丁"。在此基础上，添加确定味型材料，如香草、巧克力、南瓜泥等，可以有不同的馅料变化。

使用这类馅料的派或挞，底一般是先烤好，冷却后填馅，而且最好趁馅温热时填入，这样，成品表面平整，冷却后质感糯滑，切口整齐光滑，形状完整。因此，与蛋奶布丁馅派最大的区别在于，奶油布丁馅派是熟馅熟底组合，无须再烘烤，而蛋奶布丁馅派生馅生底组合，需要送入烤炉烘烤成熟。

这类馅料的代表作品有柠檬派、巧克力派等。

奶油布丁基料馅的调制：

1. 原料配方（见表 3 - 2 - 7）

表 3 - 2 - 7 奶油布丁基料馅的原料配方

原料名称	百分比（%）	原料名称	百分比（%）
蛋或蛋黄	0 ~ 14	黄油	0 ~ 5
糖	20 ~ 30	玉米淀粉	8 ~ 12
牛奶	100	果汁	0 ~ 100
盐	0 ~ 1		

2. 调制过程

（1）将糖与牛奶混合，上火煮沸。

（2）玉米淀粉、盐溶入少量水中，渐渐倒入（1）中，不断地搅动，直到呈稠糊状即可离火。

（3）将配方中的香料及黄油加入，搅拌均匀，趁热装入预先烤好的派皮中。

（四）戚风馅 Chiffon Filling

所谓戚风馅，是在调制馅料的最后阶段加入打发的蛋清或打发奶油，或二者都加，因此馅料质地膨松软滑，但此类馅料都需要用明胶（参见任务四冷冻甜品制作）来凝结定型。

使用这类馅料的派或挞，底也是先烤好，冷却后填馅。馅料调制完成一定要立即填入，就是说，填馅操作必须在明胶凝结定型之前完成，这样，经冷藏、明胶凝结，馅料整体定型，能保持整齐美观的外形。

戚风馅的调制：

1. 原料配方（见表3-2-8）

表3-2-8　戚风馅的原料配方

原料名称	百分比（%）	原料名称	百分比（%）
牛奶	100	鱼胶片	3~4
糖	50~70	盐	0.5~1
蛋黄	40~50	鲜奶油	20~40
蛋清	40~50		

2. 调制过程

该馅的调制有法式蛋白霜调制法和意式蛋白霜调制法两种。

（1）法式蛋白霜调制法。

①将蛋黄先与牛奶、1/2的糖及盐等煮至80℃（不断搅动，以免煳底）。

②同时将鱼胶片用冷水泡软，倒入①中拌匀，离火，急速冷却（可将其置于冰水中）。

③冷却至10℃左右时，开始凝结（或用汤匙搅动，直至开始黏附于汤匙时），随即将蛋清和剩余的1/2的糖打发（法式蛋白霜），同时将鲜奶油打发。

④把打发蛋白霜、奶油与③一起轻轻地拌匀，倒在熟派皮上，表面稍加整形，入冰箱冷藏。

（2）意式蛋白霜调制法。将配方中20%的牛奶改为清水，与蛋清同量的糖上火煮至115℃；将蛋清加0.5%的塔塔粉一起打泡；随即将热糖浆慢慢地倒入打发的蛋清中，继续打至发泡（意式蛋白霜）。配方中其余的糖、盐、奶水、蛋黄和鱼胶片等同上述方法调制，先隔水煮至80℃，再急速冷却至半凝固状，随后把打发的蛋白霜和鲜奶油加入，一起拌匀即可。

三、组合与烘烤

底和馅都已制好，下一步就要组合、烘烤了。根据组合和烘烤的先后顺序不同，派或挞可以分为先组合后烘烤型、先烘烤后组合型及先烘烤后组合再烘烤型。

（一）先组合后烘烤型

就是先在生的底皮内填入馅料，然后烘烤成熟，如苹果派、洋梨派、蛋挞等，其基本工艺流程为：制底—填馅—加盖—烘烤—冷却—装饰。

图 3－2－5　酥皮面团制作

（1）制底。选用合适的派或挞模，根据配方要求进行派或挞底皮的捏塑定型，用刮刀将多余边皮削掉，在底皮上作孔（见图 3－2－5），待用。

（2）填馅。根据馅料的特性选择合适的方式，将馅料填入派或挞底皮内，如苹果馅，就用勺舀入，芝士馅则用裱花袋挤入，整理。

（3）加盖（挞或无盖派省略此步骤）。这一步只适用于派的制作，挞无须加盖。填馅完成后，沿底皮边缘刷蛋液，将派的面皮盖上，边缘捏牢，整形，再戳孔，便于烘烤时释放蒸汽。

（4）烘烤。在表面刷鸡蛋液（挞或无盖派省略），送入预热到所需温度的烤箱烘烤，至色泽金黄、成熟。

（5）冷却。出炉，放在金属冷却架上，在室温下自然冷却。

（6）装饰。待完全冷却后，根据需要进行装饰，或食用前分切，然后装盘点缀。

（二）先烘烤后组合型

就是先将捏塑成形的派或挞底烘烤成熟，再将馅料填入，整形并装饰点缀。如柠檬派、鲜果挞等，其基本工艺流程为：制底—烘烤—冷却—填馅—冷凝—装饰。

（1）制底。选用合适的派或挞模，根据配方要求进行派或挞底皮的捏塑定型，戳孔后入冰箱静置待用（至少 30 分钟）。

（2）烘烤。将底连同模具一起取出，垫烘焙纸，放入金属烘焙豆（见图 3－2－6），送入预热到所需温度的烤箱烘烤 15 分钟，出炉，取出烘焙纸和烘焙豆，继续烘烤至色泽金黄、成熟。

图 3－2－6　金属烘焙豆压派底作

（3）冷却。出炉后，在室温下自然冷却。

（4）填馅。将调制成熟的馅料趁热或待冷却后填入（视具体情况而定），整理。

（5）冷凝。静置或送入冰箱，充分冷却，待馅冷凝。

（6）装饰。食用前，对表面进行装饰。

（三）先烘烤后组合再烘烤型

就是将馅料填入事先烤熟的底壳，再进炉烘烤而成，如洛林派、什锦蘑菇挞等。其基本工艺流程为：制底—烘烤—冷却—填馅—烘烤—冷却—装饰。

（1）制底。选用合适的派或挞模，根据配方要求进行派或挞底皮的捏塑定型，戳孔后入冰箱静置待用（至少30分钟）。

（2）烘烤。将底连同模具一起取出，垫烘焙纸，放入金属烘焙豆，送入预热到所需温度的烤箱烘烤成熟，但不上色。

（3）冷却。出炉后，在室温下自然冷却。

（4）填馅。将馅料舀入或挤入，整理。

（5）烘烤。送入预热到所需温度的烤箱烘烤，至色泽金黄、成熟。

（6）冷却。出炉，放在金属冷却架上，在室温下自然冷却。

（7）装饰。根据需要进行表面的装饰或盘饰。

四、制作实例

（一）苹果派 Apple Pie

1. 原料配方（7 英寸 4 只）（见表 3 - 2 - 9）

2. 制作过程

（1）面团制作。将黄油搅软，与250 克低筋粉混合均匀，用保鲜膜包裹，送冰箱冷藏；剩余的 250 克低筋粉与高筋粉混合，加色拉油、糖、盐、水和匀，揉成光滑上劲的面团，盖上保鲜膜，静置待用（至少 30 分钟）；取出冻硬的黄油，用擀锤敲软，修整成正方形；揭去面团保鲜膜，在面团顶部画十字刀口，将其擀成两倍于黄油大的方形；黄油放于面团上，用面团将黄油包起来，擀开成长方形，三折法折叠，用保鲜膜包好，送入冷藏冰箱；20 分钟后取出，擀开成长方形，继续三折，包好入冰箱，20 分钟后取出，再重复擀制、折叠后入冰箱，待用。

（2）苹果馅制作。苹果去皮去核，竖切为四瓣，再切成厚片，倒入厚底炒锅，加黄油，用文火慢炒干，加葡萄干、糖、肉桂粉，炒匀炒透，淋入白兰地，引火燃焰，用少许湿淀粉勾芡，出锅冷透。

表 3 - 2 - 9 苹果派的原料配方

原料			百分比（%）	数量（克）
面团	①	低筋粉	100	500
		高筋粉		500
		色拉油	2.5	25
		糖	10	100
		盐	1.5	15
	②	无盐黄油（裹入用）	50	500
苹果馅		苹果		1600（10 只）
		糖		100
		玉桂粉		5
		黄油		30
		葡萄干		100
		白兰地		25
		湿淀粉		少许

（3）组合。取面团，擀成 3 毫米厚，刻成圆片（略大于派底），取一片垫于派底内，装入苹果馅，削去派盘边缘多余面团，沿边缘刷蛋液。取另一片面皮盖于其上，边缘捏紧，用叉在表面戳上细孔，表面刷蛋液。

（4）烘烤。送入预热至 180℃ 的烤箱烤黄烤熟，出炉冷却（见图 3 - 2 - 7）。

图 3 - 2 - 7　苹果派

注：这里使用的面团是在酥皮面团基础上的一种变化，因在裹入用黄油中掺入了部分面粉，所以擀制和折叠面团时比较容易操作。

（二）国王派 Pithivier

1. 原料配方（7 英寸 4 只）（见表 3 - 2 - 10）

2. 制作过程

（1）派皮整形。酥皮面团擀成 3 毫米的片状，刻成直径为 7 英寸的圆形，共 8 片，待用。

（2）杏仁馅。将黄油与糖粉搅打起泡，加入鸡蛋搅匀，倒入杏仁粉，拌匀，将酒倒入，拌匀，即成杏仁馅。

表 3 - 2 - 10　国王派的原料配方

原料			数量（克）
面团		酥皮面团	1000
杏仁馅	①	无盐黄油（软化）	320
		糖粉	320
		鸡蛋	240
		杏仁粉	380
		杏仁酒	60
	②	杏桃果酱	80
装饰		蛋液	适量

（3）组合。取 4 片酥皮片，

图 3 - 2 - 8　国王派

铺在烤盘中，分别抹上杏桃果酱；将杏仁馅分 4 等份，分别堆放在 4 片酥皮中间（留 2 厘米边缘）；边缘刷蛋液，将剩余 4 片酥皮分别盖上，边缘压紧黏合；在表面刷蛋液，再用刀尖从中心向边缘划出 6 条弧线刀痕。

（4）烘烤。送入预热至 210℃ 的烤箱，烤约 25 分钟，出炉（见图 3 - 2 - 8）。

（三）酥粒苹果派 Apple Pie Topped with Crust Bean

1. 原料配方（7 英寸 4 只）（见表 3 - 2 - 11）

2. 制作过程

（1）酥菠萝粒。将所有原料混合一起，用手稍稍抓成团，然后用刮板切成细粒状，送入冰箱冻硬。

（2）派皮整形。将面团分成 4 等份，整理成圆形，装入保鲜袋，压扁，再用擀面杖擀成 3 毫米厚的圆片状，移入派模，切去多余边皮，将边缘修捏整齐，送入冰箱，静置松弛 30 分钟。

（3）苹果馅。将黄油与糖粉搅打起泡，加入鸡蛋搅匀，倒入杏仁粉，拌匀，即得杏仁糊；苹果洗净切成小片，与柠檬皮屑、柠檬汁拌匀；再将苹果片与杏仁糊拌匀，即成苹果馅。

（4）组合。将苹果馅倒入派底中，刮平，再将冻硬的酥菠萝粒撒于表面。

（5）烘烤。送入预热至200℃的烤箱，烤约30分钟，出炉。食用前，表面撒少许糖粉装饰。

（四）南瓜派 Pumpkin Pie

1. **原料配方（7英寸4只）（见表3-2-12）**

2. **制作过程**

表3-2-12　南瓜派的原料配方

原料		数量（克）
面团	基本挞皮面团	1000
南瓜馅	① 去皮南瓜	700
	牛奶	440
	② 鸡蛋	200
	蛋黄	80
	细砂糖	240
	动物性奶油	440

匀，过筛，再与南瓜泥搅拌均匀，静置30分钟。

（3）组合。将南瓜馅倒入派底。

（4）烘烤。送入预热至180℃的烤箱，烤约30分钟，出炉放凉。

（五）柠檬派 Lemon Pie

1. **原料配方（7英寸6只）（见表3-2-13）**

2. **制作过程**

（1）派皮整形与烘烤。将面团分成4等份，整理成圆形，装入保鲜袋，压扁，再用擀面杖擀成3毫米厚的圆片状，移入派模，切去多余边皮，将边缘修捏整齐，送入冰箱，静置松弛30分钟；然后在派底内铺一张烘焙纸，再

表3-2-11　酥粒苹果派的原料配方

原料		数量（克）
面团	基本挞皮面团	1000
苹果馅	① 无盐黄油（软）	400
	糖粉	400
	鸡蛋	400
	杏仁粉	400
	② 苹果	4
	柠檬皮屑	2只
	鲜柠檬汁	1只
酥菠萝粒	无盐黄油	300
	细砂糖	300
	肉桂粉	4
	盐	2
	低筋粉	520
装饰	糖粉	适量

（1）派皮整形。将面团分成4等份，整理成圆形，装入保鲜袋，压扁，再用擀面杖擀成3毫米厚的圆片状，移入派模，切去多余边皮，将边缘修捏整齐，送入冰箱，静置松弛30分钟。

（2）南瓜馅制作。将南瓜蒸熟，与牛奶一起用粉碎机打成泥状；将②中所有原料搅拌均匀。

表3-2-13　柠檬派的原料配方

原料		数量（克）
面团	基本派皮面团	1500
柠檬馅	① 水	900
	细砂糖	360
	盐	12
	② 水	120
	玉米淀粉	144
	鸡蛋	144
	③ 无盐黄油	60
	④ 鲜柠檬汁	180
蛋白霜	蛋清	600
	细砂糖	640
	水	120

图 3-2-9 柠檬派

铺入适量的耐烤石或金属烘焙豆（以免派皮在烘烤过程中收缩），送入预热至 200℃ 的烤箱，烘烤 25 分钟，至派皮呈金黄色，出炉放凉，待用。

（2）柠檬馅制作。将原料①一起下锅，用小火煮沸，加入黄油，搅拌至融化；将原料②搅拌均匀，倒入锅内，继续搅匀，小火煮沸，呈厚糊状，立即离火，趁热加入柠檬汁，搅拌均匀。

（3）蛋白糖霜。将蛋清搅打至硬性发泡；细砂糖与水煮至 115℃，慢慢倒入打发蛋清中，边倒边搅，直至完全冷却。

（4）组合与装饰。趁热将柠檬馅倒入冷凉的派底，冷却放凉；将蛋白霜涂抹在柠檬馅上，表面随意做些造型，或将蛋白霜装入裱花袋，挤在馅上，最后用喷火枪烧出焦黄色（见图 3-2-9）。

（六）洛林乡村派 Quiche Lorraine

1. 原料配方

2. 制作过程（见表 3-2-14）

表 3-2-14 洛林乡村派的原料配方

原料		数量（克）
面团	咸派皮面团	500
①	洋葱碎	半只
	培根丁	160
	瑞士芝士碎	40
②	鸡蛋	6 只
	牛奶	600
	厚奶油	160
③	盐	60
④	胡椒粉	180
	豆蔻粉	600

（1）派皮整形与烘烤。将面团分成 4 等份，整理成圆形，装入保鲜袋，压扁，再用擀面杖擀成 3 毫米厚的圆片状，移入派模，切去多余边皮，将边缘修捏整齐，送入冰箱，静置松弛 30 分钟；然后在派底内铺一张烘焙纸，再铺入适量的耐烤石或金属烘焙豆，送入预热至 180℃ 的烤箱，烘烤 20 分钟（不上色），出炉放凉，待用。

图 3-2-10 洛林乡村派

（2）培根馅制作。将洋葱和培根一起炒香；将鸡蛋、牛奶、奶油、盐、胡椒粉、豆蔻粉混合成乳蛋液，过筛，静置 30 分钟。

（3）组合。将炒过的洋葱和培根倒入派底，均匀铺开；倒入乳蛋液，撒芝士。

（4）烘烤。送入 160℃ 烤箱，烤约 30 分钟，至乳蛋液凝固且派皮呈金黄色（见图 3-2-10）。

（七）葡式蛋挞 Portuguese Egg Tartlet

1. 原料配方（见表 3-2-15）

2. 制作过程

（1）挞皮整形。将酥皮面团擀成 3 毫米厚的长方形，卷成圆柱状，入冷藏冰箱 30

分钟后切成段（见图3-2-11），呈小面团状。将面团放入锡箔挞底（下垫金属挞底），用双手配合，大拇指捏出挞底皮，移去金属底，锡箔底连同底皮排放入烤盘。

表3-2-15　葡式蛋挞的原料配方

原料			百分比（%）	数量（克）	
面团	①	低筋粉	100	540	注：面团制法参见酥皮面团
		高筋粉		60	
		起酥油	15	90	
		盐	1	6	
		水	50	300	
	②	无盐黄油（裹入用）	83	500	
挞馅		动物奶油		475	
		牛奶		370	
		吉士粉		30	
		糖		60	
		蛋黄		9只	
		炼乳		35	

（2）蛋挞馅。将挞馅以原料混合搅匀，用小火加热至温热状态（加热过程中要不停搅拌，以免煳底），离火，过筛，撇去浮沫。

（3）组合烘烤。将调制好的蛋挞馅注入整形过的挞底，八成满。

（4）烘烤。送入预热至210℃的烤箱，烤约25分钟，出炉（见图3-2-12）。

图3-2-11　蛋挞皮面团

图3-2-12　蛋挞

（八）杏仁挞 Almond Tartlet

1. 原料配方（见表3-2-16）

2. 制作过程

（1）挞皮整形。将面团搓成条，分成15克的小面团，放入金属挞模，用双手大拇指捏出挞底。

（2）杏仁馅。将黄油软化，与糖粉、盐一起搅打起泡，分次加入鸡蛋，边加边搅

表3-2-16　杏仁挞的原料配方

原料		数量（克）
面团	基本挞皮面团	300
杏仁馅	无盐黄油（软）	300
	糖粉	200
	盐	3
	鸡蛋	300
	杏仁粉	300
	面粉	100
杏仁馅	牛奶	50
	白兰地	20
装饰	杏仁片	30

图 3 – 2 – 13　杏仁挞

匀；加入过筛的面粉、杏仁粉，拌匀，再加入牛奶、白兰地，拌匀即可。（3）组合。将杏仁馅料装入裱花袋，将馅挤入挞底，撒上杏仁片。

（4）烘烤。送入 170℃的烤箱中，烘烤约 25 分钟，表面呈金黄色即可（见图 3 – 2 – 13）。

（九）芝士挞 Cheese Tart

1. 原料配方（7 英寸 2 只）（见表 3 – 2 – 17）

2. 制作过程

（1）挞皮整形。将面团滚圆，装入保鲜袋，压扁，再用擀面杖擀成 3 毫米厚的圆片状，移入派模，切去多余边皮，将边缘修捏整齐，送入冰箱，静置松弛 30 分钟。

（2）芝士馅制作。葡萄干事先用朗姆酒泡软；将芝士放室温下回温，搅软，与其他材料一起混合均匀；将葡萄干连同朗姆酒倒入，拌匀。

（3）组合。将芝士馅倒入挞底。

（4）烘烤。送入预热至 160℃的烤箱，烤约 45 分钟，出炉放凉（见图 3 – 2 – 14）。

表 3 – 2 – 17　芝士挞的原料配方

原料		数量（克）
面团	基本挞皮面团	500
挞馅 ①	葡萄干	20
	朗姆酒	20
挞馅 ②	奶油芝士	500
	淡奶油	180
	糖	80
	玉米淀粉	20
	鸡蛋	2 只
	朗姆酒	20
	鲜柠檬汁	1 只

图 3 – 2 – 14　芝士挞

（十）鲜果挞 Fresh Fruit Tartlet

1. 原料配方（见表 3 – 2 – 18）

2. 制作过程

（1）将面粉与黄油搓擦均匀，加鸡蛋、糖粉，轻揉成团，入冰箱待用。

（2）低筋粉、吉士粉一起过筛，加牛奶、蛋黄混合均匀。

（3）水加糖，上火煮开，冲入上述混合物中，边冲边搅拌。再上火加热，并不断搅动，以免煳底。煮开后离火，加白兰地搅匀，冷却待用。

（4）取出面团，搓成条，分切成小段（大小视挞模而定），搓成球，双手配合捏入挞模。

用竹签戳几个孔，送入150℃烤箱烘熟，呈淡金黄色，出炉，扣出挞底，冷却待用。

（5）将主厨酱装入裱花袋，分别挤入冷却的挞底。

（6）水果切成需要的形状，装于表面。水果上刷糖浆或喷食用光亮剂（见图3-2-15）。

注：挞馅也可使用打发奶油，装入裱花袋，挤入挞底。

表3-2-18 鲜果挞的原料配方

原料		数量（克）
面团	低筋粉	1300
	无盐黄油	900
	糖粉	300
	鸡蛋	5
	盐	15
馅（主厨酱）	水	1100
	糖	450
	低筋粉	100
	吉士粉	100
	蛋黄	4 只
	牛奶	400
	白兰地	100
装饰水果	草莓、猕猴桃、哈密瓜、蓝莓、黄桃、提子、樱桃等	适量

图3-2-15 鲜果挞

（十一）核桃挞 Walnut Tart

1. 原料配方（7英寸4只）（见表3-2-19）

2. 制作过程

（1）挞底整形。将面团分成4等份，整理成圆形，装入保鲜袋，压扁。再用擀面杖擀成3毫米厚的圆片状，移入挞模，切去多余边皮，将边缘修捏整齐，送入冰箱，静置松弛30分钟。

表3-2-19 核桃挞的原料配方

原料			数量（克）
面团		基本挞底面团	1000
核桃奶油馅	①	糖粉	100
		细砂糖	220
		动物性奶油	940
		蜂蜜	220
	②	熟核桃	1400

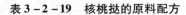

（2）核桃馅制作。将①中所有原料放入锅中，用小火煮至琥珀色（不得搅拌以免结晶）；将烤熟核桃切碎，放入锅中，拌匀。

（3）组合。趁热将核桃馅倒入挞底，立即抹平。

（4）烘烤。送入预热至200℃的烤箱（表面盖烘焙纸），烤约25分钟，置挞底呈金黄色，出炉放凉（见图3-2-16）。

图3-2-16 分切后的核桃挞

注：最后可在表面撒糖粉装饰。

（十二）摩卡慕斯挞 Mocha Mousse Tart

1. 原料配方（5 厘米慕斯圈 20 只）（见表 3–2–20）

2. 制作过程

（1）挞底整形。烤盘垫烘焙纸，将慕斯圈排放其中，将饼干底分成 20 等份，分别装入慕斯圈，压紧，送入冷藏冰箱待用（至少 30 分钟）。

表 3–2–20　摩卡慕斯挞的原料配方

原料		数量（克）
挞皮	饼干底	400
摩卡慕斯馅	①	牛奶	340
	香兰豆荚籽	2
	②	细砂糖	120
	蛋黄	120
	③	鱼胶片	20
	动物性奶油	300
	浓缩咖啡液	120

（2）摩卡慕斯馅制作。将①中所有原料放入锅中，用小火煮沸，加入泡软的鱼胶片，并搅拌至完全融化；同时，将②中原料搅打至发白，至稠厚状；将煮沸的牛奶冲入，并搅匀，自然冷却至室温；倒入咖啡，并搅匀；最后将奶油搅打至六成发泡，倒入上述混合液中，并轻轻拌匀，即成慕斯馅。

（3）组合。将慕斯圈排入平托盘，将摩卡慕斯平均装入，立即抹平，送入冷藏冰箱，让慕斯充分凝结（至少 60 分钟）。

注：食用前，取出脱模，表面可以抹杏桃果胶、摆上水果等装饰。

　课堂思考

混酥面团与酥皮面团有何区别？

？　思考与训练

一、课后练习

（一）填空题

1. 油酥面团是以油脂和面粉作为主要原料调制而成的面团，它又包括_____面团和_____面团。

2. 对于混酥面团，_____面粉是其首选，对于酥皮面团，为了使制品具有理想的体积和形状，最好选用_____面粉或_____面粉的混合。

3. 酥皮面团配方内的油脂包括两部分，其中裹入用油脂必须满足两个条件：首先，_____；其次，_____。

4. 派或挞的制作过程基本相同，都包括_____、_____、_____、_____等工艺，这几道工艺的顺序会因具体品种而略有差异。

5. 酥皮面团的基本工艺流程：_____、_____、_____。

（二）选择题

1. 在制作酥皮面团时，一般油脂的水分含量不应超过（　　）。

A. 18%　　　　B. 28%　　　　C. 38%　　　　D. 48%

2. 制作油酥面团时，用水以冰水为佳，温度为（　　）。

A. 0℃　　　　B. 4℃　　　　C. 8℃　　　　D. 10℃

3. 制作饼干底时，饼干碎屑与熔化黄油拌和而成，其标准用量比例为（　　）。

A. 1∶2　　　B. 2∶1　　　　C. 1∶3　　　　D. 3∶1

4. 水果是水果基料馅的主体部分，所以，无论制作何种水果馅，固体水果的量都应该不少于馅料总量的（　　）。

A. 40%　　　　B. 50%　　　　C. 60%　　　　D. 70%

5. 派或挞的底皮捏塑定型后，最好入冰箱静置不少于（　　）。

A. 5 分钟　　　B. 10 分钟　　　C. 15 分钟　　　D. 30 分钟

（三）问答题

1. 派与挞有何区别？

2. 对于酥皮面团，用水以冰水为佳，为什么？

3. 派与挞应用比较广泛的馅料有哪几类？

4. 根据组合和烘烤的顺序不同，派或挞可以分为几种类型？

5. 详述酥皮面团的工艺流程。

二、拓展训练

（一）运用所学原理和技能，每个实训小组创制水果馅类派 1 款。

（二）运用所学技能，每个实训小组创制挞 1 款。

任务三　饼干制作

任务目标

掌握饼干制作的基本工艺

能熟练制作常用饼干

能对成品进行质量分析和鉴定

活动一　认识饼干

饼干，英文名为"biscuit"或"cookie"，这两个词虽然译成中文都可以指"饼干"，但究其真义，其实还是有一定的区别。cookie，中文也常常音译为"曲奇"，是由中国香港传入内地的粤语译音名，在美国与加拿大，解释为细巧而扁平的蛋糕式的饼干，原料包括面粉、燕麦片、鸡蛋、糖、油脂、巧克力豆、香料、坚果等；这个词在英联邦国家通常专指一类饼干"巧克力豆曲奇（Chocolate Chips Cookie），但也可以指当地特定类型的饼干或面包。"biscuit"，在英联邦国家，是指一种形状小巧、质地松脆的烘焙制品，或甜或咸；在美国及加拿大，这个词是指一种咸味的速发面包，如司康饼等。

一、饼干的特性

提到饼干，人们往往会联想到酥、脆、松等质地，这就是饼干特性的体现。其实，饼干的质地是因品种不同而有不同的，有酥脆的，也有松软的，例如大家熟知的趣多多，就分硬趣和软趣。了解饼干的基本特性及其原理，有助于将来生产恰当特性的饼干，避免制作过程中的失误，做好饼干的品质鉴定工作。

（一）酥脆度

一般而言，饼干的水分含量越低，酥脆度就会越高。那么哪些因素会影响到饼干的酥脆度呢？

（1）水分含量。配方中水的用量少，面团就比较干硬，易于烤干。

（2）油脂与糖量。配方中糖与油脂用量大，而水量少的情况下，面团也会比较柔软，易于操作与成形。

（3）烘烤时间。烘烤时间长，可以蒸发掉大部分水分。

（4）形状。形状小或较薄的饼干，烘烤时利于水分蒸发，易于烘干。

（5）包装。饼干烘烤完成出炉后，蒸发还在继续进行，因此，必须冷却充分后再包装，否则会含水汽，使饼干回软。

（6）储存。制作完成的饼干，通常应密封保存。否则，质地酥脆的饼干会因吸收空气中的水分而变软。

（二）柔软度

饼干的水分含量越高，柔软度就会越高。柔软度与导致酥脆度的原因基本相反。

（1）水分含量。配方中的水的用量多，面团就比较稀软，正常烘烤情况下，成品中含水量多。

（2）油脂与糖量。配方中糖与油脂用量少，为了便于操作与成形，就要增加用水量，使面团比较柔软。

（3）液体糖的使用。配方中采用液体糖，如糖浆、蜂蜜或玉米糖浆，因其具有吸湿性而使饼干保持一定的水分，也就是说，它们能从空气或周围环境中吸收水分。

（4）烘烤时间。烘烤时间短，可以减少水分的蒸发。

（5）形状。形状大、较厚的饼干，烘烤时水分蒸发慢。

（6）储存。饼干通常应密封保存，这样可以避免水分的蒸发而保持柔软。

二、饼干的分类

饼干可依照产品性质和所用原料不同以及整形操作方法来予以分类。

（一）依据产品性质和使用原料来分

按产品性质和使用原料，饼干可分为面糊类饼干和乳沫类饼干两种，面糊类饼干所使用的原料主要为面粉、糖、奶油和化学膨松剂等，而乳沫类饼干则以蛋白和全蛋为主，并配以面粉和糖。

1. 面糊类饼干

面糊类饼干包括软性饼干、脆硬性饼干、酥硬性饼干、松酥性饼干等。

（1）软性饼干。此类饼干质地较软，配方中水分含量为面粉用量的35%以上。此类饼干多数在配方里添加不同的蜜饯水果，做成各种水果饼干，其性质与蛋糕相似，但较蛋糕而韧性强。因为面糊较稀，在整形时都用汤匙把面糊直接舀在铺纸的平烤盘上，或者使用裱花袋把面糊挤在平烤盘上。饼干的形状是凹凸不平、不规则圆形的。

（2）脆硬性饼干。此类饼干配方内糖的用量比油多，而配方内油的用量又比水多，面团较干、硬，整形时无法使用裱花袋，需要先把面团分成若干小面团，搓成圆柱形后用刀切成薄片放在平烤盘内进炉烘烤，或者把整个面团用擀面杖擀平，再用不同的花式模型压出，做出不同的花样。因配方内除面粉外砂糖所占的比例甚大，故产品较为脆硬，如砂糖饼干（Sugar Cookies）、椰子饼干（Coconut Cookies）等。

（3）酥硬性饼干。此类饼干的配方中糖和油的用量相同，或者两者稍有出入但相差不多，水分用量较糖和油为少，面团较干，成品硬而油的用量较多，故具有酥的特性。同时因配方中使用的油量较多，在搅拌时又打入较多的空气，整形时既无法用裱花袋，又无法用擀面杖擀平，故面团经搅拌后必须用纸包起，先放进冰箱冷藏数小时或隔夜，待面团冻硬后再从冰箱中取出做出不同形状的饼干。

（4）松酥性饼干。此类饼干配方中油的使用量为第二，而糖的用量又比水多，且在搅拌过程中油和糖里进入很多空气，使得面糊非常松软，整形时需用裱花袋配合各种不同形式的裱花嘴，挤出各种不同的花样。此类饼干质地松而酥，最著名的丹麦曲奇（Danish Cookies）和黄油曲奇（Butter Cookies）均属此类。

2. 乳沫类饼干

乳沫类饼干可分为海绵类和蛋白类两种。

（1）海绵类饼干。主要是用全蛋或部分蛋黄，配以适量的糖和面粉制成。其配方与一般海绵蛋糕相似，只是蛋的用量不如海绵蛋糕多，而面粉数量相同，在制作方面需要先把蛋和糖打发，最后再加入面粉拌匀，整形时因面糊很稀，必须用裱花袋来整形。一般蛋黄饼干和杏仁蛋黄饼都属于海绵类饼干。

（2）蛋白类饼干。制作方法与天使蛋糕相同，先把蛋白打至发泡，加糖后继续打至湿性发泡，最后再拌入面粉或其他干性原料，用裱花袋将面糊挤在铺纸的平烤盘上。这类饼干中，椰子球（Coconut Macaroon）和指形饼干（Ladies Finger）最常见。

（二）依照整形方法来分

按整形方法，饼干又可分为滴落曲奇、擀制曲奇、冰冻曲奇和有馅曲奇四类。

（1）滴落曲奇 Drop Cookies。此类饼干的面糊比较稀软，需将饼干糊用汤匙舀起滴落或用裱花袋挤落在烤盘上，然后烘烤。属于软性、松酥性与乳沫类饼干。

（2）擀制曲奇 Rolled Cookies。此类饼干面团较为干硬，是将拌好的饼干面团用擀面杖擀平或压面机压平，再用饼干模具切压出各种形状，再进行烘烤。此类饼干属脆硬性类。

（3）冰冻曲奇 Refrigerator Cookies。此类饼干面团较为柔软，通常是较软的饼干面团经整形后入冰箱冻硬，然后切片成形，再进行烘烤。

（4）有馅曲奇 Filled Cookies。是将饼干面团用手揉成圆球再包入果酱等馅心，然后烘烤。

活动二 原料选用

一、面粉

高筋面粉、中筋面粉、低筋面粉都可以用来制作饼干，根据成品的质地样式以及酥松情况来决定选用何种面粉。如果希望烤出来的成品注重花色，保持形态的美观，而不需要充分地扩展，性质偏重在脆和硬性者，就应使用高筋面粉。相反，如果所做的成品偏重在松和酥的特性，形状、花样在其次，则以使用低筋面粉为宜。由于饼干所使用的糖和油的成分较高，如果面粉筋度过低则会造成成品的过度松软，故也可酌量选用中筋面粉，或者高、低筋面粉掺和使用，以达到理想的品质。

二、油脂

做饼干的油应选用无异味而且比较温和的氢化油，氢化油包括白油、人造黄油、起酥油，等等。做饼干理想的油脂须有以下三个特性：

（1）油性好。所谓油性，是指能增加产品酥松的性质。油性好的油，使用最少量即可使产品达到最大的酥松程度，因此可以降低成本。

（2）稳定性高。油脂的稳定性高，可使烤好的饼干储藏时间延长。在烤好的饼干中使用任何气味不正的油脂都会非常明显地表现出来。

（3）融合性好。所谓融合性，是指搅拌油脂时能否把拌入的空气继续保存在油脂内的性能。饼干的膨大首先是靠打入油脂内的空气，其次是使用的化学膨松剂和进炉受热所产生的水蒸气等。如果油脂的融合性差，只依靠使用化学膨松剂帮助制品膨大，增加化学膨松剂的用量，则会破坏产品的风味，降低产品的质量。因此，品质良好的饼干是靠油的融合性在搅拌时能拌入和保存大量的空气，并使整形进炉后的饼干得到正常的膨发，使产品产生酥松而风味不变的特点。

从风味和健康的角度看，黄油是制作饼干最理想的油脂，因为天然油脂奶香浓郁，给产品带来诱人的芳香，广泛应用于曲奇的制作。但其也有缺陷，即融合性较差。

三、糖

糖是制作饼干的主要原料之一，其主要作用是调味、着色和调节产品的扩展程度。饼干用的糖，一要干燥，二是根据制品的质地、风味特点选用颗粒大小适宜的晶体砂糖。因为糖的颗粒大小对饼干的外表形状影响很大，如果颗粒粗，配方里的水分少，在搅拌时无法将糖的颗粒全部溶化，进炉时一经受热，饼干的表面会出现张开的裂纹。比如砂糖曲奇和我国的桃酥、杏仁饼等，都是由一小块面团进炉后变成扁平且有裂纹的产品。由此亦可见，砂糖的颗粒有助于饼干表面产生裂纹。

四、化学膨松剂

化学膨松剂可以帮助增加产品的体积，也可以帮助油脂发挥其松酥的作用，如果饼干配方中使用油脂来调节产品的松酥而不使用化学膨松剂，其蓬松酥脆的特性就没有经添加化学膨松剂所做的效果好。饼干常用的化学膨松剂有泡打粉、苏打粉、阿穆尼亚（ammonium bicarbonate）三种。化学膨松剂虽然能有效地膨大产品的体积，增加饼干的表面积和表面裂痕，但使用不当或使用过多会使产品品质变差。因此，高品质的饼干应利用技术尽量控制化学膨松剂的用量，以维持产品松、酥、脆的特点。

五、香料

饼干制作对于香料的选用应特别注意，香料用在饼干的配方中有两个主要的目的，第一可加强产品原有的风味，能衬托出产品的特色，第二是借用香料来丰富饼干的品种。不过，在使用香料时一定要牢记两个原则：一是需要用好的香料；二是一定要尽量少用。

六、果品

饼干常用一些果品来增加产品的风味特色，丰富花色品种。常见的果品有果仁、果干、果粉等，如胡桃、杏仁、葡萄干、碎花生、芝麻、椰子粉等。

七、可可粉

可可粉是用来改变饼干风味和种类的常用原料，其用量可为面粉量的 10% ~ 12%，配方中如使用可可粉，糖的用量也应依照可可粉的用量稍微增加，以减少可可粉的苦味；同时水分也需按可可粉的用量增加，以避免面团过于干硬。在品质上，可可粉可分为高脂、中脂和低脂三种，做饼干最好能采用高脂可可粉，可使产品香味更加浓馥。

八、盐

在饼干配方中，盐的用量很少，盐本身具有调味的作用，可使配方中其他原料的特性充分地表现出来。

 **课堂思考**

氢化油脂在饼干制作中应用广泛，试谈你自己的认识。

活动三　饼干制作

一、饼干制作的工艺流程

饼干制作一般要经过搅拌、整形、烘烤、冷却等流程。

（一）搅拌

因为配方及品种不同，饼干面团或面糊的搅拌方法会有所差异，但是基本搅拌方法有三种，即直接法、乳化法、海绵法。

1. 直接法

类似于制作蛋糕的直接搅拌方法，即将所有原料直接混合，一次性全部搅拌均匀，然后再进行成形操作。不过，这种搅拌方法最后成品质地比较紧致硬实，故直接法不常应用。直接法主要用于富有嚼劲的饼干制作，即使搅拌过度也不会影响成品品质。基本操作流程如下：

（1）将原料放置于室温下，至回到室温状态。

（2）按照配方准确称量所用原料。

（3）干粉类原料（如面粉、淀粉、泡打粉等）一起过筛。

（4）将原料一起倒入搅拌缸（量少的话可以手工操作），用搅拌桨以低速搅拌均匀即可。

2. 乳化法

相同于制作油脂蛋糕所运用的糖油搅拌法，即先将油脂、糖等经慢速搅拌乳化膨松，再逐渐加入鸡蛋，最后混合其他原料。乳化法的基本操作流程：

（1）将原料放置于室温下，至回到室温状态。

（2）按照配方准确称量所用原料。

（3）干粉类原料（如面粉、淀粉、膨松剂等）一起过筛。

（4）把脂肪、糖、盐倒入搅拌缸，用搅拌桨搅打乳化（视需要调整搅拌速度）。

（5）分次加入鸡蛋，边加边低速搅拌。

（6）倒入过筛的面粉、膨松剂等，搅拌均匀即可（勿搅拌过度，以免形成面筋）。

值得注意的是，不同品种的饼干对于乳化程度要求是不一样的，反过来说，搅拌油脂时乳化程度会直接影响饼干成品品质，尤其是质感、膨松程度。对于成品质地酥松类品种，油脂应搅打乳化至充分发泡，以充入足够的空气而有利于烘烤时受热膨胀；对于成品质地硬实类品种，油脂则仅需以慢速搅打至颜色稍稍变浅即可。

3. 海绵法

类似于海绵类蛋糕制作的传统方法——海绵法（蛋糖法），就是先将鸡蛋和糖搅打起泡，再加入面粉等原料混合均匀。蛋糖法的基本操作流程：

（1）将原料放置于室温下，至回到室温状态。

（2）按照配方准确称量所用原料。

（3）干粉类原料（如面粉、淀粉等）一起过筛。

（4）将鸡蛋及糖倒入搅拌缸，用搅拌帚搅打发泡（若用分蛋法，则将蛋黄打至浓稠状，将蛋清打至湿性发泡）。

（5）加入其他原料，慢速拌匀。注意不能过度搅拌，以免充入蛋糊中的空气流失而影响膨松效果。

（二）整形与装盘

饼干分为有扩展性质的和扩展性质的，在烤焙时，对有扩展性质的饼干装盘每个都应保持相应的距离，以免进炉后互相黏合在一起，如有些饼干进炉后不会扩展，则装盘时应尽量缩短间隔空间，因为饼干的体积很小，如果每个留置的间隔距离太大，则烤炉的余温会把饼干的边缘部分烤焦，造成颜色不一致。盛放饼干的烤盘最好铺上一张耐热的烘焙纸，这样可保持饼干底部干净，同时从盘中取出也方便。如果没有烘焙纸，可在烤盘上涂少量油脂，也可撒上少许面粉。

饼干可以整形出各种不同的花样，有的是裱花袋挤的，有的是切割的，可参照饼干的种类来操作。

现在烤盘的种类很多，烘烤饼干最好选择亮银色的铝合金矮边或无边烤盘，浅色烤盘，有反射热量的作用，底部传热温和，饼干底面不致受热太烈而色深或焦煳；烤盘边具有反射热量的作用，对临近饼干有反射热，因此烤盘周边的饼干外侧往往颜色较深，而矮边或无边烤盘则可避免这种现象。所以，浅色无边烤盘最适合饼干的烘烤。

（三）烘烤

大多数饼干烘烤温度在 150～180℃，烤焙时间约为 8～30 分钟。烤炉温度与烤焙时间是影响成品品质的关键。一般自进炉到完成应主要用低温慢慢烘烤。饼干自进炉后 5 分钟应查看底部着色的情况，如果进入后 5 分钟底部有金黄的颜色，而表面仍淡淡的，尚未着色，就应马上在烤盘底下再垫一个烤盘继续烤熟。

饼干烤到表面产生金黄色时即可，出炉后，烤盘的余温仍可把饼干继续烤熟，故烤培饼干，不必在炉内烤至十分熟，只要八九成熟就可以出炉，否则出炉后颜色会过深。在烤焙巧克力饼干或其他有颜色的饼干时，无法由表面着色的情况来判断烤焙程度，则可以根据烤焙的时间，和用手触摸饼干表面的方法来判断。一般烤焙时间为 8～30 分钟，用手触摸饼干时面糊软软的但具有弹性就可马上出炉。如用手触摸时，饼干表面非常软，有指印留在面糊的表面，就说明尚未达到出炉时间，继续再考 1～2 分钟即可。

有时出炉后饼干的边缘部分有一圈较深的颜色，这是因为烤焙时底火过热，也有出炉后的饼干表面花纹颜色较深，而凹入部分颜色浅淡，形成不相称的颜色，这是由于上火火力太强。

（四）出炉冷却

饼干烘烤完成后应彻底冷却，然后才能包装。冷却方法是自然冷却，就是出炉后放置在室温下，让其完全回至室温状态。

至于什么时候将饼干从烤盘中取出，要视情况而定。对于烤盘未垫纸烘烤的饼干，出炉后，应该趁热从烤盘中取出，因为冷却后饼干可能会粘贴在烤盘上；对于出炉后质地较软而成品要求质地酥脆的饼干，则需要待其完全冷却后取出烤盘；对于软质饼干，出炉后，应该尽快取出烤盘，否则，会因烤盘余温使饼干损失过多的水分而变得干硬。

二、饼干制作实例

（一）丹麦曲奇 Danish Cookie （乳化法）

1. 原料配方（见表 3-3-1）

2. 制作程序

（1）准备。将配方③的面粉混合并过筛；准备烤盘，垫烘焙纸，或直接使用浅色无边曲奇饼烤盘；准备大剑齿花嘴，装

表 3-3-1　丹麦曲奇的原料配方

	原料	百分比（%）	数量（克）
①	黄油	60	250
	糖粉	48	200
	盐	0.5	2
②	蛋	24	100
③	低筋面粉	100	225
	高筋面粉		190

图 3 - 3 - 1　丹麦曲奇

（见图 3 - 3 - 1）。

入裱花袋；烤箱预热至 150℃。

（2）搅拌。将配方①中的原料混合，搅打至起绒毛状，慢慢加入鸡蛋，继续搅拌均匀，加入过筛的面粉，轻轻拌匀，呈厚糊状。

（3）成形。将面糊装入裱花袋，往烤盘内挤出不同但均匀的形状，如"S"形、圆圈形等。

（4）烘烤。用上火 160℃、底火 150℃，烤约 30 分钟，待表面呈浅金黄色即可出炉。

（5）装饰。冷却后，可以蘸取熔化巧克力和坚果粒装饰

（二）砂糖饼干 Sugar Cookie（乳化法）

1. 原料配方（见表 3 - 3 - 2）

2. 制作过程

（1）搅拌。将配方①的原料用搅拌机打至松软发泡，蛋分两次加入拌匀，水与香草精混合后用慢速加入拌匀，面粉与发粉过筛，用慢速拌匀。

（2）成形。面团拌好后，先用保鲜膜包裹，入冰箱中冷藏 30 分钟。整形时，将面团放在撒高筋面粉的干净面粉袋上，用擀面杖擀成 0.5 厘米厚，表面刷蛋水，撒粗砂糖，用各种造型小饼干模具刻出饼干生坯，排放在平烤盘上。

（3）烘烤。用 170℃炉温烤 8 ~ 10 分钟。

表 3 - 3 - 2　砂糖饼干的原料配方

	原料	百分比（%）	数量（克）
①	细砂糖	50	250
	盐	0.5	2.5
	奶粉	3	15
	黄油	38	190
	葡萄糖浆	3	15
②	鸡蛋	13	65
③	水	19	95
	香草精	1	5
④	低筋面粉	100	500
	酸粉	3	15

（三）燕麦葡萄干饼干 Oatmeal Raisin Cookies（乳化法）

1. 原料配方（见表 3 - 3 - 3）

2. 制作过程

（1）准备。低筋粉与泡打粉、苏打粉混合，过筛，再与燕麦片、泡软的葡萄干混合；烤盘垫烘焙纸；烤箱 180℃预热。

（2）搅拌。将②中原料倒入搅拌缸，

表 3 - 3 - 3　燕麦葡萄干饼干的原料配方

	原料	百分比（%）	数量（克）
①	低筋粉	100	375
	泡打粉	4	15
	苏打粉	2	8
	燕麦片	83	312
	葡萄干	67	250
②	黄油	67	250
	红糖	133	500
	盐	1.5	5
③	鸡蛋	33	125
④	牛奶	8	30
	香草精	1.5	5

图 3 - 3 - 2 燕麦葡萄干饼干

上搅拌机，用搅拌桨搅打至呈绒毛状；慢慢加入鸡蛋，边加边搅打；倒入准备好的原料①，拌匀；最后加原料④，拌匀。

（3）成形。用汤勺挖取面糊，倒在烤盘里，稍稍整理形状，成圆形。

（4）烘焙。送入烤箱，烘烤成熟，约 10 ~ 12 分钟（见图 3 - 3 - 2）。

（四）指形饼干 Ladies Finger Cookies（海绵法）

1. 原料配方（见表 3 - 3 -4）

表 3 - 3 - 4 指形饼干的原料配方

	原料	百分比（%）	数量（克）
①	蛋白或全蛋	90	360
	细砂糖	100	400
	盐	0.5	2
②	香草精	1	4
③	低筋面粉	100	400

图 3 - 3 - 3 指形饼干

2. 制作过程

（1）搅拌。将鸡蛋上打蛋机以中速打泡，将糖与盐慢慢加入，继续搅打，将香草精加入①，拌匀，随后将筛匀的面粉加入，慢速拌匀。

（2）成形。裱花袋内装入大平口花嘴，装入面糊。把面糊挤在擦油撒粉或铺有烘焙纸的平烤盘上，挤成约长 8 厘米、宽 2 厘米的长条形，表面撒糖粉。

（3）烘烤。进 185℃的炉中，烤 8 ~ 10 分钟（见图 3 - 3 - 3）。

（五）杏仁片饼干 Almond Slices（乳化法）

1. 原料配方（见表 3 - 3 -5）

2. 制作程序

（1）搅拌。将①中的原料混合搅拌均匀至光滑；逐个加入蛋黄，搅拌均匀；将③中的原料倒入，拌匀。

（2）成形。将面团分成 8 等份，分别搓成直径约 4 厘米的圆柱形，送入冰箱冻硬；将面团取出，稍稍回温，用刀将其切

表 3 - 3 - 5 杏仁片饼干的原料配方

	原料	百分比（%）	数量（克）
①	黄油	40	400
	红糖	80	800
	肉桂	0.5	5
②	蛋黄	20	200
③	低筋面粉	100	1000
	杏仁片	40	400

成 4 ~ 5 毫米厚的片状，均匀排放在铺有烘焙纸的烤盘上。

（3）烘烤。送入 160℃ 的烤箱，烤 25 ~ 30 分钟。

（六）马卡龙 Macaroon（海绵法）

1. 原料配方（见表 3 - 3 - 6）

2. 制作程序

（1）准备烤盘，铺放马卡龙专用硅胶垫；准备一个直径 0.7 厘米的平口裱花嘴，装入布质裱花袋；烤箱 150℃ 预热。

（2）将原料①中的杏仁粉与糖粉混合过筛，加入蛋清拌匀，加入适量食用色素调至需要的颜色，拌匀。

（3）将原料②中的蛋清、塔塔粉用蛋扦快速搅打，出现鱼眼状大气泡时，加糖，打至硬性发泡。同时，将原料③中的糖与水倒入煮锅，上火煮沸，至温度达 120℃；趁热冲入快速打发的蛋清中，边加便搅打，至均匀（见图 3 - 3 - 4）。

表 3 - 3 - 6 马卡龙的原料配方

	原料	百分比（%）	数量（克）
①	美国超细杏仁粉	100	190
	纯糖粉	100	190
	蛋清	37	70
②	蛋清	37	70
	塔塔粉	1	2
	细砂糖	11	20
③	细砂糖	100	190
	水	32	60
	食用色素	—	少许

（4）取 1/2 打发蛋清与（2）杏仁糊拌匀；再将剩余的蛋清加入，拌匀即可（注意不可搅拌过头，否则面糊会越搅越稀，不好成形）。

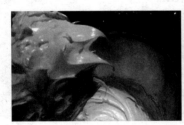

图 3 - 3 - 4 打发蛋清　　　　图 3 - 3 - 5 马卡龙成形　　　　图 3 - 3 - 6 马卡龙成品

（5）将（4）马卡龙糊装入裱花袋，垂直挤在烤盘内，成直径为 3 ~ 4 厘米的圆形（见图 3 - 3 - 5）。注意裱花嘴与烤盘的距离不能低于 1 厘米，否则挤出的马卡龙不够饱满。

（6）挤好后放在通风处晾干，用手指轻触马卡龙边缘，不粘手，即可烘烤。

（7）送烤炉，以 150℃ 烤 14 分钟。

（8）待马卡龙完全冷却后脱模。

（9）底朝上排放，挤上馅料，两两配对，底与底相对合上（见图 3 - 3 - 6）。

（七）蔓越莓曲奇 Cranberry Cookie（乳化法）

1. 原料配方（见表 3 - 3 - 7）

2. 制作程序

（1）准备。面粉过筛；蔓越莓切成粒；准备打剑齿花嘴，装入裱花袋；烤盘垫锡纸或直接选用浅色无边烤盘；烤箱预热至160℃。

表3-3-7 蔓越莓曲奇的原料配方

	原料	百分比（%）	数量（克）
①	黄油	65	300
	糖粉	52	240
	盐	1	4
②	鸡蛋	20	90
③	低筋面粉	100	460
④	蔓越莓干	13	60

图3-3-7 曲奇成形装盘

（2）搅拌。将配方①中的原料拌打至起绒毛状；慢慢加入鸡蛋，继续搅拌均匀；加入面粉，轻轻拌匀；再加入蔓越莓干，拌匀成团；把面团倒入保鲜袋内，送入保鲜冰箱冷藏。

（3）成形。30分钟后，取出整形成宽约6厘米、高约4厘米的长方体；用保鲜膜包起，入冰箱冻硬（1小时左右）；取出，切成厚0.7厘米的厚片，均匀地排放在铺上锡纸的烤盘里（见图3-3-7）。

（4）烘烤。入烤箱，烘烤25分钟左右，表面成微黄色即可。

（八）巧克力豆曲奇 Chocolate Chip Cookie（乳化法）

1. 原料配方（见表3-3-8）

2. 制作程序

（1）准备。将配方③的原料混合并过筛；准备烤盘，垫烘焙纸；烤箱预热至160℃。

表3-3-8 巧克力豆曲奇的原料配方

	原料	百分比（%）	数量（克）
①	黄油	60	360
	细砂糖	33	200
	红糖	33	200
	盐	1	8
②	鸡蛋	3	180
③	低筋粉	100	600
	泡打粉	1	4
④	烘焙巧克力豆	33	200
	核桃仁（碎粒）	17	100
	牛奶	8	50
	合计	289	1902

图3-3-8 巧克力豆曲奇

（2）搅拌。将配方①中的原料拌打至起绒毛状；慢慢加入鸡蛋，继续搅拌均匀；加入过筛的面粉、泡打粉，轻轻拌匀；倒入配方中④的原料，拌匀，呈厚糊状。

（3）成形。将面糊装入裱花袋（不要裱花嘴），往烤盘内挤出大小均匀的圆形。

（4）烘烤。送入烤箱，烘烤 12 ～ 25 分钟（质地从软到硬，根据需要选择时间）（见图 3 - 3 - 8）。

（九）意式坚果巧克力饼干 Biscotti（海绵法）

1. 原料配方（见表 3 - 3 - 9）

2. 制作程序

（1）准备。低筋粉、香草粉、泡打粉一起过筛；烤箱预热，上、下温度均为 150℃。

表 3 - 3 - 9　意式坚果巧克力饼干的原料配方

原料		百分比（%）	数量（克）
①	全蛋	43	200
	细砂糖	22	100
	红糖	17	80
	盐	1	5
②	低筋面粉	100	460
	泡打粉	22	10
	香草粉	22	10
③	烘焙巧克力豆	11	50
	开心果仁	11	50
	杏仁碎粒	11	50
	核桃仁碎粒	11	50

图 3 - 3 - 9　饼干成品

（2）搅拌。将配方①中的原料一起搅打至稍稍变白；加入配方②中原料，搅拌成团；倒入配方③中原料，拌匀；用保鲜膜包起，压扁，入冰箱冷藏 60 分钟。

（3）成形。擀成 1.5 厘米厚、10 厘米宽的长方块，放入烤盘，整形。

（4）烘烤。入烤箱烘烤 45 分钟。出炉后稍冷却，切成 1 厘米厚的片，平铺入烤盘中，再以 150℃的炉温烘烤 15 ～ 20 分钟，出炉冷却（见图 3 - 3 - 9）。

（十）司康饼 Scone（直接法）

1. 原料配方（见表 3 - 3 - 10）

2. 制作程序

（1）将低筋面粉、泡打粉过筛，与糖粉一起混合。

（2）将软黄油与粉分类混合，用双手搓匀，然后围筑成面粉墙。

（3）将③中原料一起混合，倒入面粉墙中央，用手慢慢从中间向边缘将其混合，然后用双手推揉，至均匀成团，最后送入冰箱冷藏。

（4）冷藏 2 小时后取出，擀成 1.5 厘米厚，然后刻成圆片。表面刷蛋黄，送入 200℃烤箱，烘烤 18 分钟，出炉（见图 3 - 3 - 10）。

表3-3-10　司康饼的原料配方

	原料	百分比（%）	数量（克）
①	低筋面粉	100	1250
	泡打粉	4	50
	糖粉	20	250
②	软黄油	20	250
③	鸡蛋	15	180（3只）
	牛奶	40	500
	合计	199	2480

图3-3-10　司康饼

？思考与训练

一、课后练习

（一）填空题

1. 按产品性质和使用原料，饼干可分为_____和_____两种。

2. 依照整形方法，饼干可分为_____、_____、_____、_____四类。

3. 理想的饼干用油脂须具有的三个特性为_____、_____、_____。

4. 饼干制作一般要经过_____、_____、_____和_____等流程。

5. 饼干面团或面糊的基本搅拌法有_____、_____、_____三种。

（二）选择题

1. 不影响饼干酥脆度的因素是（　　）。

    A. 工具　　　　　B. 面团含水量　　　C. 糖油含量　　　D. 烘焙时间

2. 以下不是饼干膨松的因素是（　　）。

    A. 空气作用　　　B. 化学膨松剂　　　C. 水蒸气　　　　D. 酵母作用

3. 大多数饼干烘烤温度在（　　）。

    A. 80～100℃　　　B. 100～140℃　　　C. 150～180℃　　D. 200～220℃

4. 制作饼干最理想的油脂是（　　）。

    A. 黄油　　　　　B. 猪油　　　　　　C. 起酥油　　　　D. 色拉油

5. 适合饼干的冷却方法是（　　）。

    A. 冷藏冷却　　　B. 冷冻冷却　　　　C. 自然冷却　　　D. 风吹冷却

（三）问答题

1. 什么因素会影响到饼干的柔软度？

2. 饼干搅拌方法中，乳化法的基本工艺流程是怎样的？

3. 如何根据饼干成品品质要求来控制油脂乳化程度？

4. 饼干出炉后如何掌握取出烤盘的时机？

5. 制作饼干时，为什么精确称量和大小一致非常重要？

二、 拓展训练

（一）运用所学原理和技能，每个实训小组创制饼干 2 款。

（二）调研市场，了解社会包饼屋饼干所用油脂情况。

任务四　冷冻甜品制作

任务目标

掌握冷冻甜品的制作原理

能够熟练制作常用的冷冻甜品

活动一　认识冷冻甜品

所谓冷冻甜品，是指制作过程中需低温冷凝或冷冻并趁低温食用的一类甜品，如果冻、慕斯、冰淇淋等。冷冻甜品是西点的一分子，从西点诞生时就扮演着重要的角色，它既是宴会中完美的谢幕者，也是宴会中个性的彰显者。在现代西点制作工艺中，对冷冻甜品制作工艺的了解与掌握、能制作与创新冷冻甜点，是西点制作者的重要工作之一。

冷冻甜品的品种很多，由于它们在原料、制作方法等方面有许多相似之处，在口味、口感等方面的差异也不很明显，所以一些冷冻甜品很难有明确的分类。目前，国内外对冷冻甜品的分类仍是沿用传统的分类方法，一般分为普通冷凝类甜品和搅拌冷冻类甜品两大类。

冷冻甜品的制作方法千变万化，即使是同一类制品也可以有不同的配方，用不同的器皿盛装，采用不同的造型和装饰方法。

一、普通冷凝类甜品

是指最后需入冷藏冰箱内降温凝结定型的甜品，包括水果啫喱冻、巴伐利亚奶油冻、水果奶油冻、慕斯等。

（一）水果啫喱冻 Fruit Jelly

啫喱，我国香港、广东一带对英文"jelly"的音译，是指混合有明胶的溶液或此溶液经冷凝而制成的胶冻，常用于制作果冻或用作新鲜水果的上光剂。为了区分明胶混合

图 3 - 4 - 1　水果啫喱冻

物的两种状态，往往把未凝结的溶液称为啫喱液，将已凝结的胶冻称为啫喱冻。

用作甜品的啫喱冻以水果味型的应用最为广泛，也就是通常所说的果冻，是由各种果汁、糖、鱼胶、食用香精和色素按一定比例调制成溶液后，再经冷凝而成的胶冻甜品。市面上，有各种品牌各种水果味型的啫喱粉，因此，现在制作水果啫喱冻就方便得多，直接购买现成的水果啫喱粉，按说明，与适量的糖、开水、少量明胶混合，然后倒入模具或玻璃器皿，送入冰箱冷凝即可（见图 3 - 4 - 1）。因其透明光滑、色泽艳丽、富有弹性、口味清新而深受欢迎，除了可以直接做甜品食用外，还是其他冷食点心的装饰品。

（二）巴伐利亚奶油冻 Bavarois/ Bavarian Cream/ Crème Bavaroise

巴伐利亚奶油冻是一款法国经典的甜品，据传是由大师马力安东尼·卡雷姆（Marie - Antoine Carême）发明创制。之所以得名巴伐利亚，被认为是在法国资产阶级革命以前的高级烹饪（Haute Cuisine）历史时期，因为一次对当时统治巴伐利亚的维特尔斯巴赫王朝的特别访问。真正的巴伐利亚奶油冻的首次公开出现是在 1884 年，由地方检察官林肯夫人将其编入美国波士顿烹饪学校的烹饪教材中。

图 3 - 4 - 2　巴伐利亚奶油冻

巴伐利亚奶油冻是一种含有很多乳脂和蛋白的混合物，它的基本配料是牛奶蛋糊，并加入大量的搅打起泡的奶油和蛋白。搅打膨松的奶油、蛋白以及带入混合物中间的空气可使制品保持细腻膨松的组织，在一定程度上可防止形成大晶体。明胶是奶油冻中不可缺少的原料，是促成混合物凝结、保持组织细腻的稳定剂。巴伐利亚奶油冻也可加入一些果汁和水果粒，以增加制品的风味特色和花式品种（见图 3 - 4 - 2）。

巴伐利亚奶油冻可采用各种形状及大小的模具盛装，冻结时间一般需要 2 ~ 3 小时，在上桌食用前，一般要将其取出再作必要的装饰，并可跟具有特殊风味的少司一同食用，如水果少司、树莓或杏子果蓉。也可用作水果奶油布丁（charlottes）的馅料。在美国，还用作甜甜圈的夹心。

（三）水果奶油冻 Charlotte

关于 "charlotte" 这个名称的起源众说纷纭，有的历史学家认为，这款甜点得名于联合王国乔治三世的妻子夏洛特（1744 ~ 1818 年）的名字 "Charlotte"，也有人认为可能是得名于亚历山大一世的嫂子、普鲁士王国的夏洛特。

水果奶油冻又称水果奶油布丁、篱笆奶油冻，它与巴伐利亚奶油冻的明显区别在于通常用海绵蛋糕或指形饼干、蛋白饼干等做外形固定模，制品完成后外形酷似篱笆，所以又称"篱笆奶油冻"。

（四）慕斯 Mousse

法文"Mousse"的音译名，又称慕丝、毛士、木斯等，是一种因拌入打发奶油、打发蛋清而混合了细密气泡的质地松软糯滑的食品。慕斯有咸有甜，甜点慕斯通常加入巧克力、果蓉、香料等来确定风味，咸味慕斯常见的有鱼慕斯、肝慕斯等。

甜点慕斯一般为冷藏型，是一种含奶油成分很高、十分柔滑、细腻的高级甜点。慕斯的品种很多，有各种果汁慕斯、巧克力慕斯等，其中以巧克力慕斯最有名，是慕斯的经典之作。盛装慕斯的器具多种多样，有金属模子、水晶玻璃器皿；还可以用新鲜的去了内瓤的瓜果外壳盛装，也可以用制作成熟的派底酥皮盛装。各客的慕斯大多用香槟酒杯盛装，这种巧克力慕斯的制法，可将做好的混合配料用裱花袋挤入香槟杯中，上面用少许

图 3-4-3　甜点慕斯组合

奶油装饰即可，慕斯装入器皿中进入冰箱冷凝后，食用时一般无须扣出，连同盛装器皿一道上桌即可（见图 3-4-3）。

甜点慕斯除了可以直接食用外，还常用作蛋糕夹层。用慕斯做夹层的蛋糕就是风靡全球的慕斯蛋糕。它最早出现在美食之都法国巴黎，最初大师们在奶油中加入起稳定作用和改善结构、口感和风味的各种辅料，使之外形、色泽、结构、口味变化丰富，更加自然纯正，冷冻后食用，其味无穷，渐渐成为蛋糕中的极品。

二、搅拌冷冻甜品

是指制作时边搅拌边急剧降温的甜品，如冰淇淋、雪吧等。

（一）冰淇淋 Ice Cream

冰淇淋，是一种可口冷冻甜食，一般作为冷饮或甜点，可做午餐、晚餐点心，也可做茶点，天热时更受人们欢迎。冰淇淋的品种很多，通常是由加入多种配料的乳制品制成，配料有蛋、水、玉米粉、水果和天然植物色素、香料等，乳制品可以是奶油、乳脂或各种形式的奶及奶制品，如全脂液态牛奶、淡炼乳、加糖炼乳、加糖奶粉或脱脂奶粉等。它通常用蔗糖、玉米糖浆、甜菜糖或其他甜味剂确定甜味。混合时，一边高速搅打一边快速冷却，通过搅打不断充入的空气阻止了冷却到冰点以下冰晶体的形成，其结果是形成一种在很低温度下的细腻稠滑的膏状物。随着温度的回升，它变得更具延展性和可塑性。

常见的冰淇淋品种有香草冰淇淋、巧克力冰淇淋、水果冰淇淋。香草冰淇淋是冰淇淋中最普遍的品种，它是靠香草籽使制品产生柔和的美味。巧克力冰淇淋较为流行，巧

克力冰淇淋是在冰淇淋混合料中加入可可粉或巧克力制成的。香草冰淇淋和巧克力冰淇淋的平均脂肪含量在10%以上，而水果冰淇淋的脂肪需要量则略低一点，水果冰淇淋是在冰淇淋中加入碎果肉或果汁、果味香精制成的。

　　冰淇淋不应有任何不良的味道或过分浓烈的味道，也不应太酸。因此在制作冰淇淋时应精心选择优质的原料，并合理地进行混合搅拌。

（二）冰沙/雪吧 Sorbet/Sherbet

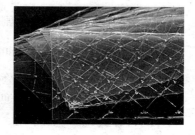

　　Sorbet，法语，中文名为冰沙。Sherbet，英语，音译名为雪吧。一般认为二者为同一食品，是一种由水稀释过的果汁或果蓉经高速搅拌和迅速降温而制成的冷冻甜品。制作方法基本和冰淇淋一样，所以，也常把它们称为果汁冰。有时还加入少量葡萄酒、甜酒，如薄荷酒等，以增进风味，同时因含有酒精从而降低冻结温度，产生细软的质地（见图3－4－4）。不同于冰淇淋，冰沙或雪吧不含乳脂或含低脂，而冰淇淋则是以乳制品为基础的产品。

　　在美国，冰沙（Sorbet）与雪吧（Sherbet）是不同的产品，主要

图3－4－4 雪吧　区别在于Sherbet通常有乳制品加入，含乳脂1%～2%，而Sorbet则不含任何乳制品。冰淇淋含乳脂则达10%以上。

活动二　原料选用

一、明胶 gelatin

　　明胶又称"吉利丁"（英文名的音译），是由动物皮骨、结缔组织中的胶原部分降解而成，为白色或淡黄色、半透明、微带光泽的薄片或粉粒，是一种无色无味、无挥发性、透明坚硬的非晶体物质，可溶于热水，不溶于冷水，但可以缓慢吸水膨胀软化，明胶可吸收相当于自身重量5～10倍的水。从鱼皮鱼骨中提炼得来的明胶被称为鱼胶（见图3－4－5），是甜品行业常用的冷凝剂。

图3－4－5 鱼胶片

　　在食品生产中的明胶有两种。一种无色、无味，这种制品适用性最广泛，不仅适用于各种餐后甜点，还可以用于冷菜色拉的制作。另一种明胶是与糖、酸、果味、香料以及着色剂的混合物，这种明胶含有丰富的口味、颜色，对于制作某些甜点似乎方便了很多，但它的适用范围有限，通常只用于制作吉利冻以及甜点表面的吉利冻装饰。

（一） 明胶的特性

明胶具有许多优良的功能特性：凝胶性、持水性、成膜性、乳化性及起泡性等。凝胶性是明胶最重要的功能性质，它是指明胶分子在一定条件下由无规则卷曲状态逐渐恢复成有序三螺旋结构，它受胶液浓度和 pH、凝胶温度和凝冻时间等多种因素影响。明胶凝胶性的好坏通常以凝胶强度、凝胶温度和溶化温度来衡量。

在食品配置中，明胶最重要的特性是它不确定制品的颜色和口味，在热的液体中能均匀扩散，处于分散状态；液体冷却后，它仍处于分散状态；当液体中的明胶达到足够浓度时，液体在一定温度下能稠化并凝结成半固体物质。

明胶是一种不完全蛋白质，必须与其他含蛋白质的食物混合使用并一起上桌食用，才能有效保持膳食中的有效蛋白质含量。明胶最大的使用价值在于能使营养性食品变成非常有吸引力的组合食物，在美化菜点方面深受人们喜爱。

（二） 明胶的使用与制品质量的关系

1. 明胶与液体之比

加入明胶的液体，在一定的条件下能凝结成半固体物质，而这一个凝结体的结构或硬度（稠厚度）与明胶使用的浓度有关。明胶液体中只有在明胶浓度占液体的 2% 或再高时才会产生凝胶作用，同时所需明胶的数量不仅取决于液体的数量，也取决于液体中含酸的数量和种类。通常的比例是 1/2 汤匙明胶用 1 杯液体。若液体中含有像柠檬汁、醋和番茄汁这样的酸则会增加明胶的需用量，含酸的制品，其比例可增加至 3/4 汤匙明胶用 1 杯液体。用牛奶做溶剂时，明胶的使用量可适当减少。

2. 明胶的融合方法

一般认为，不论使用哪一种形状的明胶，融合之前必须先将明胶用少量冷水浸泡，软化，为明胶颗粒扩散于液体配料中做好准备；然后用少量已经加热的液体或热液体配料加入软化的明胶之中拌匀；最后把少量热液体融合明胶全部倒入液体配料中搅拌均匀即可。国产的一些明胶颗粒和明胶片由于浓度很大，质感很硬，在与液体配料融合之前，往往还需要用少量清水泡软后再用高温蒸化，最后再全部融合在液体配料之中。

液体配料中加入明胶溶合以后，为使液体凝固，必须保持一定的温度和时间。含有足够明胶的混合物在室温下就可以成为凝胶体（除非天气异常炎热），不过在这一温度下发生胶化需要相当长的时间。通常明胶混合溶液都放于冰箱中，低温会快速其胶化。将明胶混合物置于冰块上也能发生快速胶化作用，但此方法的缺点是液体过快凝固，会使凝胶体成硬韧结块状，尤其是靠近冰块四周的部分，混合液体极易出现结块现象。另外，快速冻结的凝胶体移于较高温度下，比在较高温度下凝固的胶体更可能失去其结构，即溶化。

二、乳及乳制品

在冷冻甜品的制作中，乳及乳制品是不可缺少的原料，其品种有全脂液体牛奶、淡炼乳、加糖炼乳、脱脂奶粉、全脂奶粉等，还有各种鲜奶油、打发奶油、奶油芝士等。

乳制品中含有丰富的乳磷脂，为增加冷冻甜点的风味起到了重要作用。乳制品还作为填充物和稳定物可增加制品的稠度。冷冻甜品的混合物始终处于悬浮状态，尤其是含有丰富乳脂的乳制品，如奶油、全脂奶粉等，不仅加强了冷冻甜品稠化的稳定性，而且靠搅打过程中充入的空气，使制品保持细腻、润滑、膨松的口感，在一定程度上还防止了制品形成大的晶体。

脱脂奶粉在含乳及脂肪的冰冻甜食中应少用，多用会导致成品形成砂质组织（冰晶体较多）。

三、蛋及蛋制品

在冷冻甜品的制作中，通常把蛋黄与蛋白分开打泡后加入制品中。蛋黄具有一定的乳化作用，可以使制品形成稳定的乳浊液，并能增加制品的稠度和风味。蛋黄通常经搅打后再加入混合物中，搅拌时温度需保持在40℃左右，这一温度下蛋黄的乳化效果最佳。

蛋清有很强的起泡性，所以通常在搅打起泡后加入制品中，可以大大增加产品的体积、松软品质和风味，并可以代替打发奶油以降低产品的成本。但是在追求品质的今天最好别这么做，因为以牺牲产品质量来换取成本的下降是得不偿失的。

几乎所有的蛋制品如全蛋粉、蛋黄粉、蛋白粉以及冰蛋等，都可以代替鲜蛋使用，其效果几乎与鲜蛋没有多大的差别。

四、糖

冷冻甜品中糖的用量相当高，因为冷冻甜品的食用温度低，低温使人对甜味感觉不明显，所以冷冻甜品中糖的使用量通常比其他点心要高些，但其比例最高不得超过全部配料的16%（按重量计算）。在制品中糖不仅是重要的调味料，而且在赋予制品细腻的组织等方面也十分关键。大多数制品的配方中均使用细砂糖或绵白糖，但有些制品使用糖浆效果更佳。

五、香料

冷甜食中使用的香料通常包括香精、酒、果仁粉等，香料的加入量仅以产生柔和的美味为准，切不可多加。不同香料的加入是变换甜食品种的重要手段之一。

活动三　冷冻甜品制作

一、冷冻甜品制作流程

（一）啫喱冻

啫喱冻的制作方法是把明胶化开，再加入糖水、香精，如果需要可加入适量的色素，然后将混合的配料装在各种类型的模子里。市面上有各种水果味型的啫喱粉，可直接按说明使用，十分方便。

啫喱冻这类冷甜食完全是靠明胶的凝胶作用制成的。其混合配料装在模具里，在低温下置放几小时，由明胶的胶结作用凝固形成。食前需将凝结制品倒出，再进行必要的装饰。纯啫喱冻一般不需加入乳、乳制品和脂肪之类的配料，所以纯啫喱制品具有透明光滑、入口而化的特点。

（二）巴伐利亚奶油冻

巴伐利亚奶油冻的制作流程如下：

（1）将明胶溶化备用。

（2）把蛋黄与蛋白分开，蛋黄与糖放在一起，垫热水（保持40℃温度），用力搅拌起松。

（3）将牛奶煮沸加入蛋糊中，并把溶化的明胶加入，搅拌均匀，冷却待用。

（4）再加入打起的奶油、蛋白、香精，如需要加果汁和切碎的水果，也可在此时加入。

（5）装入模具，进入冰箱冷凝数小时。

（6）食用前，翻扣脱模，作装饰点缀即可。

（三）水果奶油布丁

水果奶油布丁多用大模具制作，成品可供10客，其制作分以下三个步骤：

（1）先制作围边时用的海绵蛋糕或指形饼干。围边的指形饼干品种很多，如指形桃仁酥、指形蛋白饼、各种松饼等。以松饼为例，松饼做好后，便可先在模子内壁围一周。也有另一种围边方法，就是把奶油冻先装入模具内，待冷冻取出后，拿掉模子，最后围上各种松饼，并设法将围边松饼固定。

（2）制作模子内的馅料，即奶油冻的混合物料。制成后装入模子内，再进冰箱冷凝，由于形状较大，所以一般需要冷藏3小时以上才能取出，否则取出后的制品容易坍塌。

（3）制作表面装饰用料，通常有巧克力制品、奶油以及果冻等。待奶油冻冷藏数小时后，从冰箱中取出，再在表面作各种装饰，但也可以把第三个步骤作为第一个步骤先进行。

（四）慕斯

慕斯使用的原料通常是奶油、奶、糖、蛋黄、蛋白、果蓉（汁）、香精、酒、明胶等。慕斯制作的步骤如下：

（1）先把明胶熔化，慕斯中的明胶比奶油冻的明胶用量要少些。

（2）将蛋黄与糖一起打泡，把牛奶煮沸后加入，再加入溶化的明胶拌匀，待稍冷却后加入果蓉（汁）、香精、酒等配料。

（3）待蛋糊冷却至室温后，把打发的奶油、蛋清加入，轻轻拌匀。

（4）装入模具或器皿内，进冰箱冷凝，食用前装饰即可。

二、冷冻甜品制作实例

（一）水果啫喱冻 Fruit Jelly

1. 原料配方（见表 3 – 4 – 1）

表 3 – 4 – 1　水果啫喱冻的原料配方

原料名称	数量（克）	原料名称	数量（克）
啫喱粉（任意味型）	750	砂糖	750
鱼胶粉	112	开水	3500

2. 制作方式

（1）溶液调制。取少量开水将鱼胶粉调化，其余开水将啫喱粉和糖溶化，二者混合并冷却。

（2）入模定型。将溶液倒入不同形状的模具或玻璃杯中，送入保鲜冰箱，待其冷凝。

（3）装盘与装饰。将凝结定型的啫喱冻倒扣入盘中，挤奶油花，以水果装饰。用玻璃杯盛装的啫喱冻无须扣出，直接装饰上桌即可。

注：为节省制作时间，配方中开水的 1/2 可以用等量的冰块替代。

（二）咖啡啫喱 Coffee Jelly

1. 原料配方（见表 3 – 4 – 2）

2. 制作方法

（1）牛奶咖啡啫喱。将鱼胶片用冷水泡软，捞出待用；将速溶咖啡倒入开水搅匀；加入泡软的鱼胶，搅拌至完全融化；倒入糖和牛奶，搅拌至糖溶化；冷却待用。

（2）咖啡啫喱。同步骤（1），只是少了牛奶。冷却待用。

（3）入模定型。取一种啫喱液倒少量于布丁杯底，入冰箱，待冷凝后，取另一种啫喱液倒少量于杯中，入冰箱。如此重复上述操作若干次，每次倒入不同啫喱液，以获得不同颜色相互间隔的层次。最后入冰箱，待其完全冷凝。

（4）食用时扣出，加以装饰（见图3-4-6）。

表3-4-2 咖啡啫喱的原料配方

原料名称		数量（克）
牛奶咖啡啫喱	开水	200
	速溶咖啡	1汤匙
	糖	50
	牛奶	80
	鱼胶片	6
咖啡啫喱	开水	200
	速溶咖啡	1汤匙
	糖	55
	鱼胶片	6

图3-4-6 咖啡啫喱

（三）柠檬奶油冻 Bavaroise Lemon Cream

1. 原料配方（见表3-4-3）

表3-4-3 柠檬奶油冻的原料配方

原料名称	数量（克）	原料名称	数量（克）
鱼胶粉	10	柠檬汁	50
热水	100	柠檬精	5（1/2茶匙）
糖	100	蛋白	2只
奶油乳酪	56	鲜奶油	220
牛奶	50		

2. 制作方式

（1）将明胶加热水溶化备用。

（2）把奶油乳酪加糖搅匀，再加奶水、柠檬汁、柠檬精拌匀，最后加入溶化的明胶拌匀。

（3）将蛋白打发，加入（2）中，拌匀，同时加鲜奶油混合均匀。装入模具内，放冰箱冷藏2小时左右。

（4）从模中倒出，上面淋上柠檬沙司即可。

附：柠檬沙司的制作

原料：糖150克、蛋黄2只、淀粉20克、水50克、柠檬汁50克

制法：将糖、蛋黄、淀粉先搅拌均匀；把水、柠檬汁煮开加入，拌匀，煮至80℃即成。

（四）香橙慕斯 Orange Mousse

1. 原料配方（见表 3 - 4 - 4）

表 3 - 4 - 4　香橙慕斯的原料配方

原料名称	数量（克）	原料名称	数量（克）
鱼胶片	24	橙汁	600
糖	180	鲜奶油	200
水	250		

2. 制作方法

（1）先将整只橙子切掉顶部（约占整只橙子的1/3），将橙肉挖出挤汁备用。另外将挖空的橙壳上部及底部蘸少量熔化的巧克力后备用。

（2）将鱼胶泡软，捞出待用；另把水、糖一起煮开，加入鱼胶，搅拌至溶化；再加入橙汁，搅匀；冷却后，将打发的奶油拌入，装入橙壳内，进冰箱冷藏2小时左右。

（3）取出后，用樱桃装饰点缀即可。

（五）香草冰淇淋 Vanilla Ice Cream

1. 原料配方（见表 3 - 4 - 5）

表 3 - 4 - 5　香草冰淇淋的原料配方

原料名称	数量（克）	原料名称	数量（克）
牛奶	7500	玉米淀粉	250
蛋黄	1250	砂糖	2000
鱼胶	150	香兰豆荚（取籽）	2 根
全脂奶粉	500		

2. 制作方法

（1）先将鱼胶用冷水泡软备用。

（2）把蛋黄和砂糖放在一起用机器搅拌均匀、膨松，再加入玉米淀粉拌匀。

（3）将牛奶煮沸，加入鱼胶，搅拌至溶化，慢慢地冲入蛋黄里，边冲边搅匀，再加入奶粉，搅拌均匀，然后放在文火上煮至80℃即离火，用细筛过滤。

（4）加入香草籽，拌匀，冷却。此时加入一定量的奶油，口味、口感更佳。

（5）入冰淇淋机进行搅拌并制冷，待其膨松冷凝时，装入容器，入冰箱冷冻保存。食用时，挖成冰淇淋球，装杯点缀。

注意：香草冰淇淋的制法是各种冰淇淋的基本制法，如在香草冰淇淋的原料配方中加入各种食用香精、甜酒、色素、干果、巧克力、水果、咖啡等原料，便成为各种花色冰淇淋。同时制好的冰淇淋在食用时，还可以变成各种甜品，只需要在装盘、装饰和配食方面稍加变化即可，最常见的有冰淇淋圣代、巴菲等。

（六）草莓雪吧 Strawberry Sherbet

1. 原料配方（见表 3 - 4 - 6）

表 3 - 4 - 6　草莓雪吧的原料配方

原料名称	数量（克）	原料名称	数量（克）
糖浆	600	蛋白	1 只
草莓	480	红色色素	少许
柠檬汁	1 只		

2. 制作方法

（1）把草莓搅打成蓉。

（2）加入柠檬汁、蛋白、糖浆及色素拌匀。

（3）用糖度计测糖度，并且用水把糖度调成 18°Bx。

（4）上冰淇淋机，边搅打边冷冻，至呈冰沙状。

注：为了获得最好的雪吧，最重要的是混合物必须保持适当的糖浓度。该浓度只能用测量糖液比重的糖度计（Baume）予以精确调节。水果雪吧的糖度不得超过 18°Bx，否则就很难冻结成沙。

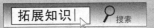

意大利手工雪糕 Gelato

Gelato，意大利语，按其制作工艺特点来看，被译作"意大利手工雪糕"，但如果简单地把它等同于 Ice Cream 的话，意大利人一定会难过的。它以牛奶、奶油和糖这三种原料为基础，通过加入水果、坚果、香料等增加风味，比起其他类型的雪糕，它低脂、高糖、空气含量少、细滑、香醇浓郁。Gelato 本来不过是雪糕的意大利语，在世界上却被作为上品雪糕的专用名，即使在英语国家，提到意大利雪糕，还是会称 Gelato，而非 Ice Cream。不同于日常大家熟知的"软质冰淇淋"和"美式冰淇淋"，传统家庭手工作坊模式、随制作者性格与心情任意调配的原料比例，让每一个 Gelato 都饱含了个性。它奶香醇厚，每日新鲜制作，口感绵软细滑，乳脂含量为 4% ~8%（意大利法律规定，不得低于 3.4%），膨化率为 30% ~35%。

有人说 Gelato 是意大利的艺术，有人认为 Gelato 是意大利的诱惑，无论怎样表述，毋庸置疑的是，Gelato 绝对是意大利的甜品代表。据说，在意大利，平均每 5000 人中就有一家手工雪糕店，拥有一两百年雪糕制作历史的老店随处可见。它们一般只保持家庭作坊式的小规模手工生产，随制作者的个性与心情来改变口味。因此可以说，"世界上没有两个一模一样的意大利冰淇淋"。

？ 思考与训练

一、课后练习

（一）填空题

1. 所谓冷冻甜品，是指制作过程中需低温冷凝或冷冻并趁低温食用的一类甜品，如_____、_____、_____等。

2. 目前，国内外对冷冻甜品的分类仍是沿用西餐传统的分类方法，一般分为_____和_____两大类。

3. 啫喱，是我国香港、广东一带对英文_____的音译，是指混合有_____的溶液或此溶液经冷凝而制成的_____，常用于制作果冻或用作新鲜水果的上光剂。

4. 水果奶油布丁又称_____，它与巴伐利亚奶油冻的明显区别在于通常用_____、_____等做外形固定模，其制品取出后外形酷似篱笆，因此得名。

5. 不同于冰淇淋，冰沙或雪吧不含_____或含_____，而冰淇淋则是以_____为基础的产品。

（二）选择题

1. 巴伐利亚奶油冻是一款法国经典的甜品，据传其发明者是（　　　）。
   A. 艾斯科菲　　　　B. 卡雷姆　　　　C. 博古斯　　　　D. 拉瓦莱特

2. 真正的巴伐利亚奶油冻的首次公开出现是在（　　　）。
   A. 1784 年　　　　B. 1879 年　　　　C. 1884 年　　　　D. 1984 年

3. 蛋黄经搅打产生乳化作用，为获得最佳的乳化效果，温度需保持在（　　　）。
   A. 10℃左右　　　B. 15℃左右　　　C. 20℃左右　　　D. 40℃左右

4. 在美国，冰淇淋是基于热制品的一种冷冻甜食，乳脂含量在（　　　）。
   A. 2%以上　　　　B. 5%以上　　　　C. 6%以上　　　　D. 10%以上

5. 在美国，雪吧（sherbet）通常有乳制品加入，乳脂含量在（　　　）。
   A. 1%～2%　　　　B. 4%～5%　　　　C. 6%～7%　　　　D. 8%～9%

（三）问答题

1. 什么是搅拌冷冻甜品？举例说明。

2. 什么是慕斯？

3. 什么是鱼胶，有何特性，如何正确使用？

4. 谈谈蛋品在冷冻甜品制作中的作用。

5. 简述慕斯制作的工艺流程。

二、拓展训练

（一）运用所学原理和技能，每个实训小组创制慕斯 1 款。

（二）调研市场，了解甜品店流行的慕斯品种。

任务五 泡芙、布丁、舒芙蕾制作

能熟练制作泡芙

能熟练制作常用布丁

能熟练制作常用舒芙蕾

能对成品进行质量分析和鉴定

活动一 泡芙制作

一、泡芙的种类与特点

图 3 - 5 - 1 泡芙

泡芙，是英文 puff 的音译名，旧称哈斗、气鼓、空心饼。它是以水或牛奶、黄油、鸡蛋、面粉等主要材料调制成面糊，通过裱挤成形、烘烤或炸制、充填馅料、定型装饰等工艺制作而成的一种点心（见图 3 - 5 - 1）。

（一）泡芙的种类

根据形状分，泡芙有两大基本类型，一类是圆形的，原文名为 puff；另一类是长条形的，原文名为 éclair。现在，还常在其外皮加盖一层酥菠萝皮，因此称为"菠萝泡芙"。

（二）泡芙的特点

泡芙的特点是外表松脆，色泽金黄，有花纹，形状美观；内部空心，湿润的面糊在烘烤过程中，内部产生的大量水蒸气顶发。泡芙自身没有什么味道，主要依靠馅心来调味。常用的馅心有鲜奶油、奶油布丁、香草布丁、巧克力布丁等，这样就会使泡芙具有外脆里糯、绵软甜香的特点，特别适宜老人和小孩食用。

二、泡芙制作

1. 原料配方（见表 3 - 5 - 1）

2. 制作过程

（1）准备。将配方②的面粉过筛，备用；准备裱花袋，装入花嘴（可选平口或花口）；准备烤盘，烤盘内刷油，撒一薄层面粉（现多用不粘烤盘，则省略此准备工作）。

（2）调制面糊。将配方①的原料倒入厚底锅内，煮至大滚，取一长柄木勺，将煮沸的油和水迅速搅匀，浮在表面的黄油必须全部溶化；将过筛的面粉倒入大滚的油水中，用木勺迅速搅动，务必将锅内液体与面粉搅匀、烫透，直到面粉完全胶化，然后离火；将面糊倒入搅拌缸，用搅拌桨慢速搅拌，冷却至 60～65℃改用中速，将蛋慢慢加入，搅拌均匀。面糊呈倒三角悬挂于搅拌桨，缓慢下滑（见图 3－5－2）。

表 3－5－1　泡芙的原料配方

	原料名称	数量（克）	百分比（%）
①	水	250	200
	牛奶	250	
	盐	5	2
	黄油	210	84
②	高筋面粉	125	100
	低筋粉	125	
③	鸡蛋	500	200

注：若要调制巧克力或抹茶味，可在此配方基础上分别加入 10 克可可粉或抹茶粉。

图 3－5－2　搅拌完成的面糊状态

（3）裱挤成形。将搅拌好的面糊立刻装入裱花袋中，往烤盘中挤出不同造型。每两个之间保持足够距离，以确保在炉内烘烤时每只都可均匀受热，即便胀大也不致粘连在一起（见图 3－5－3 和图 3－5－4）。

（4）烘烤。整形好的面糊立刻进炉烘烤，不可搁置太久，以免表面结皮影响成品在炉中的膨大。烤炉温度与成品的质量及体积关系很大，一般应该用高温来烤，炉温保持在 210～220℃之间。烘烤过程中不要打开炉门，以免造成产品收缩。进炉 20 分钟后大致已经定型，可将炉火切断或者保持小火，直到完全上色、充分定型。测试产品是否烤好，可用手指轻摸其腰部，若感觉坚硬易脆裂的程度，则可马上出炉。

（5）填馅。泡芙使用的馅儿种类丰富，可以是奶油布丁馅、巧克力布丁馅、打发奶油馅、法国奶油馅、水果派馅、新鲜水果馅、冰淇淋馅，等等；表面装饰最常使用的是糖粉、可可粉、巧克力等。

图 3－5－3　裱挤成形

图 3－5－4　不同造型

若生产成品数量很多，当天无法全部用完，可以将产品装入密封容器中，放入冰箱冷藏。待需要时取出，等恢复到室温时再填馅和装饰。

活动二　布丁制作

布丁，英文 pudding 的音译名，也称布甸，是一种英国传统食品。它是从古代用来表示掺有血的香肠的"布段"所演变而来的，今天以蛋、面粉与牛奶为材料制作而成的布丁，是由当时的撒克逊人传授下来的。

在英国和英联邦国家，布丁有咸、甜两种味型，但更多的是表示甜点，甚至在英国有些地区，布丁就是饭后甜点的同义词。甜布丁是以浓厚均匀的淀粉糊或乳制品为基础原料的甜点，如米饭布丁、面包布丁、圣诞布丁。咸布丁包括约克郡布丁、牛油布丁和牛排腰子布丁。

在美国和加拿大的部分地区，布丁一般指以牛奶为基料的甜点，其浓稠度类似于以鸡蛋为基料的格司（custard）或慕斯，常用明胶凝结定型。但在英联邦国家，这类布丁，如果是以鸡蛋凝固定型的，称作格司（custards）或凝乳（curds），如果以淀粉增厚定型的，称作白粉冻（blancmange），如果以明胶凝结定型的，则称为果冻。布丁也可以指其他食品，如面包布丁和米饭布丁，虽然这些名字通常来自其起源。

冠以布丁之名的食品很多，如果一定要给布丁下个明确的定义，是一件很困难的事，因为在其历史发展进程中，布丁应用于多种不同类型的食品，有冷有热，有荤有素，有甜有咸，有蒸有烤有冷凝。

一、布丁的种类与特点

布丁的品种很多，按照进食时的温度，可分为热布丁和冷布丁两大类；按照口味，可分为甜布丁和咸布丁两类；根据制作工艺的不同，可以分为冷凝型布丁、烘烤型布丁和蒸制型布丁三大类。

（一）冷凝型布丁

冷凝型布丁通常是指原料混合均匀后经冷藏凝结而定型的布丁。根据所使用的稠化材料的不同，可以分为淀粉稠化型和胶冻型两大类。

（1）淀粉稠化型

此类布丁需加入淀粉混合，加热糊化，装入模具，冷却后凝结定型而成，如英式白粉冻布丁（English Blancmange）。

（2）胶冻型。此类布丁须在热的液体原料（如牛奶、鲜奶油）中加入明胶，搅拌融化，装入模具，冷藏凝结定型，如意大利奶冻布丁（Panna Cotta）。

（二）烘烤型布丁

此类布丁是指须经烘烤成熟的布丁。烘烤前通常是要加入蛋乳液（即鸡蛋和牛奶或鲜奶油、糖、香料的混合液体），经烘烤，鸡蛋中的蛋白质受热凝固而使布丁定型，焦糖布丁、烤布雷、面包布丁是典型代表。

（三）蒸制型布丁

顾名思义，此类布丁是指经蒸制成熟的布丁。蒸制前，一般是将原材搅拌成面糊，装入布丁模具，经蒸制成熟并定型，如黄油布丁、圣诞布丁等。布丁一般按照添加的主要原料、口味或色彩等来取名，如杞果布丁、焦糖布丁、双色布丁等。布丁最大的特点是松软、甜滑、肥而不腻。布丁一般用作午、晚餐或下午茶点心，热布丁多用于冬天，如圣诞布丁，冷布丁多用于夏天，如杞果布丁。

本活动仅涉及烘烤和蒸制的甜味布丁，冷布丁在任务四已有介绍。

二、布丁的制作实例

（一）黄油布丁 Butter Pudding

1. 原料配方（8 客）（见表 3-5-2）

表 3-5-2　黄油布丁的原料配方

原料名称	百分比（%）	数量（克）	原料名称	百分比（%）	数量（克）
低筋面粉	100	240	黄油	63	150
细砂糖	63	150	鸡蛋	63	150
泡打粉	6	15	牛奶	25	60

2. 制作过程

（1）以糖油搅拌法调制面糊，即将黄油和砂糖放在搅拌缸里打松泡。

（2）将鸡蛋分三次加入，每加一次鸡蛋必须搅匀一次，直至加完鸡蛋。

（3）拌入面粉（事先和发粉一起过筛）和牛奶，即成黄油布丁面糊。

（4）模子内侧抹黄油，拍少许砂糖，装入面糊，约六成满。随后用防油纸牢牢盖上，防止蒸汽侵入。

（5）放在蒸箱中，蒸约 1.5 小时（或根据模子的大小来决定蒸的时间）。

（6）取出后放在热的平盘中。

（二）焦糖布丁 Crème Caramel

1. 原料配方（8 客）（见表 3-5-3）

2. 制作过程

（1）制作焦糖。将②中的糖上火，加热至焦黄色，倒入水，混合均匀，继续煮成浓稠的焦糖浆，趁热舀入 8 只抹过黄油的布丁杯（盖过杯底即可）。

表3－5－3　焦糖布丁的原料配方

	原料名称	数量（克）
①	鸡蛋	4 只
	糖	60
	盐	1
	牛奶	500
	香草精	3 滴
②	糖	100
	水	25

图3－5－5　焦糖布丁

（2）调制布丁蛋奶液。用蛋扦将蛋、糖、盐和香草精一起搅打均匀；将牛奶稍微温热后，倒入并搅匀，过筛。

（3）烘烤。布丁杯排入烤盘，将蛋奶液倒入布丁杯，再往烤盘注入热水，水面起码盖过布丁杯高的1/3，送入预热至120℃的烤箱，蒸烤1小时，出炉。冷却后，翻扣在餐碟上（见图3－5－5）。

注：判断布丁是否成熟的方法是，用竹签插入布丁的内部，然后取出，若竹签干净，证明布丁已经成熟。

（三）面包布丁 Bread Pudding

1. 原料配方（见表3－5－4）

2. 制作过程

（1）将面包片一切为二，两面刷上融化黄油。

（2）陶瓷方焗斗抹上黄油，将面包排放其中。

（3）将②中所有原料混合均匀，浇淋到面包上，入冰箱待用。

表3－5－4　面包布丁的原料配方

	原料名称	数量（克）
①	吐司面包片	250
	黄油（融化）	60
②	鸡蛋	250
	糖	125
	盐	1
	香草籽	少许
	牛奶	625
③	豆蔻粉	少许
	肉桂粉	少许

（4）冷藏约60分钟后取出，表面撒豆蔻和肉桂粉。

（5）取一烤盘，倒入热水，将焗斗放在烤盘中，送入175℃烤箱，水浴法烘烤约60分钟，出炉。

（四）法式布雷 Crème Brûlée

1. 原料配方（8 客）（见表3－5－5）

2. 制作过程

（1）将①中所有原料混合均匀，过筛。

（2）将布丁杯排入烤盘，将（1）倒入杯中，再往烤盘注入热水，水面起码盖过布丁杯高的 1/3，送入预热至 165℃ 的烤箱，蒸烤 35 分钟，出炉。

（3）表面撒砂糖，用瓦斯枪喷火，将表面的糖烧至焦黄色（见图 3－5－6）。

表 3－5－5　法式布雷的原料配方

	原料名称	数量（克）
①	鸡蛋	1 只
	蛋黄	5 只
	糖	80
	香草精	1/4 茶匙
	鲜奶油	500 毫升
②	砂糖	

图 3－5－6　烤布雷

活动三　舒芙蕾制作

舒芙蕾，法文 "Soufflé" 的音译名，也称沙勿来、梳乎厘、蛋奶酥等，它起源于 18 世纪早期的法国，由法国大师级人物文森特·查普尔（Vincent de la Chapelle）创制。它的发展和普及是在 19 世纪早期，归功于法国大师卡雷姆（Marie－Antoine Carême）。

图 3－5－7　舒芙蕾

Soufflé，原意是："使充气"或"蓬松地胀起来"。简单地说，舒芙蕾是一种用蛋黄和打发蛋清与其他原材料混合后经烘焙制得的质地蓬松轻泡的蛋糕，舒芙蕾不仅可以做甜食，如巧克力舒芙蕾，还可以做前菜或主菜，如奶酪舒芙蕾、鹅肝酱舒芙蕾等。

舒芙蕾的制备通常是从两大基础部分入手，即基础酱糊和打发蛋清，基础酱糊提供风味，打发蛋清负责膨胀上升。

舒芙蕾一般都用各客的小陶瓷焗盅烘烤，准备时，内侧涂抹一层黄油，然后蘸一层糖或面包屑或芝士粉，这样既可以防止粘附容器，又有利于烘烤过程中的膨胀上升。烘烤后，舒芙蕾膨胀上升而显得蓬松（见图 3－5－7），出炉后，要分秒必争地品尝，否则会很快因温度下降而收缩，通常会在 5～10 分钟下降塌陷。

舒芙蕾有许多风味上的变化，咸味舒芙蕾通常包括芝士和蔬菜，如菠菜、胡萝卜和香草，有时会用家禽、熏肉、火腿或海鲜等；甜味舒芙蕾则常用巧克力或水果，如浆果、香蕉、柠檬、果酱等，最后撒上糖粉后上桌食用。

一、舒芙蕾的分类与特点

按照进食温度，舒芙蕾可分为冷舒芙蕾和热舒芙蕾，热舒芙蕾因拌入打发蛋清故烘烤时体积受热而膨松，冷舒芙蕾因拌入打发奶油而体积膨大、质地松泡。

舒芙蕾品种很多，命名一般根据其所用定味材料，如加入巧克力，则称巧克力舒芙蕾；加入香蕉，则称香蕉舒芙蕾；加入生姜末，则称生姜舒芙蕾。

舒芙蕾所用原材料比较简单，主要有面粉、吉士粉（custard powder）、牛奶、糖、鸡蛋、甜酒、水果、巧克力等。舒芙蕾的模具有金属的、玻璃的和陶瓷的，其中陶瓷的因保温特点而应用得最为广泛。

舒芙蕾制作时，要准确掌握火候和时间，速度要快，前后场要紧密配合，一旦从烤箱中取出，就要立即撒糖粉，马上上桌食用。

二、舒芙蕾的制作

（一）巧克力舒芙蕾 Chocolate Soufflé

1. 原料配方（10 客）（见表 3 - 5 - 6）

2. 制作过程

（1）舒芙蕾焗盅内抹黄油，蘸糖（不在配方内）；巧克力切碎。

（2）蛋黄与 40 克糖搅匀；筛入面粉与淀粉，拌匀。

（3）牛奶与 40 克糖煮开，慢慢冲入（2），边冲边搅匀，上火煮开，离火，加入巧克力碎，搅拌至完全融化，放凉。

（4）将蛋清与糖搅打至硬性发泡（糖分三次加入），与（3）拌匀，填入模具，九成满。

（5）送入 160℃的烤箱，烤约 15 ~ 20 分钟，出炉，撒糖粉，立即食用。

表 3 - 5 - 6　巧克力舒芙蕾的原料配方

	原料	数量（克）
①	蛋黄	4 只
	砂糖	40
②	低筋粉	12
	玉米淀粉	12
③	牛奶	300 毫升
	砂糖	40
④	巧克力	100
⑤	蛋清	200
	砂糖	60

（二）冻舒芙蕾 Cold Soufflé

1. 原料配方（15 ~ 20 客）（表 3 - 5 - 7）

2. 制作过程

（1）首先把糖和水放入少司锅里煮沸，煮至糖和水成为光滑的糖浆为止（115℃）。

（2）把蛋清打泡，然后慢慢地加入热的糖浆中，边加边不断地搅打，直至混合物冷却为止。

（3）很小心地把打起的鲜奶油、甜酒和水果泥与（2）拌匀，待用。

表 3 - 5 - 7　冻舒芙蕾的原料配方

	原料	数量（克）
①	糖	453
	水	240
②	蛋清	500
③	鲜奶油	700
	甜酒	200
	水果泥	600

（4）取出焗盅，把剪好的纸条刷上一层油，圈在焗盅内侧，要求高出边缘 2.5 厘米。

（5）把（3）所制作的混合物倒入焗盅，高度正好和纸边相平，装完后放入冰箱冷藏。

（6）食用前，从冰箱中取出，去掉纸圈，表面撒可可粉或糖粉即可。

拓展知识 🔍搜索

泡芙文化

据传，泡芙是由面包演变来的。传说面包一直爱着奶油，然而奶油却和蛋糕结婚了，奶油蛋糕出现了，面包从此失恋了，它把对奶油的爱深深埋进了心底，于是有了泡芙。

其实，泡芙是一种起源于意大利的甜点。传说泡芙是意大利酷爱烹饪的富家女凯瑟琳·美黛丝发明的，1533 年，她与法国国王亨利二世结婚，随嫁妆带去许多意大利美食，当然也把泡芙带到了法国。

正宗的泡芙，外形圆而饱满，长得像花椰菜，因此法文又名 Choux；而长形的称为手指泡芙，法文叫 Éclairs，意为闪电，所以又称闪电泡芙，不过，据说名称的由来不是因为外形，而是法国人爱吃长形的泡芙，总是以最短时间吃掉，好似闪电般迅捷而得名。蓬松空心的泡芙中包裹着奶油、巧克力、慕斯、布丁、冰淇淋等，当你咬下第一口，你就会爱上它。

泡芙作为吉庆、友好、和平的象征，源自于前奥地利哈布斯王朝公主与法国波旁王朝皇太子的联姻，在凡尔赛宫内盛大婚宴上，压轴甜点就是泡芙，从此泡芙在法国成为吉庆美好的象征，在各种喜庆场合，如新人结婚、婴儿诞生等，都习惯将泡芙堆成泡芙塔以烘托喜庆的气氛，象征着幸福的泡芙被一个一个累积起来，高高的泡芙塔就是人们对满满幸福的憧憬。

后来流传到英国，泡芙成为上层贵族下午茶最不可或缺的点心。

❓ 思考与训练

一、 课后练习

（一）填空题

1. 泡芙是以水或牛奶、黄油、鸡蛋等主要材料调制成面糊，通过 _____、_____、_____、_____等工艺制作而成的一种点心。

2. 根据形状分，泡芙有两大基本类型，一类是圆形的，原文名为 _____；另一类是长条形的，原文名为 _____。

3. 按照进食温度，舒芙蕾可分为 _____ 和 _____。

4. 布丁一般用作 _____ 或 _____。

5. 舒芙蕾，法文 _____ 的音译名，是一种充气量大、体积膨松、口感松软的点心，质地像棉花一般松软，大多用作 _____ 或用于 _____。

（二）选择题

1. 烤炉的温度与泡芙成品的质量及体积关系很大，一般炉温应保持在（　　　）。

    A. 150～160℃   B. 170～180℃

    C. 210～220℃   D. 240～250℃

2. 布丁，英文 pudding 的音译名，起源于（　　　）。

    A. 英国   B. 法国   C. 德国   D. 西班牙

3. 烘烤型布丁是指须经烘烤成熟的布丁，烘烤前通常是要加入蛋乳液（即鸡蛋和牛奶或鲜奶油、糖、香料的混合液体），经烘烤，鸡蛋中的蛋白质受热凝固而使布丁定型，如（　　　）。

    A. 面包布丁   B. 黄油布丁   C. 杧果布丁   D. 圣诞布丁

4. 舒芙蕾焗盅有不同的材料，因保温性好而应用得最为广泛的是（　　　）。

    A. 金属模具   B. 玻璃模具   C. 陶瓷模具   D. 胶矽模具

5. 舒芙蕾，是一种充气量大、体积膨松、口感松软的点心，质地像棉花一般蓬松，它起源于（　　　）。

    A. 意大利   B. 美国   C. 德国   D. 法国

（三）问答题

1. 调制泡芙面糊要把握好哪些操作关键？

2. 列举常用泡芙馅的品种。

3. 简述焦糖布丁的工艺流程。

4. 简述热舒芙蕾的工艺流程。

5. 谈谈舒芙蕾味型创新的构想。

二、 拓展训练

（一）运用所学原理和技能，每个实训小组创制泡芙馅 1 款。

（二）运用所学原理和技能，每个实训小组创制水果味型布丁 1 款。

（三）运用所学原理和技能，每个实训小组创制舒芙蕾 1 款。

附 1

包饼房的重要温度应用

温度（℃）	应用
< -18	冷冻储存温度
-14.5 ~ -12	冰淇淋食用温度
0	水结冰温度
0 ~ 4	冷藏储存温度
4	酵母菌休眠温度
5 ~ 63	食物危险温度区域
20	明胶开始凝结温度
25 ~ 50	面包烘焙中： 酵母发酵和酶活性急剧增强；淀粉开始糊化；表皮开始形成；气体快速产生
26	酵母菌繁殖的理想温度
26 ~ 28	巧克力调温时，牛奶巧克力或白巧克力的冷却温度
28 ~ 30	调温巧克力时，黑巧克力的冷却温度
28	明胶熔化温度
30 ~ 31	调温牛奶和白巧克力的操作温度
32	调温黑巧克力的理想操作温度
38 ~ 40	裹覆巧克力和风糖的理想操作温度
40 ~ 49	牛奶巧克力和白巧克力熔化温度
46 ~ 49	黑巧克力熔化温度
50 ~ 60	面包烘焙中：黑面淀粉开始胶化；细菌死亡；酵母中的酶活性减弱
60	酵母菌死亡
60 ~ 70	面包烘焙中：小麦淀粉开始胶化；面包膨胀变缓；蛋白质凝固；淀粉酶达到最大活性
63	危险温度区域最高临界点
70 ~ 80	面包烘焙中：面筋完全凝结，内部结构形成；酶的活性减弱；黑麦面包中，黑麦淀粉胶化结束
80 ~ 90	面包烘焙中：小麦淀粉胶化完成，酶的活性停止

续表

温度（℃）	应用
82～94	蛋白霜和水果片等产品的干制温度
90～100	面包烘焙中，内部温度达到最高，表皮焦化开始
100	水的沸点
100～175	美拉德反应促成表皮上色
110～170	熬糖工艺应用温度（见附2）
149～163	烘烤蛋奶布丁和芝士蛋糕温度
149～205	面包烘焙中，焦糖化反应进一步促成表皮颜色的加深和芳香风味
155～159	糖浆焦糖化反应开始阶段
160～170	糖的焦化阶段
163	中等烤箱温度，用于烘烤马卡龙等
175～190	烘烤蛋糕、曲奇、派、马芬和速发面包温度
205～230	烘烤酥皮和泡芙温度
246～260	扁面包、比萨烘烤温度

附 2

熬糖各个阶段及其性状

阶段	温度（℃）	状态（取1茶匙煮过的糖浆滴入冰水中的状态）
丝状	110～112	糖浆成一条2寸长的软丝状
软球状	112～116	糖浆成柔软的球状
弹性球	118～120	糖浆成硬中带软的球状
硬球	121～129	糖浆成硬而结实的球状
软脆	132～143	糖浆成硬但不易碎的丝状
硬脆	149～154	糖浆成硬且易碎裂的丝状
焦糖	160～170	糖浆成坚硬且易碎裂的丝状，颜色呈棕黄

附 3

等量换算

1. 温度换算

$$℃——摄氏度，℉——华氏度$$

（1）华氏度换成摄氏度：$℃ = （℉ - 32） × 5/9$

（2）摄氏度换成华氏度：$℉ = ℃ × 9/5 + 32$

2. 重量换算

pound—— 磅 （缩写 lb.），ounce——盎司 （缩写 oz.）

gram——克 （缩写 g），kilogram——千克 （缩写 kg）

1 lb. = 16oz. = 454 g

1 oz. = 28. 35 g

1 g = 0. 035oz.

1kg = 2. 2 lb.

3. 体积换算

cup——杯，tablespoon 汤匙，teaspoon——茶匙，ml——毫升

1 cup = 16 tablespoons = 240ml

1 tablespoon = 3teaspoons

1 teaspoon = 5ml

1 tablespoon = 15ml

4. 长度换算

1 inch = 25. 4 mm

1 centimeter = 0. 39 inches

1 meter = 39. 4 inches

主要参考书目

1. 陆理民. 西式面点 ［M］. 北京：旅游教育出版社，2002.

2.（美）韦恩·吉斯伦. 专业烘焙 ［M］. 谭建华，越成艳，译. 大连：大连理工大学出版社，2004.

3. 陈明里. 派 & 挞 ［M］. 北京：光明日报出版社，2013.

4. 许正忠，柯文正. 面包教室 ［M］. 北京：中国纺织出版社，2011.

5. 马开良. 现代厨政管理 ［M］. 北京：高等教育出版社，2010.

6. 黎国雄. 烘焙基础教程 ［M］. 杭州：浙江科学技术出版社，2012.

7. 刘荣华. 现代面包制作百科 ［M］. 台北：全麦烘焙出版社，1988.

8.（日）坂本利佳. 最详尽的面包制作教科书 ［M］. 邓楚泓，译. 沈阳：辽宁科学技术出版社，2011.

9. 主妇之友社. 面包品鉴大全 ［M］. 沈阳：辽宁科学技术出版社，2009.

10. Glenn Rinsky and Laura Halpin Rinsky. The Pastry Chef's Companion. John Wiley & Sons, Inc., 2009.

11. The Culinary Institute of America. Baking and Pastry. John Wiley & Sons, Inc., 2015.

责任编辑：张芸艳
责任印制：冯冬青
封面设计：鲁　筱

图书在版编目（CIP）数据

西点工艺与实训／陆理民主编．--北京：中国旅
游出版社，2016.6（2020.9重印）
中国骨干旅游高职院校教材编写出版项目
ISBN 78-7-5032-5638-7

Ⅰ.①西… Ⅱ.①陆… Ⅲ.①西点—制作—高等职业
教育—教材 Ⅳ.①TS213.2

中国版本图书馆 CIP 数据核字（2016）第 138082 号

书　　名：西点工艺与实训
作　　者：陆理民　主编
出版发行：中国旅游出版社
　　　　　（北京静安东里 6 号　邮编：100028）
　　　　　http://www.cttp.net.cn　E-mail:cttp@mct.gov.cn
　　　　　营销中心电话：010-57377108，010-57377109
　　　　　读者服务部电话：010-57377151
排　　版：北京旅教文化传播有限公司
经　　销：全国各地新华书店
印　　刷：河北省三河市灵山芝兰印刷有限公司
版　　次：2016 年 6 月第 1 版　2020 年 9 月第 4 次印刷
开　　本：787 毫米×1092 毫米　1/16
印　　张：16.25
字　　数：336 千
定　　价：38.00 元
ＩＳＢＮ　978-7-5032-5638-7